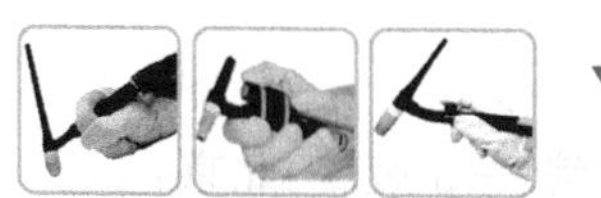

YAHUHAN JISHU
RUMEN YU TIGAO

氩弧焊技术

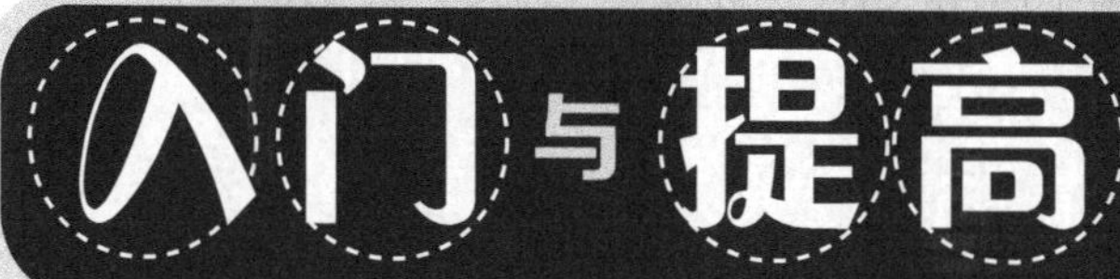

第3版

孙景荣　主编

化学工业出版社
·北京·

图书在版编目（CIP）数据

氩弧焊技术入门与提高/孙景荣主编. —3版. —北京：化学工业出版社，2015.12（2025.3重印）
ISBN 978-7-122-25152-7

Ⅰ.①氩… Ⅱ. ①孙… Ⅲ.①气体保护焊 Ⅳ.①TG444

中国版本图书馆CIP数据核字（2015）第218077号

责任编辑：周　红　　装帧设计：王晓宇
责任校对：边　涛

出版发行：化学工业出版社（北京市东城区青年湖南街13号　邮政编码100011）
印　　装：北京天宇星印刷厂
850mm×1168mm　1/32　印张$10\frac{3}{4}$　字数257千字
2025年3月北京第3版第14次印刷

购书咨询：010-64518888
售后服务：010-64518899
网　　址：http://www.cip.com.cn
凡购买本书，如有缺损质量问题，本社销售中心负责调换。

定　　价：49.90元

前言 FOREWORD

氩弧焊接技术是国内发展较快、应用广泛的一种焊接技术。由于氩弧焊可以用于几乎所有金属材料的焊接，并可获得高质量的焊接接头。所以，近十年来，氩弧焊已经成为金属焊接过程中不可缺少的技术手段。氩弧焊的机械化、自动化程度也得到了很大的提高，并向着数控化方向发展。手工氩弧焊技术，不但可以获得高质量焊缝，而且具有独特、良好的单面焊双面成形功能，从而更受到国内外焊接界的重视。

本书是结合当前氩弧焊工人的需求，收集了国内各行业应用氩弧焊接的实例和技巧，从设备、工艺、材料、操作技术到生产安全、质量检验等方面，将工人在生产实践中所需要的操作技术和理论知识，进行了全面的阐述。本书前两版分别于 2008 年和 2012 年出版，累计印数达 2.2 万册，说明它在氩弧焊接技术领域中，深受广大读者喜欢和爱戴。

氩弧焊接技术在焊接行业分布广泛，其焊件设计的结构、压力、温度，因使用条件不同而各异。由于氩弧焊所选用的材质、规格多种多样，焊件所处的焊接位置及操作工艺等因素，会给焊工带来不同的焊接操作困难。因此，氩弧焊操作技术及工艺措施要因地制宜。本着这一宗旨，就常见材质，如碳素钢、低合金钢、珠光体耐热钢、奥氏体不锈钢、耐热合金钢、低温钢，以及铝及铝合金、铜及铜合金、镍及镍合金、钛及钛合金等的手工氩弧焊接操作技巧进行了必要的介绍，希望能有助于解决手工氩弧焊操作技术难题和掌握工艺上的技术要领。

本书以氩弧焊的实用操作技术为主，理论上通俗易懂，密切联系实际，是一本实用性强、针对性强的氩弧焊资料。书中内容包括基础知识、设备、材料、焊接坡口、工艺参数、操作技能、质量检验、各种金属的焊接方法、应用实例及焊接安全技术等内容，讲解全面、系统。

本书适合从事钨极氩弧焊及与氩弧焊接相关的工作人员阅读使用。

本书由孙景荣主编，孔令秋编写了第1章，王华斌编写了第2章，郭淑梅编写了第16章，其余由孙景荣编写。

由于笔者水平所限，书中疏漏之处在所难免，恳请读者批评指正。

编者

目录 CONTENTS

CHAPTER 1

第1章 氩弧焊基础知识

1.1 氩弧焊概述

1.1.1 氩弧焊的分类

氩弧焊（GTAW）包括熔化极氩弧焊和非熔化极氩弧焊两大类，具体详细的分类如图 1-1 所示。

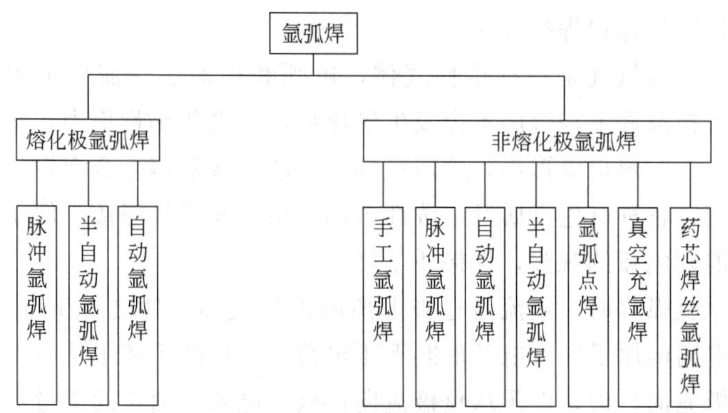

图 1-1 氩弧焊的分类示意

GTAW 按操作方式分为手工焊、半自动焊和自动焊三种。手工焊时，焊炬的运动和填充焊丝完全靠手工操作；半自动焊时，填充焊丝则由送丝机构自动送进；自动焊时，如果工件固定则电极电弧做相对运动，焊炬安装在焊接小车上，小车的行走和填充焊丝的送进均由机械完成。以上三种方法，以手工钨极氩弧焊的应用最为广泛。

手工钨极氩弧焊是气体保护非熔化极电弧焊的一种。其保护气体主要是采用惰性气体氩气、氦气或两种气体的混合气；非熔化极主要是指钨极及钨合金。人们习惯称 GTAW 为气体保护非熔化极氩弧焊。有时也用钨极惰性气体保护焊的英文缩写代号“TIG”代表钨极氩弧焊。

GTAW 是利用非熔化电极和母材之间的电弧热，来熔化焊缝坡口边缘和焊丝，精确地将填充焊丝金属输送到焊接接头的熔池中去，使之能精巧地连接工件。焊缝成形美观，没有熔渣和飞溅，可以说是最洁净、最理想的电弧焊工艺。

1.1.2 氩弧焊的焊接过程

氩弧焊是利用焊炬喷嘴喷射出的氩气，在电极及熔池周围，形成封闭的保护气流，保护钨极、焊丝和熔池不被氧化的一种气体保护焊接方法。

因为氩气是一种惰性气体，电弧和熔池在气流保护中燃烧，在高温下与金属不会发生氧化反应。电弧热量集中，热影响区小，焊接变形小，适应范围广；能焊接碳钢、合金钢、不锈钢、各种有色金属及活泼性金属。由于是明弧焊接，便于对熔池和电弧的观察，焊接质量好。

氩弧焊时，电流通过被电离的惰性气体，使之产生电弧。被电离的原子失去电子而剩下正电荷。气体的正离子从电弧的正极流向负极，电子从负极流向正极。电弧所消耗的能量等于通过电弧的电流和电压两端的电压降的乘积。

氩弧焊在焊接开始之前，必须用机械方法或化学方法清理焊接区上所有的油、润滑脂、油漆、锈、尘土或其他污染物质。

氩弧焊的引弧方法有两种，即接触式和击穿式。接触式还分直击式和划擦式，都是使电极与工件瞬间接触，并快速拉开一个短的距离，从而引燃电弧。这种方法主要用于简易的氩弧焊接设备，一般只是焊接黑色金属及其根层焊道的打底焊等。

击穿式又分高频式和脉冲式。高频式是利用高频振荡器产生的高频引弧。高频的高电压、低电流，使电极和工件之间的保护气体电离，从而使气体导电引燃电弧；脉冲式是在钨极和工件之间加一个高压脉冲，使两极间气体电离而引弧，是一种较好的引弧方法。用直流焊接时，在电弧引燃后便切断高频电压。当使用交流焊接时，特别是焊接铝及铝合金时，在焊接过程中，通常也要继续保持高频电压。

对于手工氩弧焊来说，电弧一旦引燃，焊炬要保持一个15°的行走角度。自动焊时，焊炬一般与焊件表面垂直。手工焊开始时，常常使电弧做小的圆形运动，直到获得一个尺寸合适的熔池为止。随着电弧沿接头前进，熔融金属发生凝固而完成焊接循环。

熄弧前，应将焊炬垂直于工件，并填充焊丝，以免形成弧坑。熄弧后，不要立即移开焊炬，应待滞后气体停止时再移开，以免高温的焊缝被氧化。通常，是用手控开关切断电流来停止焊接。

母材的厚度和接头设计决定着是否需要向接头中填充焊丝。当手工焊填充焊丝时，应将焊丝送入电弧前端的熔池中。

焊丝与焊炬必须平稳地移动，以使焊接熔池、热焊丝端头和已经凝固的熔池不暴露于空气中。

通常，焊丝与工件保持10°～15°的夹角，并缓慢地送入熔池前沿。在焊接过程中，热的焊丝端部不应离开气体保护区。在V形坡口多道焊时，也可将焊丝沿焊缝放好，使焊丝与坡口钝边一起熔化。在宽坡口的焊接中，采用摆动填充焊丝法，焊丝左右摆动的同时，连续送入熔池中。焊丝与焊炬的摆动方向相反，但焊丝总是靠近电弧并均匀地送入熔池中。

焊接位置的选择由焊件的可动性、工具和夹具的可用性来决定。平焊的时间最短，质量最好；向上立焊可以获得较好的熔深，但由于重力的影响，焊接速度较慢。平焊和向上立焊时，焊炬与焊缝表面夹角为75°。

1.2 氩弧的形成

1.2.1 电弧的“阴极雾化”作用

当采用交流电源焊接铝合金，焊件为负极半周波时，大量正离子以很高的速度向阴极移动，轰击熔池表面。从而产生很大的热量，使熔池表面难熔的金属氧化膜受到破坏、分解和蒸发，显现出光亮、清洁的金属表面。这种现象只有在直流反接时或采用交流电焊接，焊件为阴极时才会出现。而直流正接时没这种现象。我们称之为“阴极雾化”（或阴极破碎）作用。

通常，气焊焊接铝合金时，要加熔剂去除熔池表面的氧化膜，才能使焊丝金属与熔池金属融合，形成焊缝。但氩弧焊时，由于“阴极雾化”的作用，焊接有色金属（如铝合金等）时，可以不用熔剂，就能有效地去除熔池表面的氧化膜，形成良好的焊缝，从而避免了残存熔剂对接头的腐蚀作用，省去了焊后清洗熔渣工序。在生产中，焊接铝合金是采用交流，而不采用直流反接，因为直流反接时，虽有“阴极雾化”的作用，但钨极的损耗快、寿命短；交流则兼有“阴极雾化”作用和钨极寿命长的优点。

1.2.2 交流电弧中的局部整流作用

采用交流电源焊接有色金属时，钨极和工件的两极热与物理性质相差很大，使交流两个半波的电弧电流波形发生畸变，即一个半波电流大，一个半波电流小，导致交流电弧中出现整流作用，产生直流成分。直流成分是一种有害成分，一般都希望把它去掉。

为什么会产生整流作用呢？这是因为当钨极为阳极时，能发射较多的电子，电流较大，阴极电压降小；而焊件（有色金属）为阴极时，发射的电子量小，阴极电压降也较大。这样，在交流电的两个半波中造成电弧电压及电流的不对称性，如图1-2所示。

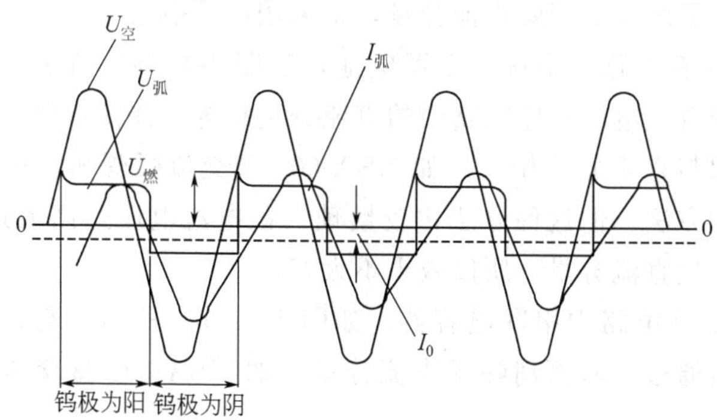

图 1-2 钨极交流氩弧焊时电压与电流的波形示意

当电源电压一定时，正负半波电流是不相等的，钨极为负半波时，电流大；焊件为负半波时，电流小。这种现象称为交流电弧中的整流作用，这就相当于一个交流电和一个直流分量相叠加，如图1-3所示。

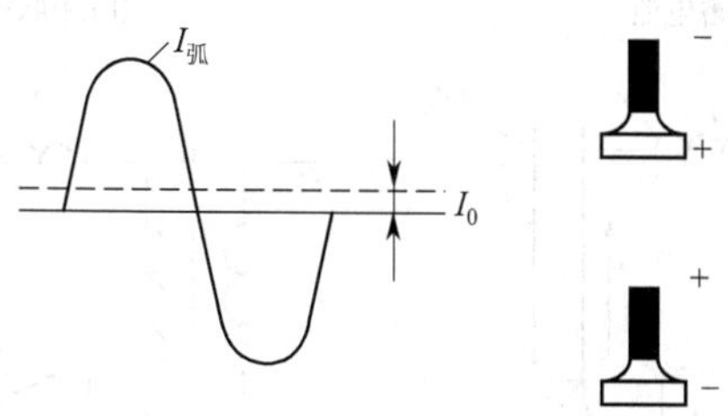

图 1-3 钨极交流氩弧焊时直流分量示意

随着电极、焊件材料的热物理性能差别增大，直流分量也增大，反之减小（如熔化极氩弧焊，焊丝和焊件相似，直流分量就不明显）。直流分量的方向是从焊件流向电极，即相当于在焊接回路中，除了交流电源外，还存在正极性的直流电源。

直流分量是一种有害成分。由于直流分量的存在，缩短了焊件处于阴极的时间，减弱了“阴极雾化”的作用，严重时不能彻底清除熔池表面的难熔氧化物，造成氧化物夹渣，燃烧过程很不稳定，焊缝成形不良。

为了减少和消除直流分量，常采用以下措施。

① 在电路中串接一个蓄电池，如图 1-4（a）所示，使它产生的直流电流与原电路中的直流分量相等，并使蓄电池的电流方向与直流分量相反。如 NSA-600 型交流弧焊机，就是采用这种方法。但这种方法比较繁琐，蓄电池电压过高或过低，仍会产生直流分量，所以效果不太好。

② 在电路中串联电容器，如图 1-4（b）所示，它只允许交流电通过，从而消除了直流分量。如 NSA-300 型交流手工

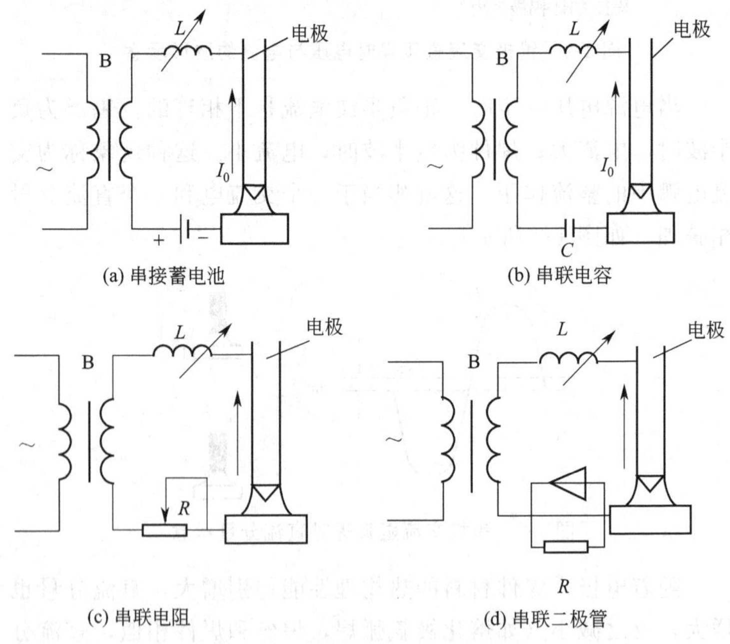

图 1-4 减少和消除直流分量的方法示意

氩弧焊机及 NZA-500 和 NZA2-300 型自动氩弧焊机，都是采用这种方法。这种方法虽好，但所需电容器的数量大、成本高，所以使用较少。

③ 在电路中串联有效电阻，如图 1-4（c）所示，这种方法能量消耗大，效率低。

④ 在电路中串联二极管加并联电阻，如图 1-4（d）所示，对减少直流分量有较好的效果。

1.2.3 气体的电离现象

在两个导体（电极和工件）之间充满了空气（或保护气体）时，在电回路中是没有电流通过的，也就是说气体是不导电的。

两个电极之间的空气间隙之所以能在加热后导电，就是由于产生了电离的结果，使原来的中性气体粒子变成了带正电荷的正离子和带负电荷的电子。这些带电粒子在外界电场的作用下，按着一定的规律作定向移动，于是，气体就导电了。由此可见，气体的电离是气体由绝缘体变成导体的必要条件。

弧柱的中心部分温度最高。离开弧柱中心线，其温度就逐渐降低。因此，弧柱中心部分的电离程度也最充分。当电弧温度达到很高数值时，可将大部分中性粒子电离，或几乎全部电离。这种由正离子和电子组成的“气体”，在物理学中称作“等离子体”，有时也把这种物质状态称作物质的第四态。

这种物质状态，由于正离子和电子在总体上是相等的，或者二者的总电荷量是相等的，所以叫作等离子体。从总体上看，它对外呈电中性。电弧外缘的温度较低，这个区域的气体电离也不充分。由此可见，氩弧焊的电弧实际上可以看作是由电子、正离子和受激励的中性粒子所组成的一个综合体，它们在不断地发生着电离和中和过程。正因为在弧柱中存在着大量的电子和正离子，所以才具有良好的导电性能。

1.2.4 气体保护

（1）流体的流动状态

流体包括液体和气体两类。流体由于能位的差别，总是由高能位向低能位流动。但流体的分子之间，由于受力情况的不同，其运动状态往往也是不同的。这一点我们可以通过一种试验来说明，其装置如图 1-5 所示。

在一个盛满清水的容器底部引出一玻璃管，在玻璃管的入口处插入一根有着色墨水的漏斗细管。

① 当水流速度较低时，发现管内流体有条不紊地流动着，由漏斗-细管中流出的着色墨水在管子中心部分流成一根细细的色水流线，顺流而出，同周围的清水互不混扰，如图 1-5（a）所示。这种流动状态称为层流。

② 当水流速度增大，超过一定极限时，发现着色墨水流出细管后，很快地就同周围清水相互混扰，如图 1-5（b）所示。这种流动状态称为紊流。

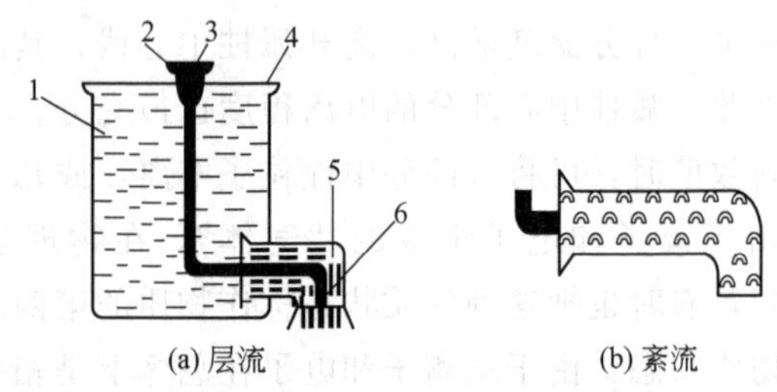

图 1-5　雷诺试验装置示意

1—清水；2—着色墨水；3—漏斗；4—容器；5—清水流线；6—色水

在层流中，流体的分子好像一层一层地各自独立、互不干扰；而紊流时，流体中很快出现很多漩涡，层与层之间的流体分子相互混扰。这两种流动状态与流体所受的体积力（场力）和表面张力，有着密切的关系。

流体在管子中的运动状态，究竟是层流还是紊流，主要取决于一个无量纲的数值 Re（雷诺数）。

焊接时，我们所希望的是从焊枪喷嘴里喷出的保护气体，能最大限度地保持层流状态，不让周围的空气卷入电弧高温区，以改善气体的保护效果。

（2）气体的保护作用

焊接时，气体保护的主要作用：是把电弧区周围的空气排开，保护好电极、熔化的液态金属以及处于高温下的近缝区金属，使它们不与周围的空气接触和发生作用。因此，能否完成这一任务，在很大程度上取决于保护气体流出喷嘴后的状态。我们希望获得的状态是层流，否则，气体一出喷嘴就成紊流，使电弧周围的空气乘机卷入熔池，破坏对焊接过程的保护作用，降低了焊接接头质量，这是焊接时所不希望，甚至是不允许的。

如图 1-6 所示，假设喷嘴的结构合理，气体从喷嘴内喷出之前，已经完全是整齐而有规则的层流。那么，气体从喷嘴喷出后，逐渐向周围扩散，加上受周围空气的摩擦阻力，所以最外层就有空气流入，使纯保护气体的区域逐渐缩小。离开喷嘴的距离越远，层流状态的截面积也越小，最后形成一个圆锥体，完全消失在空气中，失去了保护作用。

在焊接情况下的气体有效保护如图 1-7 所示。

一般认为，$D_{有效}$ 越大，气体保护作用的效果也越好。为了具体测定 $D_{有效}$ 的大小，生产时常用钨极氩弧焊（交流；AC 或直流反接，DC、RC）在铝板上进行引弧测定。测定的方法是，将焊枪对准清理好的铝板，并固定不动，先通入保护气体（氩气），然后接通电源引燃电弧，等到燃烧过程稳定以后，再停弧，等铝板上的熔池金属冷却后，再关闭氩气。这时，可发现在熔池周围有一个银白色的光亮区，很清洁、光亮，说明气体的保护效果很好。

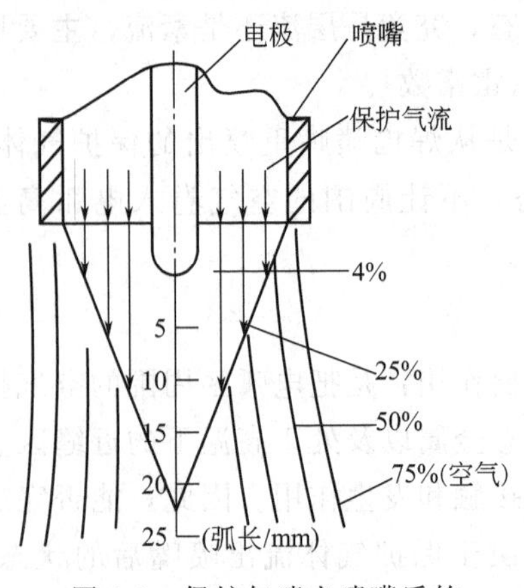

图 1-6 保护气喷出喷嘴后的分布情况示意

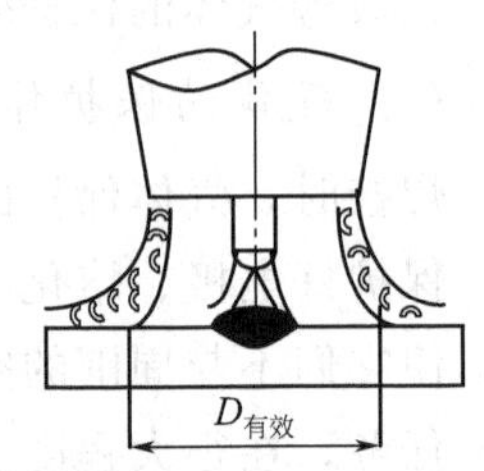

图 1-7 气体的有效保护区

$D_{有效}$—有效保护区直径

保护效果差时，有效保护区的直径减小；保护很不好时，则看不到光亮的保护区，完全变黑；当焊缝氧化严重时，甚至焊缝不能成形。因此，在一定条件下可以用实际测定的$D_{有效}$大小，来定量的测定氩气保护有效程度，作为判定气体保护有效性的标准。

(3) 氩气保护的意义

氩气是单原子气体，高温下也不分解，没有吸热作用。氩气比其他气体的比热容小，热导率低，所以，在氩气中燃烧的电弧热量损失小，电弧热量集中，弧柱温度高，稳弧性能好。由于氩气的物理特性，所以焊接时多选择氩气作为保护气体。

表 1-1 列出了几种焊接常用的保护气体的物理性质。

表 1-1 几种焊接常用的保护气体的物理性质

气体	熔点/℃	沸点/℃	密度/(g/m³)	电离电位/V	比热容/(caL/g·℃)			热导率/(m·h·℃)			分解度 5000K	稳弧性
					0℃	20℃	2000℃	0℃	600℃	1000℃		
氦(He)	−273	−268	0.179	24.5	1.250	1.250	—	0.123	0.286	—	不分解	良好
氩(Ar)	−189	−185	1.784	15.7	0.125	0.125	—	0.014	0.034	—	不分解	良好
氮(N_2)	−210	−195	1.251	14.5	0.248	0.249	0.310	0.21	0.52	0.62	0.038	满意
氢(H_2)	−259	−252	0.089	13.5	3.40	3.410	4.160	0.491	0.491	0.491	0.96	不好

1.2.5 电弧的刚度

当电弧垂直指向工件（如在钨极氩弧焊接）时，电弧总是在垂直于工件表面的位置燃烧，如图 1-8 所示。

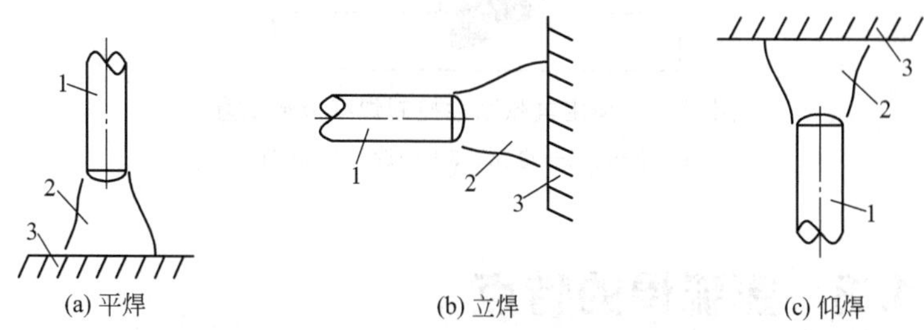

图 1-8 电弧垂直于工件时电极位置示意

1—电极；2—电弧；3—工件

但是，如果把电极倾斜某一角度 α 时，电弧也会跟着电极同时倾斜，如图 1-9 所示。这种电弧能保持在电极轴线方向的特性，就叫作电弧的刚性。

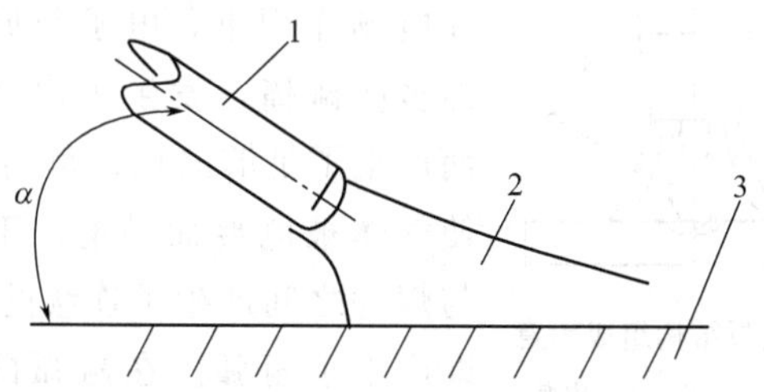

图 1-9 电极倾斜时电弧燃烧的位置示意

1—电极；2—电弧；3—工件

电弧的刚性越大，电弧沿电极轴线的指向性也越强，即便由于某种因素使电极偏离轴线，也会由于电弧的刚性作用，将尽力使电弧恢复到原来电极轴线方向上来。

电弧的这种刚性，在焊接操作工艺上是十分有利的，图 1-10就是利用电弧的刚性来控制焊缝成形和位置的。

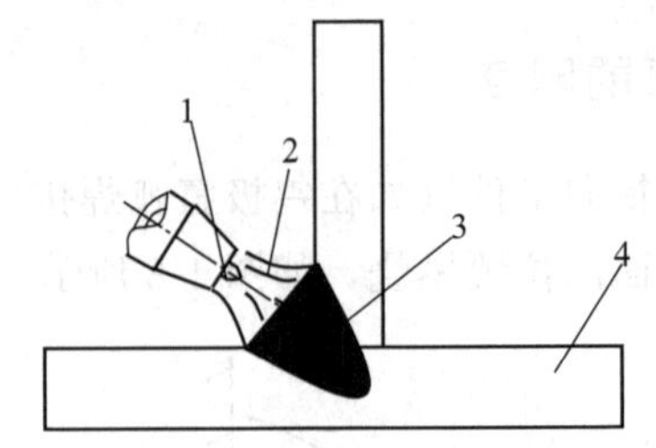

图 1-10　利用电弧刚性控制焊缝成形示意

1—电极；2—电弧；3—焊缝；4—工件

1. 3　氩弧焊的特点

1. 3. 1　氩弧焊电弧的组成

氩弧焊的焊接电弧结构组成，如图 1-11 所示。

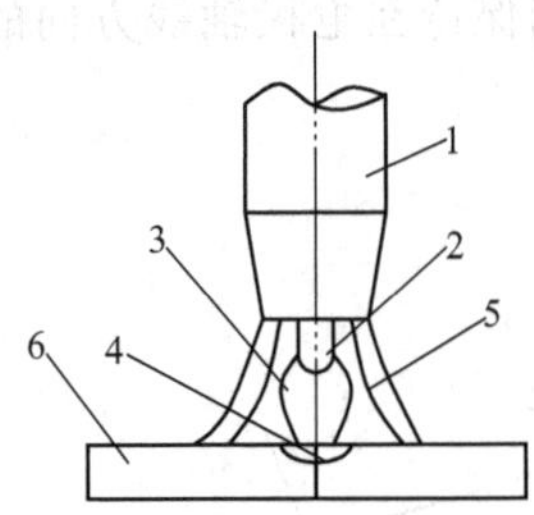

图 1-11　电弧结构组成示意

1—喷嘴；2—电极；3—电弧（弧柱）；4—熔池；5—保护气焰流；6—工件

电弧在惰性气体氩气的保护下，阳极与阴极之间发射大量的电子，在电场作用下，电子与原子或分子经多次碰撞，发生了电离现象。因而产生了足够的正、负离子和电子，使气体被电离而导电，于是在钨极与焊件之间产生了连续的弧光放电，即产生了氩弧。在氩弧的中心，发白色耀眼光的间分叫作弧柱。这部分的温度非常高，可达 5000K 以上。在这种高温下，能熔化各种金属，所以是作为焊接热源的理想电弧。

1. 3. 2　氩弧焊的特点

钨极氩弧焊具有如下特点。

① 电弧热量集中。氩弧的弧柱在气流作用下，产生压缩效应和冷却作用；单元子氩气无吸热作用，导热能力差，电弧散热少，所以使电弧热量集中，焊接速度快、温度高，焊接热影响区小，焊件变形小。

② 保护效果好，焊缝质量高。氩气从喷嘴喷出时具有一定压力，并以层流形式有效地隔绝了空气。它既不与金属起化学反应，又不溶于液体金属，所以金属元素的烧损很少。

③ 能焊接难熔和易氧化金属，如铝、钛、镁、锆等。

④ 使用小电流时，电弧稳定。氩弧在较小电流（5A）时，仍可稳定燃烧，特别适合超薄金属材料的焊接。

⑤ 能进行全位置焊接。熔池无熔渣、无飞溅，电弧的可见性好，所以是实现单面焊双面成形的最佳焊接方法。

⑥ 操作简单、容易掌握，有利于实现自动化。由于氩弧焊是明弧操作，熔池尺寸容易控制。焊接过程没有冶金反应，很少出现未焊透或烧穿等缺陷。

1.4 氩弧焊的电源种类与极性

氩弧焊时，有直流、交流和逆变等多种焊接用电源。根据不同的被焊材料和焊接工艺要求，可选用不同电源种类及极性。

（1）直流正接法

正接法如图 1-12 所示，钨极接负极，焊件接正极。焊接时，电子向焊件高速冲击，焊缝较窄、熔深大，钨极不过热、损耗小，允许钨极使用较大的焊接电流。

这种接法适合于不锈钢、耐热钢、钛合金、低合金高强钢的焊接。因此，被绝大多数 GTAW 所采用。

（2）直流反接法

反接法如图 1-13 所示，钨极接正极，焊件接负极。焊接时，由于钨极受电子的高速冲击，使钨极温度升高，所以钨极损耗快、寿命短，电弧稳定性较差，一般很少使用。而熔化极氩弧焊则多采用这种接法，由于电子轰击作为正极的焊丝，焊丝的一端温度较高，热量大，有利于焊丝的熔化，从而提高了焊丝熔化速度，提高了生产效率。

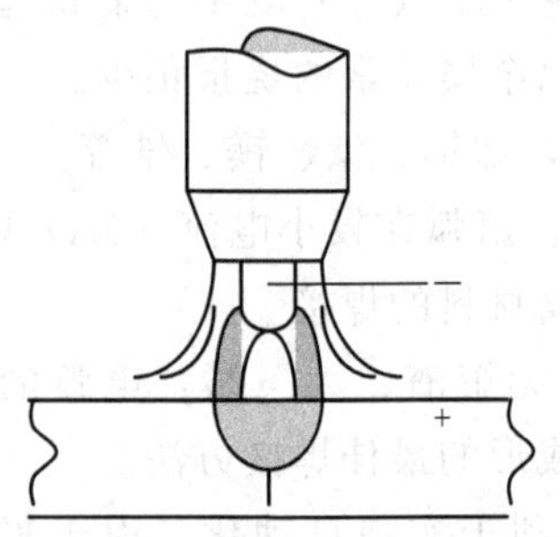

图 1-12 直流正接钨极氩弧焊的接法示意

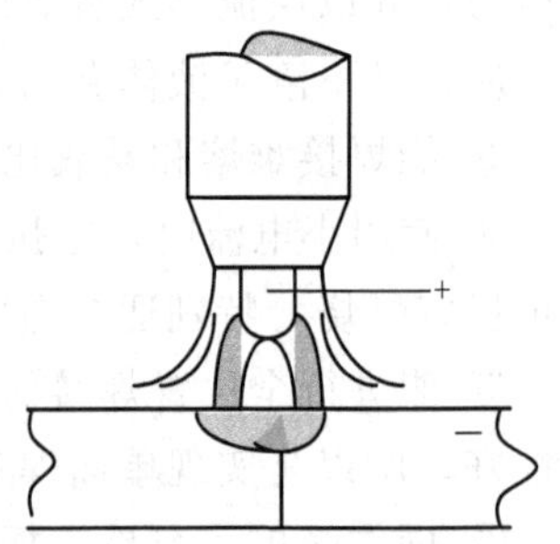

图 1-13 直流反接钨极氩弧焊的接法示意

（3）交流

交流适于铝、镁等熔点低而表面易产生高熔点氧化膜的金属焊接。它弥补了直流正接时无“阴极雾化”作用和直流反接时钨极损耗大等缺点，即交流电负半波存在“阴极雾化”作用，使钨极在高温下的损耗减小。所以，其钨极的许用电流值比直流反接时要大。

焊接不同金属材料对电源种类和极性的选择如表 1-2 所示。

表 1-2 焊接不同金属材料对电源种类和极性的选择

电源种类及极性	被焊材料
直流正接法	不锈钢、耐热钢、钛及钛合、高温强度合金
直流反接法	各种材料的熔化极氩弧焊
交流	镁、铝及其合金

1.5 手工钨极氩弧焊工艺及主要技术参数

手工钨极氩弧焊在焊接领域应用最为广泛。焊件的焊接质量除了与设备状况、焊接参数、待焊处的焊前清理情况、焊接材料等因素有关外，还与焊工的操作技术有关。

1.5.1 手工钨极氩弧焊操作程序及方法

操作方法见表1-3。

表1-3 手工钨极氩弧焊操作程序及方法

序号	名称	内 容
1	焊枪、焊丝的握法	焊枪 70°～85° 15°～20° 通常，是由左手握焊丝、右手握焊枪。由于受焊接位置的限制，焊工还应具备右手握焊丝和左手握焊丝的操作技能。在焊接过程中，焊枪与焊件的角度为70°～85°，焊丝与焊件角度为15°～20°
2	引弧方法	(1)短路引弧 依靠引弧板或炭棒与钨极接触引弧 (2)高频引弧 利用高频振荡器产生的高频电压击穿钨极与焊件间的间隙而引燃电弧 (3)高压脉冲引弧 在钨极与焊件之间加一高压脉冲，使两极间气体介质电离，从而引燃电弧
3	焊接操作	引弧后，将电弧移至始焊处，对焊件加热，待母材出现“出汗”现象时，填加焊丝。初始焊接时，焊接速度应慢些，多填加焊丝，使焊缝增厚，防止产生“起弧裂纹” 焊接时用左手拇指、食指和中指捏焊丝，让焊丝末端始终处于氩气保护区内，随着焊接过程的进行，可通过拇指和中指按一定的频率往前均匀串焊丝，使焊接过程平稳进行，不扰动熔池和保护气流罩

续表

序号	名称	内容
4	焊丝长度与接头质量	焊接接头质量是整个焊缝的关键环节，为了保证焊接质量，应尽量减少接头数量，所以焊丝要长些。但实践表明，焊丝较长时，焊接过程向电弧区串丝容易发生因焊丝"抖动"而送不到位，还有可能因电磁场作用而出现"粘丝"现象，所以焊丝的长短要适量 停弧后，需在熄弧点重新引燃电弧形时，电弧要在熄弧处加直接加热，直至收弧处开始熔化形成熔池，再向熔池填加焊丝，继续焊接
5	填丝方法	焊接打底层焊时，有不填丝法和填丝法两种。不填丝法又称自熔法，由于焊件坡口根部没有间隙或间隙很小，同时可能会没有钝边或钝边很小，可通过母材熔化形成打底层焊缝 填丝法是在焊接过程中，由焊工均匀送入焊丝，形成焊缝的方法。在焊接小直径管子固定位置打底焊时，视焊道根部间隙的大小，可采用内填丝法和外填丝法。当焊道根部间隙小于焊丝直径，电弧在焊件壁燃烧，焊丝自外壁填入的方法称为外填丝法。当焊道根部间隙大于焊丝直径，电弧在焊道外壁燃烧，而焊丝自内壁通过间隙送至熔池上方，这种方法称为内填丝法 在实际焊接生产中，很难保证朝坡口间隙均匀一致，所以，焊工应熟练掌握内、外填丝操作技术，才能获得良好的焊缝
6	焊接方向	手工钨极氩弧焊的电弧束细、热量集中，焊接过程中无熔渣，熔池容易控制，所以对焊接方向没有限制，要求焊工根据焊缝的位置，在焊接过程中能左、右手握焊枪进行焊接

手工钨极氩弧焊常用熄弧方法及适用场合见表1-4。

表1-4 手工钨极氩弧焊常用熄弧方法及适用场合

熄弧方法	操作要领	适用场合
焊接速度增加法	焊接将要终止时，焊枪前移的速度逐渐加快，焊丝送入量减少，逐渐停止	对焊工操作技术要求高、适用于管子焊接
焊缝增高法	焊接将要终止时，焊枪杆子向右倾斜度增大，移动速度减慢，此时，送丝量增加，当熔池填满时再熄弧	一般结构都能适用，应用较普遍

续表

熄弧方法	操作要领	适用场合
采用熄弧板法	在焊件收尾处接一块熄弧板，当焊缝焊完后，将电弧引至熄弧板上熄弧，然后清除熄弧板	操作简单，适用于平板及纵缝的焊接
电流衰减法	焊接将要终止时，首先切断电源，使焊接电流逐渐减慢，实行限电流，衰减熄弧	应具有电流衰减装置

1.5.2 钨极氩弧焊的主要参数

(1) 电极

各种钨及钨合金电极的特点如下。

① 纯钨电极　熔点和沸点高，不容易熔化和挥发、烧损，尖端污染少，但电子发射量较差，不利于电弧的稳定燃烧。

② 钍钨电极　电子发射能力强，允许的电流密度高，电弧燃烧较稳定，但钍具有一定的放射性，使用受到一定的限制。

③ 铈钨电极　电子逸出功低，化学稳定性高，允许的电流密度大，无放射性元素，目前应用最广泛。

④ 锆钨电极　在必须防止污染的基体金属和特定条件下，应选用锆电极。这种电极适用于交流电源的焊接。

(2) 喷嘴

① 喷嘴形状　喷嘴是圆柱形或稍微收敛形的保护效果较好，扩散形喷嘴的气体挺度较差。

② 钨极伸出长度　钨极伸出越长，保护效果越差，伸出过小，影响视线，操作不方便。一般，喷嘴内径为8mm时，钨极伸出3～6mm；喷嘴内径为10mm时，钨极伸出4～8mm。

(3) 电弧长度

电弧过长，保护效果差，过短则不便于操作，在不影响操作的情况下，电弧长度最好要短些。

（4）喷嘴内径

内径过小，气体的流速过高，容易形成紊流；内径过大，氩气流速减小，电弧刚度降低。因此，当内径增大时，应适当增加氩气的流量。

表 1-5 列出了不同内径的圆柱形喷嘴层流上限值。

表 1-5 不同内径的圆柱形喷嘴层流上限值

圆柱直径/mm	8	10	12	14	18
Q/(L/min)	11.7	14.7	17.6	20.6	23.5

一般，手工钨极氩弧焊的喷嘴内径以 8～14mm 为宜；自动焊时，内径以 12～18mm 为宜。焊接不同厚度的不锈钢板时，所用喷嘴内径如表 1-6 所示。

表 1-6 焊接不锈钢时所用喷嘴内径

钢材厚度/mm	喷嘴内径/mm	钢材厚度/mm	喷嘴内径/mm
0.5～1.0	7～8	1.5～2.0	9～11
1.2～1.5	8～11	2.0～3.0	9～12

（5）焊接速度

焊接速度增加，氩气流量也要相应增大。但焊速不宜过快，以防止保护效果变差，焊缝成形和熔合不良。

（6）接头形式与焊件结构

氩弧焊的接头形式，一般是平焊、船形焊和角焊缝的气体保护较好；端头平焊和端头角焊的保护最差。如图 1-14 所示。

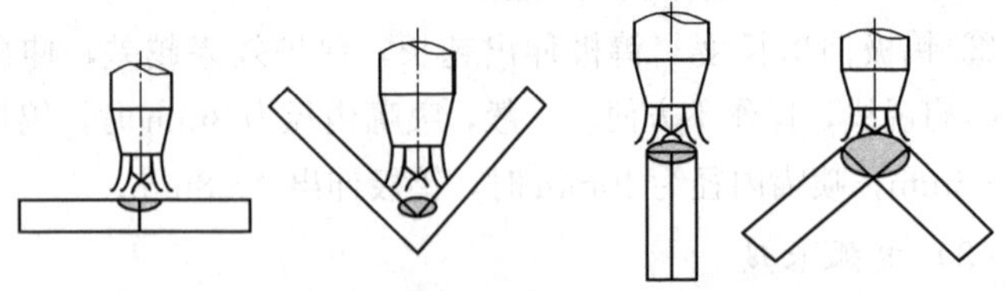

(a) 保护效果较好的接头结构　　(b) 保护效果较差的接头结构

图 1-14 接头形式与保护效果示意

1.6 熔化极氩弧焊的熔滴过渡

熔化极氩弧焊或熔化极脉冲氩弧焊时，焊丝末端向熔池过渡的熔滴形式，对电弧的稳定性、焊缝的质量等，都有很大的影响。

一般，熔滴过渡的形式，可分为短路过渡、大熔滴过渡和喷射（射流）过渡三种。

（1）短路过渡

焊丝末端熔化的熔滴与熔池形成短路接触，靠表面张力、熔滴重力、电磁力等作用过渡到熔池。这种过渡形式，焊接电流小，弧长也最短；短路时发出“啪啪”的声响，焊工从弧长和短路的响声中，能判断出过渡的形式。

这种过渡方法主要适用于薄板细丝焊。熔化极氩弧焊时，很少使用。

（2）大熔滴过渡

当电流密度较小时，电磁力也较小，在熔池的表面张力作用下，会形成较大的熔滴（大于焊丝直径），主要靠重力和表面张力向熔池过渡。过渡的频率低，并间断地与熔池短路。焊工可从熔滴的大小和过渡的频率，判断出这种过渡的形式。

这种过渡形式的飞溅多，电弧不稳定，焊缝成形不良，所以一般很少使用。

（3）喷射过渡

当焊接电流大到某一临界值时，电磁力很大，熔滴以细滴喷射雾状态（小于焊丝直径），高速喷向熔岩池。

1.7 电弧产生偏吹及稳定措施

焊接电弧，由于受外力作用的影响，很容易发生摆动，造成电弧不稳定，影响焊接质量，促使焊缝产生气孔、氧化等缺陷，使焊缝面形不良，严重时会使焊接过程中断。影响焊接电弧不稳定的因素，主要有以下几个方面。

① 磁偏吹：电弧周围有铁磁物质，直流焊接时，在磁场作用下，形成偏吹。

② 风力影响：由于风力作用，使电弧不稳定。

③ 钨极端头短路熔化，使钨极端头变粗，电弧不稳定。

④ 交流焊时，直流成分较大。

⑤ 焊机的外特性、动特性不良。

为使焊接电弧稳定燃烧，应采取以下措施防止电弧偏吹。

① 焊接时尽量选用铈钨电极。

② 随时注意磨尖钨极端头。

③ 采用小电流稳弧法，对直径1.5～2.0mm的钨极端头，可用钳子把钨极劈成尖头。

④ 在焊接回路中，加入可变电阻，使焊接电流具有陡降的外特性。采用这种方法，焊接时电流小于15A时，电弧能稳定燃烧。

⑤ 采用高频、脉冲等稳弧装置。

第2章 焊工识图

CHAPTER 2

2.1 机械制图的基本规定

国家标准《机械制图》是机械制造的基础性标准，是绘画和读图的准则。因此，在机械制造行业中，无论哪个工种，都必须懂得制图和识图，才能更好地完成本职工作。

2.1.1 图纸幅面及格式

国标 GB/T 14689 中规定，在绘制技术图样时，应优先选用表 2-1 中规定的基本幅面。

表 2-1 图纸的基本幅面及图框尺寸 mm

图面代号		A0	A1	A2	A3	A4
宽(B)×长(L)		841×1180	594×841	420×594	297×420	210×297
边框	c	10			5	
	a	5				
	e	20			10	

① 如需要装订的图样，其图框格式如图 2-1 所示。

② 如不需要装订的图样，其图框格式如图 2-2 所示。

图框线用粗实线绘制，为方便于复制，可采用对中符号，如图 2-3 所示。

2.1.2 绘图比例

比例是指图样中机件要素的线性尺寸与实际机件相应要素

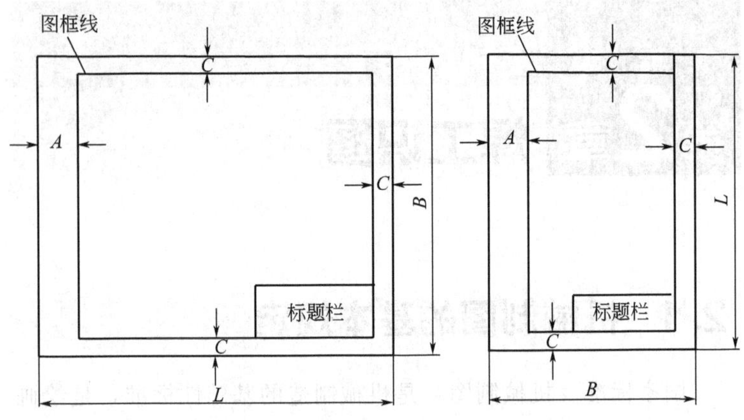

图 2-1　留有装订线的图框格式

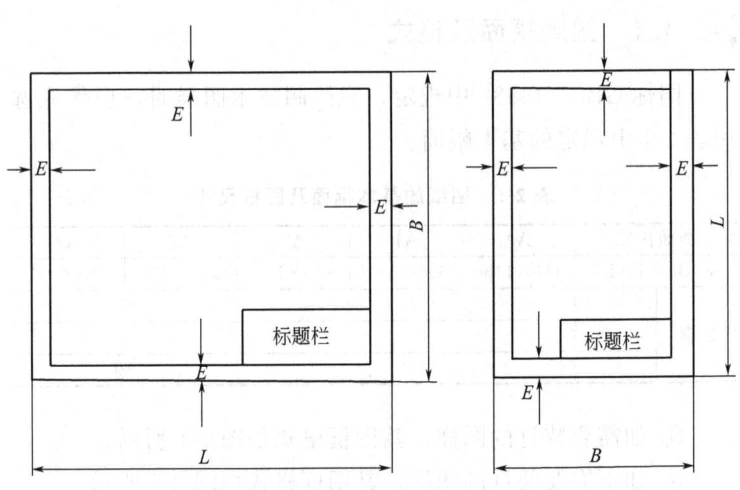

图 2-2　不留装订线的图框格式

的线性尺寸之比。

需要按比例绘图时，应按标准规定的系列中选取适当的比例，其比例规定见表 2-2。

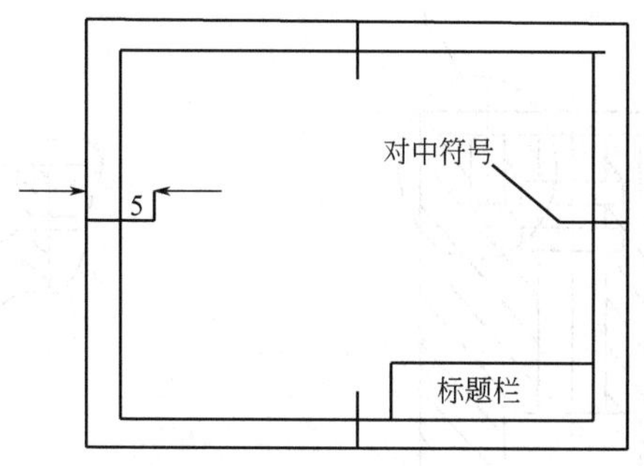

图 2-3 图纸的对中符号

表 2-2 比例

优先选用比例	原值比例	1∶1
	放大比例	5∶1,2∶1,5×10^n∶1,2×10^n∶1,1×10^n∶1
	缩小比例	1∶2,1∶5,1∶2×10^n,1∶5×10^n,1∶1×10^n
允许采用比例	放大比例	
	缩小比例	1∶1.5,1∶2.5,1∶3,1∶4,1∶5,1∶1.5×10^n,1∶2.5×10^n,1∶3×10^n,1∶4×10^n,1∶5×10^n

注：n 为整数。

绘制同一个投影体的各个投影图，应采用相同的比例，在标题栏中标注。需要采用不同比例时，必须另行标注。如图 2-4 所示的局部放大图。

为了从图上直接反映实物的大小，绘图时应尽量采用 1∶1 的比例。但因各种机件大小与结构千差万别，所画图形需要根据实际情况放大或缩小。图形无论放大或缩小，在标注尺寸时，应按机件实际尺寸标注，与图形比例无关。

2.1.3 图线

图纸中的图形是由各种图线构成的。在制图标准中，规定了各种图线的名称、形式、代号、宽度以及在图纸中的一般应用，见表 2-3。

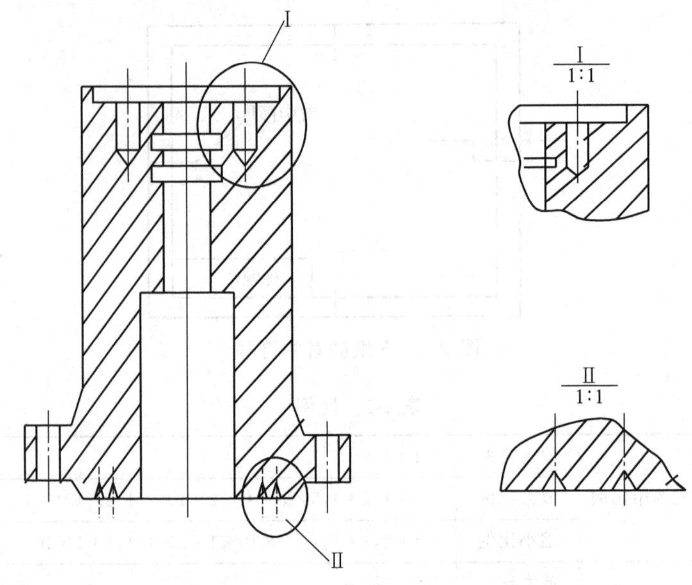

图 2-4 零件局部放大示意

表 2-3 图线

图线名称	形式与代号	图线宽度	应用举例
粗实线	b A	b	可见轮廓线
细实线	B	约 $b/3$	尺寸线、尺寸界线、剖面线
波浪线	C	约 $b/3$	断裂处的边界线、视图和剖视的分界线
双折线	D	约 $b/3$	断裂处的边界线
虚线	4~6 约1 F	约 $b/3$	不可见的分界线
细点画线	15~20 3~4 G	约 $b/3$	轴线、对称中界线

续表

图线名称	形式与代号	图线宽度	应用举例
粗点画线	J	b	有特殊要求的线和表面的表示线
双点画线	15~20 4~5 K	约 $b/3$	相邻辅助轮廓线、极限位置的轮廓线

同一图纸中，同类图线的宽度应基本一致，虚线、点画线及双点画线的线段长度和间隔应大致相等。

2.2 投影的基本原理

2.2.1 投影基本知识

通常把空间物体的形状，在平面上表达出来的方法称为投影。在机械制图中，通常采用平行投影法，即投影中心移至无限远，投影线相互平行，而且投影线垂直投影面，在投影面上得到的投影称为正投影，如图 2-5 所示。

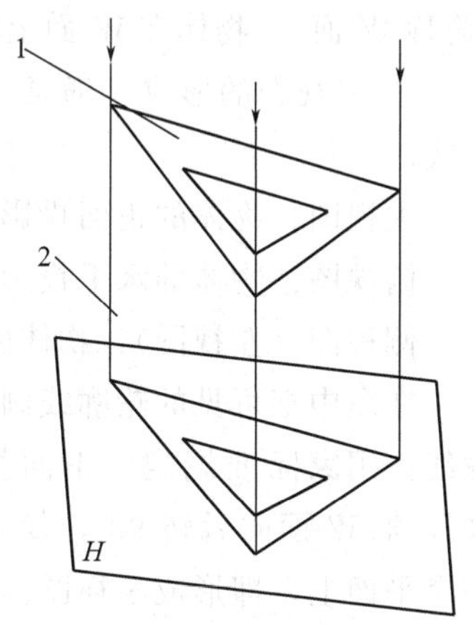

图 2-5 平行投影法
1—投影体；2—投影线；H—投影面

投影的三要素如下。

① 投影体，指所要绘制的对象，包括零件、部件、机器设备的总体。

② 投影线，是设想的一束平行光线，是绘图人员的视线。

③ 投影面，绘图的界面。

绘制零件图是要表达零件的形状，绘制装配图是要表达零件的安装位置。而安装位置也通过零件的形状来表达，因为绘制机械图是表达投影体的形状。而投影体的形状由边界线确定，绘图实际上是画各面之间的交线，是对交线的投影。

2.2.2 三视图

（1）三视图的形成

① 物体在三投影面体系中的投影　将物体放在三个相互垂直的投影面，组成的三投影面体系形成的三视图，如图 2-6 所示。

水平投影面：用 H 表示（简称 H 面），按正投影法向投影面投影，物体在 H 面上的投影，称为水平投影。

正投影面：垂直于 H 面的投影面，用 V 表示（简称 V 面），物体在 V 面上的投影，称为物体的正面投影。

侧投影面：同时垂直于 H、V 面的投影面，用 W 表示（简称 W 面），物体在 W 面上的投影称为物体的侧面投影。

② 三视图的形成　通常，把人的视线当作互相平行的投影线。

主视图：物体的正面投影。

俯视图：物体的水平投影。

侧视图（左视图）：物体的侧面投影。

在图中把可见的轮廓线画成粗实线，不可见的轮廓线画成虚线。国家标准规定，正面投影保持不动，把 H 面向下转 90°，把 W 面向后转 90°，使主视图、俯视图、左视图位于同一个平面上，即形成三视图。

（2）三视图的投影规律

根据规定，三个视图的位置关系不能变动，但名称不必标出。三个投影面的线框不画，各视图之间的距离可根据具体情

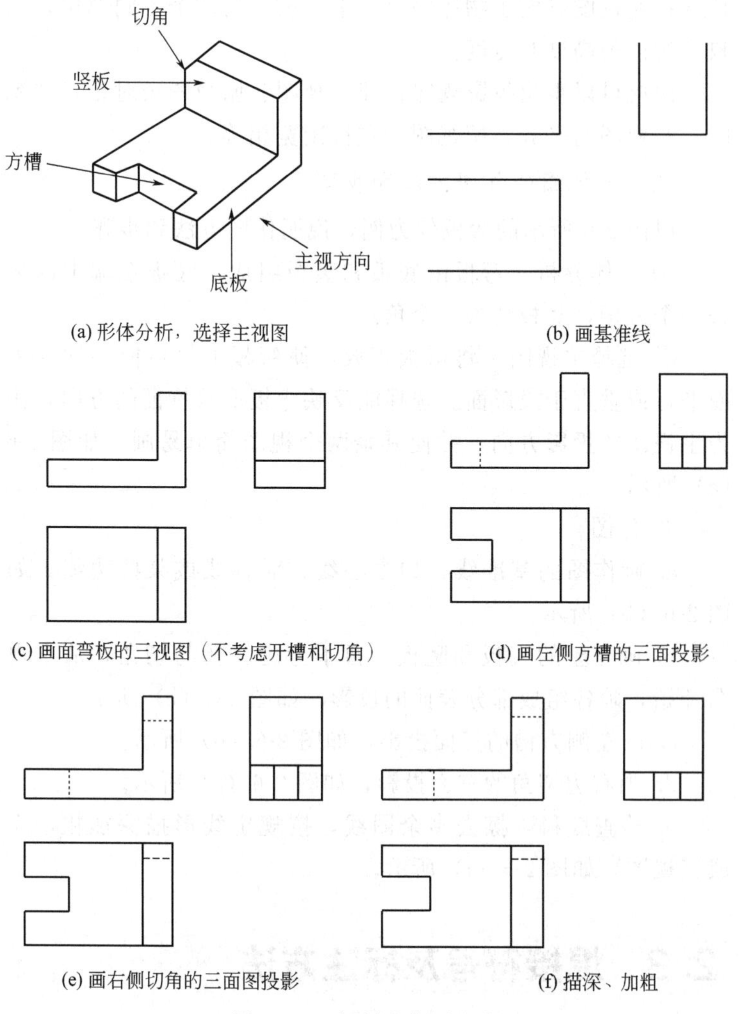

图 2-6 三视图的作图步骤

况而定。

从物体的三视图可以看出，主视图确定了物体的上、下、左、右四个不同部位，反映了物体的高度和长度；俯视图确定了物体的前、后、左、右四个不同位置，反映了物体的宽度和长度；左视图确定了物体的上、下、前、后四个不同部位，反映了物体的高度和宽度。

由此可以得出投影规律，即主视图、俯视图长对正，主视图、左视图高平齐，俯视图、左视图宽相等。

（3）三视图的作图方法和步骤

以图 2-6 所示的弯板件为例，说明作图方法和步骤。

① 形体分析　弯板由底板和竖板组成，底板左端中部切去一个方槽，竖板切去一个角。

② 选择主视图　将弯板正放，使弯板上尽可能多地与表面平行或垂直于投影面。选择能反映弯板形状特征的方向，作为主视图的投影方向，并使其余两个视图简单易画，如图 2-6（a）所示。

③ 作图

a. 画作图的基准线，如中心线、对称线或某些边线，如图 2-6（b）所示。

b. 画完整的底板和竖板，暂不考虑开槽与切角，从主视图开始，画各组成部分表面的投影，如图 2-6（c）所示。

c. 画左侧方槽的三面投影，如图 2-6（d）所示。

d. 画右边切角的三面投影，如图 2-6（e）所示。

e. 检查底稿，擦去多余图线，按规定线形描深加粗，完成三视图，如图 2-6（f）所示。

2.3 焊接符号及标注方法

2.3.1 焊缝符号的标注及应用

根据国家标准 GB/T 324《焊缝符号表示方法》的规定，焊缝符号一般由基本符号与指引线组成。必要时，还可以加上辅助符号、补充符号和焊缝尺寸符号。该标准主要用于金属熔化焊及电阻焊的焊缝在图样上的标注。

（1）基本符号

基本符号是表示焊缝横截面形状的符号，见表 2-4。

表 2-4 基本符号

序号	名称	示意图	符号
1	卷边焊缝（卷边完全熔化）		
2	I 形焊缝	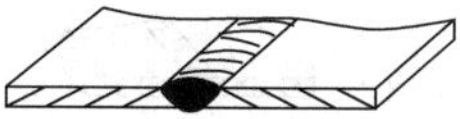	
3	V 形焊缝	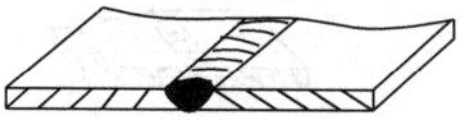	
4	单边 V 形焊缝	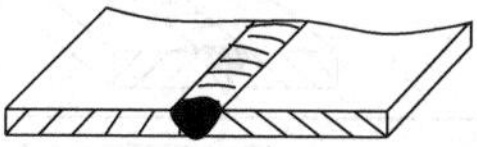	
5	带钝边 V 形焊缝	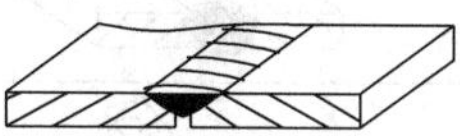	
6	带钝边单边 V 形焊缝		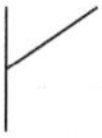
7	带钝边 U 形焊缝	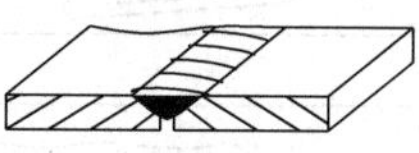	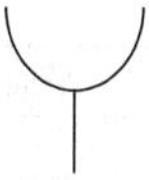
8	带钝边 J 形焊缝		
9	封底焊缝	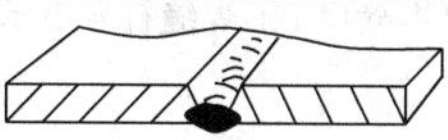	
10	角焊缝	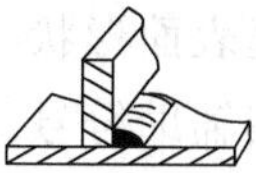	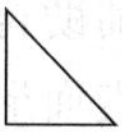

续表

序号	名称		示意图	符号
11	塞焊缝或槽缝		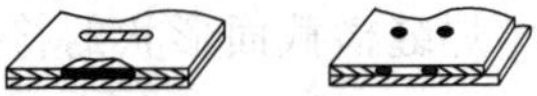	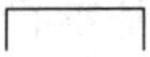
12	点焊缝	电阻焊	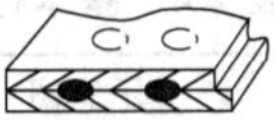	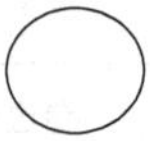
		熔焊	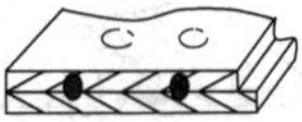	
13	缝焊缝	电阻焊		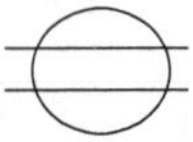
		熔焊		
14	陡边焊缝			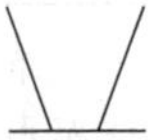
15	单边陡边焊缝		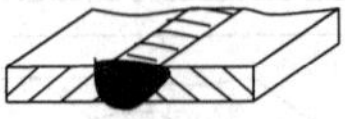	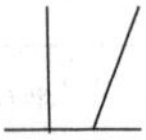
16	端接焊缝			
17	堆焊			
18	平面接头		—	—
19	斜面接头		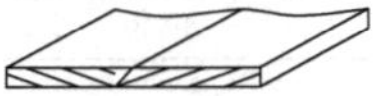	
20	包边接头		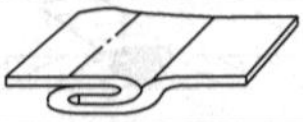	

注：不完全熔化的卷边焊缝用I形焊缝符号表示，并加注焊缝厚度。

(2) 辅助符号

辅助符号是表示焊缝表面形状的符号。当不需要确切说明焊缝表面形状时，可不用辅助符号。

辅助符号及应用示例见表2-5。

表 2-5 辅助符号及应用示例

序号	辅助符号名称	符号	焊缝示意图	说明	应用示例	
					名称	符号
1	平面符号	—	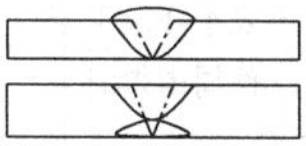	焊缝表面平齐（一般通过加工）	V形对接焊缝	
					封底V形对接焊缝	
2	凹面符号		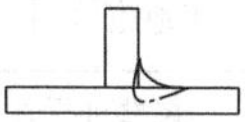	焊缝表面凹陷	凹面角焊缝	
3	凸面焊缝		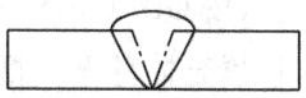	焊缝表面凸起	凸面V形焊缝	
			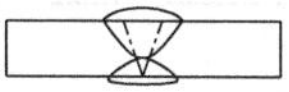		凸面X形焊缝	
4	焊趾平滑过渡符号	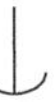	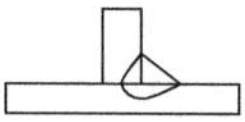	角焊缝具有平滑过渡表面	平滑过渡表面的角焊缝	
5	不可拆带补垫符号	M		防止烧穿所用的背面衬垫，焊后不能拆除		
6	可拆带衬垫符号	MR		防止烧穿所用的背面衬垫，焊后可拆除		

（3）补充符号

补充符号是补充说明焊缝的某些特征而采用的符号。补充符号及应用示例见表 2-6。

表 2-6 补充符号及应用示例

序号	补充符号名称	符号	焊缝示意图	说明	应用示例	
					标注示例	说明
1	带垫板符号	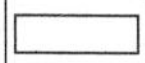	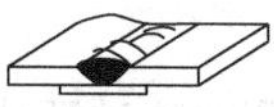	表示焊缝底部有衬板	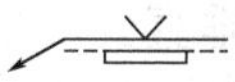	表示V形焊缝底部有衬垫
2	三面焊缝符号	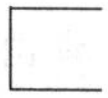	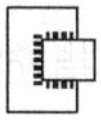	表示三面有焊缝		工件三面有焊缝

续表

序号	补充符号名称	符号	焊缝示意图	说明	应用示例	
					标注示例	说明
3	周围焊缝符号			表示环绕工件周围焊缝		表示现场或工地沿周围施焊
4	现场焊接符号			表示现场或工地施焊		
5	尾部符号			尾部可标注焊接方法代号(按 GB/T 5185)、验收标准、填充材料等。相互独立的条款用斜线“/”隔开		

2.3.2 焊缝符号在图样上的标注位置

(1) 焊缝指引线

完整的焊缝表示方法除了上述基本符号、辅助符号、补充符号以外，还包括指引线、尺寸符号及数据。指引线一般由箭头线和两条基准线组成，如图 2-7 所示。

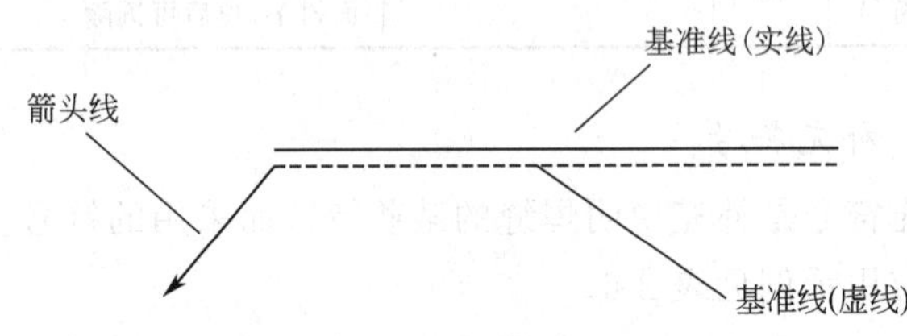

图 2-7 焊缝指引线示意

基准线由实线和虚线两条线组成，虚线可以画在基准线实线的上侧或下侧；基准线一般与图样的底线平行，特殊条件下也可与底线垂直。

箭头线相对焊缝的位置一般没有特殊要求，但在标注单边 V 形、Y 形、J 形焊缝时，箭头线应指向带有坡口一侧工件。

必要时，允许剪头线折弯1次。

(2) 焊缝符号在图样上的标注方法

为了能在图样式上确切的表示焊缝的位置，GB/T5185标准规定了基本符号相对基准线的位置，见表2-7。

表2-7 焊缝位置与基本符号相对基准线的位置

焊缝位置	基本符号相对基准线的位置	说明
焊缝在接头的箭头侧		基本符号在基准线的虚线侧
焊缝在接头的非箭头侧		基本符号在基准线的实线侧
对称焊缝	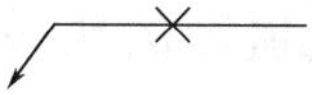	基准线可省略虚线

对于某些非对称的双面焊缝，在标注时，也可省略基准线的虚线，见表2-8。

表2-8 焊缝位置与基本符号相对基准线的位置

焊缝位置	基本符号相对基准线的位置	说明
双面角焊缝	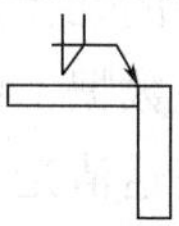	从结构形式上，可以区分双面焊缝的分布，所以标注时可省略虚线

2.4 铆焊结构图样的识读

2.4.1 结构图的特点

铆焊结构件与其他机械零件相比，具有一定的特点，了解其特点对于结构图样的识读和装配工艺，都是十分必要的。冷作结构件有如下特点。

① 铆焊结构件的制作工艺、加工精度较低，一般不需要加工。

② 铆焊结构件所用的材料多是金属板材和型材，材质多为焊接性能较好的低碳钢。

③ 铆焊结构件一般都是不可拆卸的永久性连接，只有特殊情况下才使用螺栓连接。

④ 铆焊结构件多用于设备、机械的外露表面，一般需要进行防腐蚀处理。

⑤ 有些冷作件的外形尺寸较大、几何形状复杂，制作冷作件的工艺较为复杂。

⑥ 铆焊件的焊接工作量大。

2.4.2 铆焊图与机械图的比较

铆焊图是机械图样中较为复杂的一种，与普通机械图样相比，具有如下特点。

① 铆焊结构装配图的图样幅面较大，图中所表达的多为组件或部件，单个零件图较少。

② 铆焊结构装配图所表达的零、部件形状有时不规则，视图较复杂，要从图中找出每一件的几何形状比较困难，只能从有关的放样展开图中了解到有关数据。结构图中组件、部件多，只用几个基本视图不能完整表达清楚零件之间的关系，所以有许多局部视图和辅助视图。

③ 铆焊结构图中经常用一些简便画法，如轴承、管路等。图中焊接符号较多。

2.4.3 读铆焊图的方法和步骤

读铆焊图一般分为通读、详读和细读三个阶段，每个阶段都应达到不同的目的。

（1）通读

通读的主要目的包括以下几方面：

① 阅读标题栏了解结构件的名称和用途。

② 阅读图样主要视图，了解结构件大致轮廓，形成整体概念。

③ 阅读明细表，了解结构件的主要组成部分或零件的概况。

④ 阅读技术要求，了解构件的制造要求和特点。

（2）详读

详读阶段要达到如下要求。

① 结合明细表和技术要求，了解主要组件或零件的形状、尺寸、结构特点和相互间的连接关系。

② 结合装配工艺文件，进一步对部件图详细分析装配特点及装配过程。

（3）细读

按照明细表的顺序，逐一对所有零件进行图表对应研读，搞清楚每一零件的形状、尺寸、材料、位置以及相互间的连接关系。

通过上述三个步骤，使操作者事前对整个结构的性能要求、零部件分布、连接要求，以及检测要求，有一个较完整清晰的轮廓概念，防止盲目操作。

2.4.4 简单装配图识读示例

1. 支撑座结构图的识读

支撑座结构的图样如图 2-8 所示。

（1）通读图样

① 从标题栏中可以看出该结构由 5 个元件焊接而成的支撑座，用于支承轴。

② 该支撑座大致的轮廓是由两件槽钢 3 立放在底板上，与侧板 2 和肋板 5 焊接而成的。补强圈 4 起支撑作用。

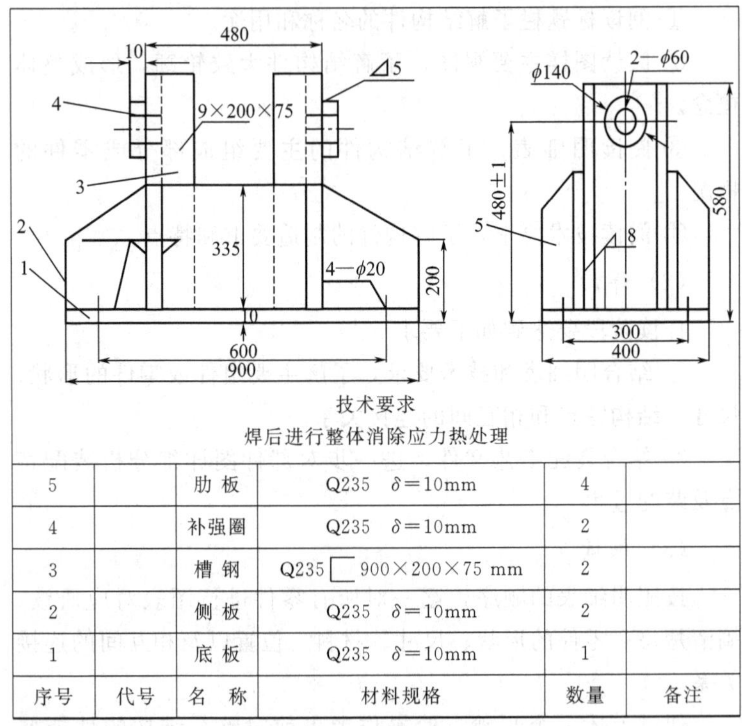

5		肋 板	Q235 δ=10mm	4	
4		补强圈	Q235 δ=10mm	2	
3		槽 钢	Q235 [900×200×75 mm	2	
2		侧 板	Q235 δ=10mm	2	
1		底 板	Q235 δ=10mm	1	
序号	代号	名 称	材料规格	数量	备注

图 2-8 支撑座结构图

③ 零件明细表中列出了结构件组成元件的数量和材料，槽钢件 2 个、侧板 2 块、肋板 4 块、底板 1 块、补强圈 2 个。它们的材料是具有较好焊接性能的 Q235 低碳钢。

④ 整个结构件焊后要求进行消除焊接应力的热处理。

（2）详读和细读图样

该结构件比较简单，可将详读与细读结合起来进行。按照详读和细读的要求，主要把各零件的形状和尺寸搞清楚。

① 底板 1 的尺寸 10mm×400mm×900 mm。底板上开 4 个地脚螺栓孔 4×Φ20。四孔间距为 600 mm×300mm。其他元件均焊接在底板上。

② 槽钢的规格为[9mm×200mm×75mm，长度 580mm—

10mm＝570mm。立放，凹侧相对装焊于底板中心线上，槽钢两背面距离为装配尺寸 480mm。

③ 两块侧板 2 的高度为 330mm，宽度为 900mm，其中两角割去 140mm×210mm 的斜角，夹着槽钢装焊于底板上。

④ 四块肋板 5 装焊于两侧板外侧与底板交角处，装焊位置见主视图，与槽钢外侧持平。

⑤ 补强圈 4 装焊于槽钢下部开孔处。

2. 储油罐装配图的识读

储油罐是典型的压力容器类冷作结构，识读这种结构图，具有对装配图了解的普遍意义。储油罐的装配图如图 2-9 所示。

（1）通读

从标题栏、图样和技术要求中可以看到，这是一台压力容器。容器的两端有椭圆封头，中部有圆柱形筒体，罐体上部开有各种用途的接管，下部配有安装支座。罐体的一端还设有液位显示器的接管，整个结构均为焊接件组成。

（2）详读

对照零件明细表，可以看出罐体主要由以下几类零件构成。

① 筒体 12 是由多节圆筒对接而成，筒体两端与椭圆封头对接，下部焊有鞍式支座，上部开有一系列孔，焊有不同用途接管。

② 封头 13 共 2 件，都是标准制件，其中左边 1 件开孔，焊有液位计接管。

③ 鞍座 14 共 2 件，也都是标准制件，每个支座是预制后焊到主体上的。

④ 人孔法兰装配之前将接管焊好，最后装配到筒体上。

⑤ 补强圈则为单独零件，装配时组焊到筒体上。

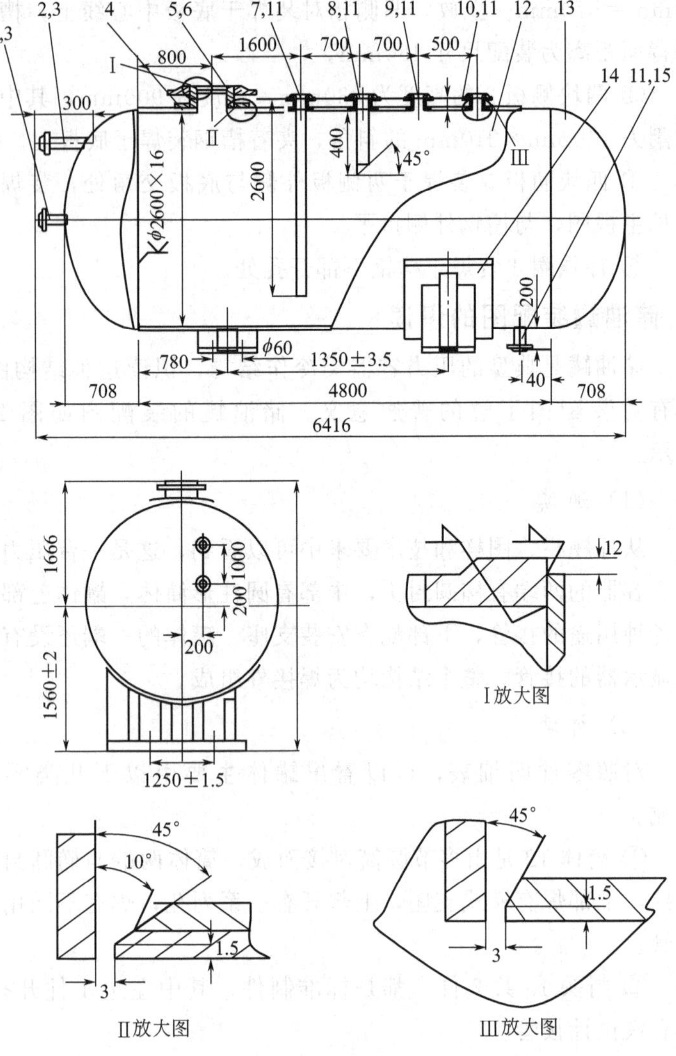

技术要求

1.本设备按国标GB 150—2011制造。
2.设备主体纵、环焊缝按GB/T 4370—2005标准进行X射线探伤，其长度为全焊缝的20%，Ⅲ级合格。
3.设备制成后进行0.8MPa水压试验。

15	排污管	20 Φ5 7mm×3.5mm	1	
14	鞍座		2	
13	封头	Q345DN2600mm×16mm	2	
12	筒体	Q345	1	
11	法兰	Q235 pN16MPaDg50mm	6	
10	放空接管	20 Φ5 7mm×3.5mm	1	
9	安全阀接管	20 Φ5 7mm×3.5mm	1	
8	进料接管	20 Φ5 7mm×3.5mm	1	
7	出料接管	20 Φ5 7mm×3.5mm	1	
6	人孔法兰	组合件	1	
5	人孔接管		1	
4	补强圈	Q345	1	
3	法兰	Q235 pN16MPaDg3.2mm	2	
2	接管	20 Φ32mm×3.5mm	1	
1	接管	20 Φ32mm×3.5mm	1	
序号	名称	材料规格	数量	备注

设计		日期		储油罐装配图	第　张	
制图		日期			共　张	
审校		日期			图　号	

图 2-9　储油罐装配图

⑥ 液位计接管 1、2 的法兰，要预先焊到接管上再进行组装。

⑦ 接管 7、8、9、10、15 法兰相同，管子长度不同，要按件号焊好。

(3) 细读

主要搞清楚一些重要的交接关系和装配尺寸的细节。

① 按照压力容器标准的规定，容器上所有焊缝的间隔距离必须大于 50mm。因为筒体是由多节对接而成，本身存在焊缝，安装其他焊件时，应周密考虑，间隔距离必须大于 50mm。

② 装配之前应按技术要求检查各焊缝坡口是否符合图面要求。

③ 构件装配尺寸中，标有公差要求是重点检测对象，如两支座距离等，未注公差的尺寸，按 IT14 级规定处理。

2.5 焊接装配图识读

2.5.1 冷凝器管箱焊接装配图的识读

如图 2-10 所示是一台冷凝器管箱的焊接装配图，其识读的步骤如下。

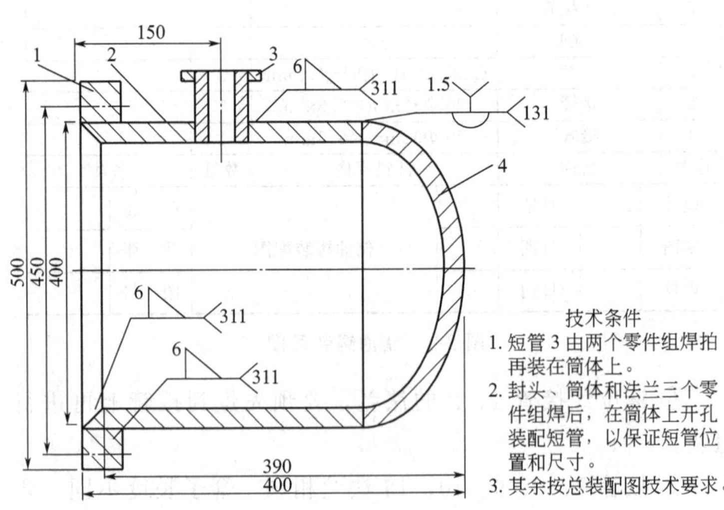

4	L001-04	封头	LF21	1	δ=6
3	L001-03	短管	LF21	1	δ=6
2	L001-02	筒体	LF21	1	δ=6
1	L001-01	法兰	LF21	1	δ=24
序号	代号	名称	材料	数量	备注

设计		日期		冷凝器管箱装配图	第　张	
制图		日期			共　张	
审校		日期			图　号	

图 2-10　管箱装配图

（1）看标题栏

由图示可知，冷凝器管箱是由封头4、筒体2、短管3和法兰1四个零件组焊而成的。所有零件均采用变形防锈铝LF21制成，防法兰的厚度为24mm外，其余零件的厚度都是6mm。

（2）装配尺寸与装配关系

短管3由两个零件组焊成小组合件后再装焊到筒体上的。封头、筒体、法兰三者焊接后达到轴向装配尺寸400mm，然后在筒体上形孔装焊短管，并保证短管中心线左端基准面为150mm。

（3）弄清对焊缝的要求

筒体与法兰的焊接接头内外均为角焊缝，焊脚高度为6mm。筒体与封头的连接，属于对接焊缝，要求开带钝边的V形坡口，每侧为30°，钝边厚度为1.5mm，间隙为2.5mm，单面焊后再进行封底焊接。短管与筒体的焊缝为角焊缝，焊角高度为6mm。

从指引线的尾部标记311可知，焊接采用氧-乙炔气焊，131为CO_2气体保护焊。

2.5.2 水气分离器焊接装配图的识读

如图2-11所示是水气分离器的焊接装配图。由图可知，水气分离器由6个零件组成，每个件用厚度为1mm的Q235钢板加工制成的，其中进气管、出气管、连接管由平板卷制后对接焊成；分离器本体采用1mm板折边成槽形，然后拼焊成箱体，要求采用立焊法焊接；箱体上、下盖板与箱体采用横焊。进气管、出气管、连接管与箱体的连接，分别为各种位置的角焊缝。焊缝指引线尾部数字，311表示氧-乙炔气焊。

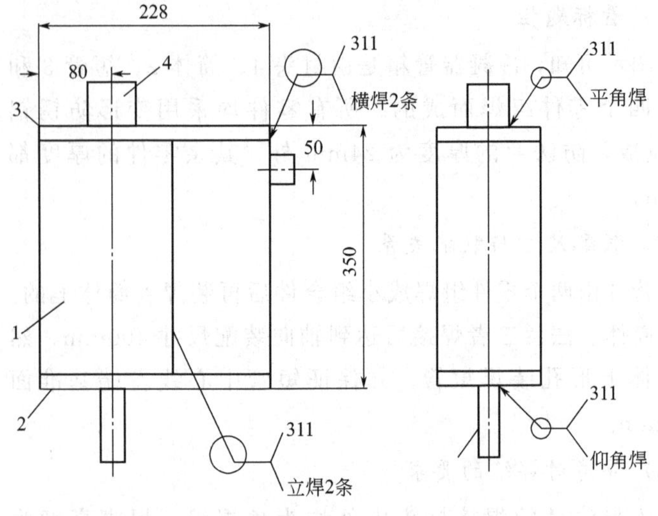

技术条件

1. 进气管、出气管、连接管由平板卷制后对接焊。

2. 水气分离箱本体由两块平板折边成槽形，两块焊后成方形筒。先定位焊再焊两条立焊缝。

3. 将上、下盖板与方桶进行装配，定位固定焊后，焊接圆周横焊缝

4. 装焊进气管、出气管等，焊接各位置角焊缝。

5. 焊后采用压缩空气进行密封试验，在 29.4×10^4Pa 压力下，不得有漏气现象。

6	6922-1109026	出气管	Q235-A	1
5	6922-1109025	连接管	Q235-A	1
4	6922-1109024	进气管	Q235-A	1
3	6922-1109023	上盖板	Q235-A	1
2	6922-1109022	下盖板	Q235-A	1
1	6922-1109021	水气分离箱本体	Q235-A	1
序号	代号	名称	材料	数量

图 2-11　水气分离器装配示意

第3章 氩弧焊设备

CHAPTER 3

3.1 钨极氩弧焊设备的分类及特点

钨极氩弧焊接是在氩气保护下，利用钨电极与工件之间产生电弧热熔化母材（若使用焊丝同时也熔化焊丝）的一种焊接方法。实施这种焊接的设备称为氩弧焊设备，氩弧焊设备按操作方法可分为钨极手工氩弧焊设备、半自动和自动氩弧焊设备等几种；按焊机种类可分为直流、交流、脉冲和逆变等几种钨极氩弧焊设备。

3.1.1 钨极氩弧焊设备的组成

钨极氩弧焊设备的组成如图 3-1～图 3-3 所示。

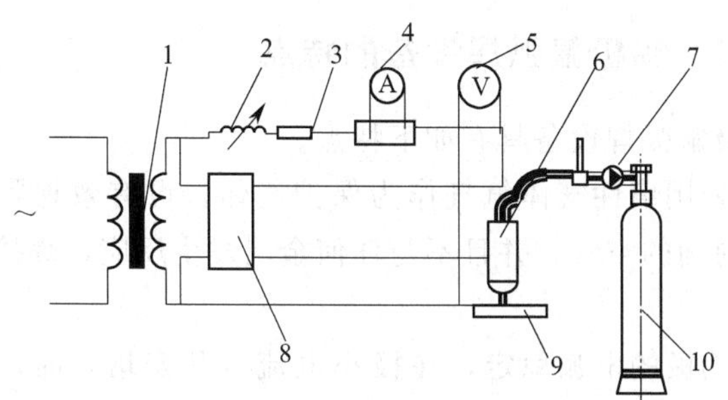

图 3-1 手工交流钨极氩弧焊设备组成示意

1—焊接变压器；2—轭流圈；3—稳定变阻器；4—交流电流表；5—电压表；6—焊枪；7—减压流量计；8—高频振荡器；9—焊件；10—氩气瓶

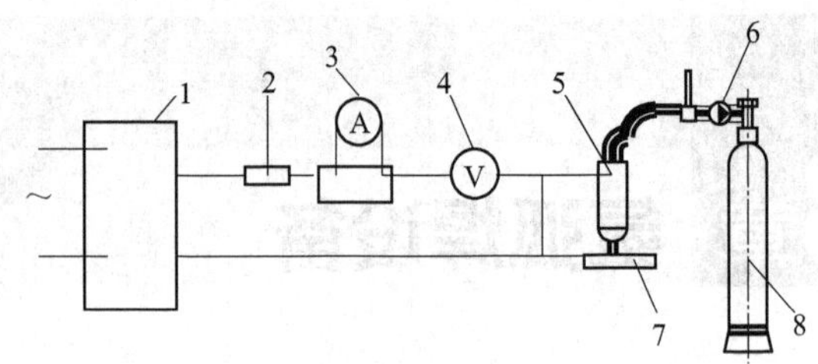

图 3-2 手工直流钨极氩弧焊设备组成示意

1—直流整流电源；2—稳定变阻器；3—直流电流表；4—电压表；5—焊枪；6—减压流量计；7—焊件；8—氩气瓶

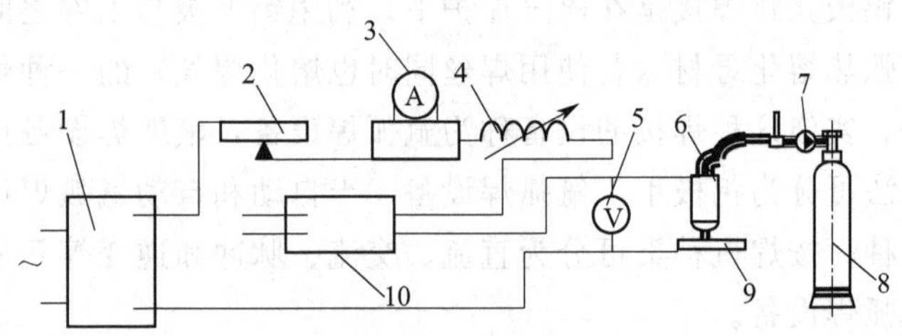

图 3-3 直流钨极自动氩弧焊设备组成示意

1—直流电源；2—可变电阻；3—直流电流表；4—轭流圈；5—电压表；6—焊枪；7—减压流量计；8—氩气瓶；9—焊件；10—高频振荡器

3.1.2 钨极氩弧焊设备的特点

钨极氩弧焊设备具有如下特点。

① 采用惰性气体氩气作为保护气体，可有效地隔绝电弧和熔池周围的空气，并且不与任何金属发生反应，焊接过程无副作用。

② 钨极的电弧稳定，在极小电流（几安培）时，也可以稳定燃烧，特别适合焊接各种金属的薄板。

③ 具有阴极清理作用，有利于焊接化学活泼性强的有色金属和容易氧化金属。

④ 飞溅小，焊缝成形好。

⑤ 可进行填充焊丝或不填充焊丝焊接，焊丝和热源能分别控制，能进行全位置焊接。

基于上述特点，钨极氩弧焊多用于镁、铝、钛、镍、不锈钢等的焊接，为了保证焊接质量，也常用于各种金属结构的打底层焊接。

3.2 氩弧焊电源

3.2.1 交流钨极氩弧焊机

(1) 普通交流钨极氩弧焊机

普通交流氩弧焊机是最简单的焊接电源，它主要是焊接变压器（弧焊变压器），弧焊变压器的伏安特性通常为恒流特性。这种交流焊接变压器，可分为动铁芯式和动圈式两大类。

① 动铁芯式弧焊变压器　动铁芯式弧焊变压器的结构如图3-4所示。变压器的一次与二次线圈分别绕在“口”形铁芯的两侧，并在“口”形铁芯中间加入一个可以移动的梯形铁芯，称为动铁芯。

常用动铁芯式焊接变压器的型号及主要技术数据见表3-1。

表3-1　常用动铁芯式焊接变压器型号及主要技术数据

型号	电源电压/V	输入容量/kV·A	额定工作电压/V	空载电压/V	额定焊接电流/A	电流调节范围/A	额定负载持续率/%
BX1-125	380/200	7.9	23	55	125	40～125	20
BX1-160	380/200	9.9～11.9	24.4	55～67	160	40～160	20
BX1-200	380/200	10.6～14.7	26～28	50～70	200	40～200	20/35
BX1-250	380/200	17.1～18.5	28～30	66～70	250	50～250	20/35/60
BX1-315	380/200	22.5～25.5	30.6～32.5	72～76	315	60～315	20/35/60
BX1-400	380	29～32	36	74～76	400	80～400	35/60
BX1-500	380	38～41	40	75～78	500	100～500	35/60
BX1-630	380	49.6～52.5	44	75～80	630	125～630	35/60

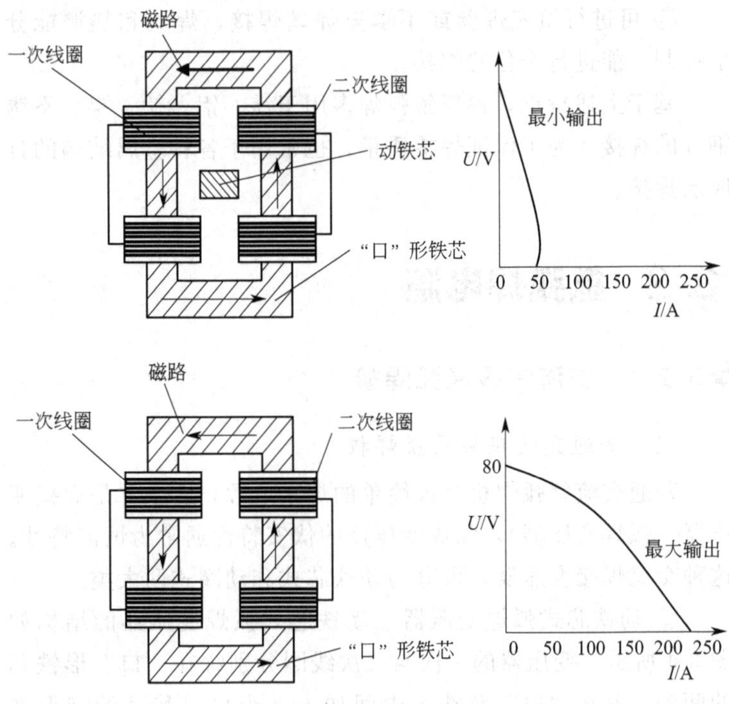

图 3-4　动铁芯式弧焊变压器结构示意图

② 动圈式焊接变压器　动圈式焊接变压器的结构如图 3-5 所示。变压器的一次和二次线圈都分成两组。当一次和二次线圈之间的距离变化时，变压器的漏感改变，两者之间的漏感越小，串联的电阻也越小。

动圈式结构中，通常是固定二次线圈，移动一次线圈，这是因为一次线圈的电流较小，电缆的截面积也相应小些，比较容易移动。

动圈式焊接变压器的型号及主要技术数据见表 3-2。

（2）方波交流钨极氩弧焊机

方波交流钨极氩弧焊机有：磁放大器式；二极管整流式；晶闸管整流式；逆变式。

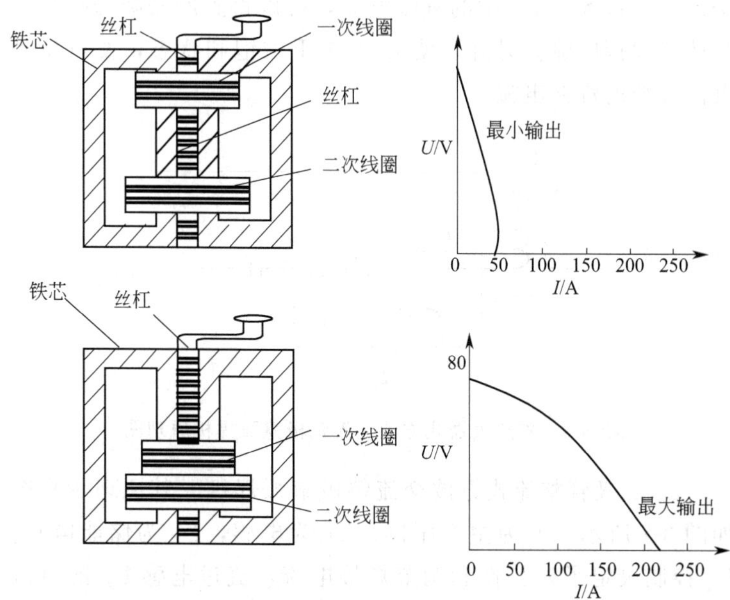

图 3-5 动圈式焊接变压器结构示意图

表 3-2 动圈式焊接变压器的型号及主要技术数据

型号	电源电压/V	输入容量/kV·A	额定工作电压/V	空载电压/V	额定焊接电流/A	电流调节范围/A	额定负载持续率/%
BX3-160	220/380	12.9	24.4～26.4	78	160	32～160	20/35
BX3-250	220/380	18.4	26～30	70～78	250	50～250	20/35/60
BX3-300	220/380	20～24	30～32	70～78	300	60～300	20/35/60
BX3-315	380	22.5～25	32.6	70～75	315	60～315	35/60
BX3-400	380	28.9～31	36	70～75	400	80～400	35/60
BX3-500	380	30～40	40	70～78	500	100～500	35/60
BX3-630	380	45～50.5	44	70～78	630	120～630	35/60
BX3-800	380	65～69.5	44	75～80	800	150～850	60/100

① 磁放大器式方波交流钨极氩弧焊机　其原理示意图如图 3-6 所示。其中 T 为主变压器，L_1 为交流绕组，L_2 为控制

绕组。通过改变 L_2 中的直流电流，可以得到所需陡降外特性和调节焊接电流。另外，使 L 工作于磁饱和状态，便可得到近似方波的焊接电流。

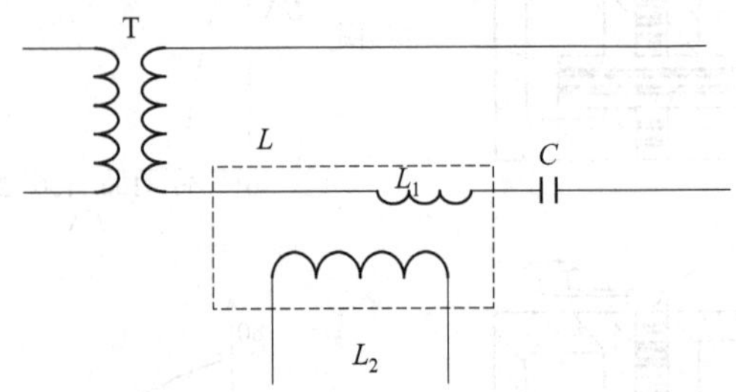

图 3-6　磁放大器式方波交流钨极氩弧焊机原理图

② 二极管整流式方波交流钨极氩弧焊机　其原理示意图如图 3-7 所示。T 为主变压器，L_1 为电感，L_2 为储能电感。L_1 控制决定了外特性和调节焊接电流，流过电感 L_2 的电流为直流。

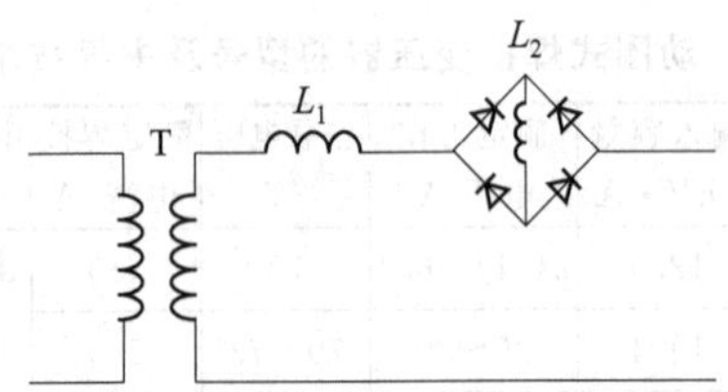

图 3-7　二极管整流式方波交流钨极氩弧焊机原理图

该电路可输出接近于矩形波的电流，无法实现电流的缓升缓降，由于电弧稳定性不十分理想，仍需另设稳弧装置。

③ 晶闸管式方波交流钨极氩弧焊机　其原理图如图 3-8 所示，其电路形式与二极管整流式类似，只不过是用晶闸管取代二极管，基本原理相同。

这种焊机陡降外特性的获得，是通过控制晶闸管导通来实现的，能产生较好的方波交流电流。

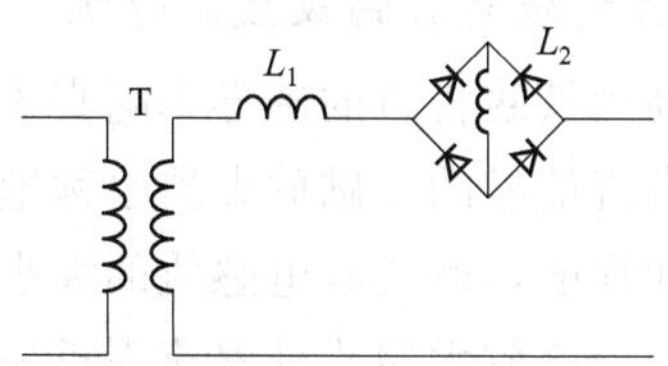

图 3-8 晶闸管整流式方波交流钨极氩弧焊机原理图

3.2.2 直流钨极氩弧焊机

直流钨极氩弧焊设备的电源大多由焊接整流器供给。焊接整流器的种类繁多，其外观和内部结构差异甚大，但基本结构是由输入电路、降压电路、整流电路、输出电路和外特性控制电路等部分组成，如图 3-9 所示。

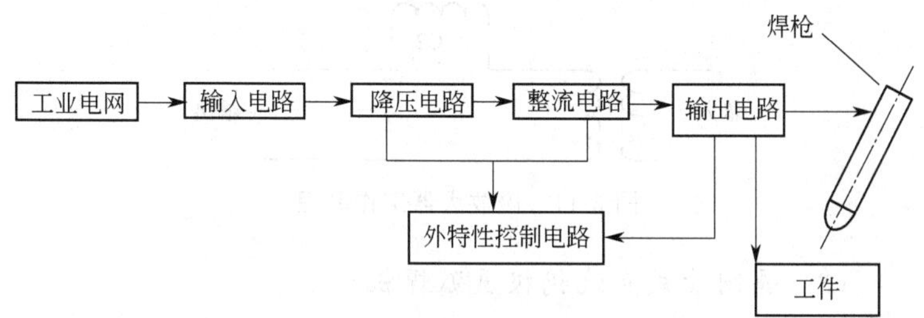

图 3-9 焊接整流器的结构框图

（1）硅整流式直流氩弧焊机

硅整流式直流氩弧焊机的整流元件是硅整流二极管，它的作用是将变压器降压后的交流低压电转换成直流电，根据焊接电流调节和外特性，获得不同形式的直流焊接电源。

它的交流电源是焊接变压器（动铁芯式和动圈式），其中，动圈式比动铁芯式焊接规范稳定，振动和噪声小；缺点是不太经济。

(2) 磁放大器式硅整流钨极氩弧焊机

磁放大器是利用铁磁材料的磁导率随直流磁场强度变化而改变特性来放大直流信号的。磁放大器也称饱和电抗器，通过调节铁芯的磁饱和程度，改变其电感值的大小，达到调节电流和下降特性的目的。磁放大器式硅整流焊机原理框图如图 3-10 所示。磁放大器的工作原理如图 3-11 所示。

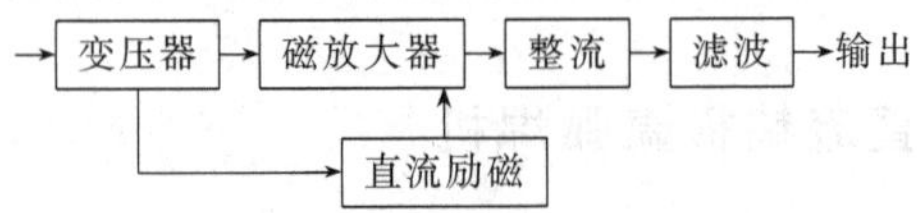

图 3-10　磁放大器式硅整流焊机原理框图

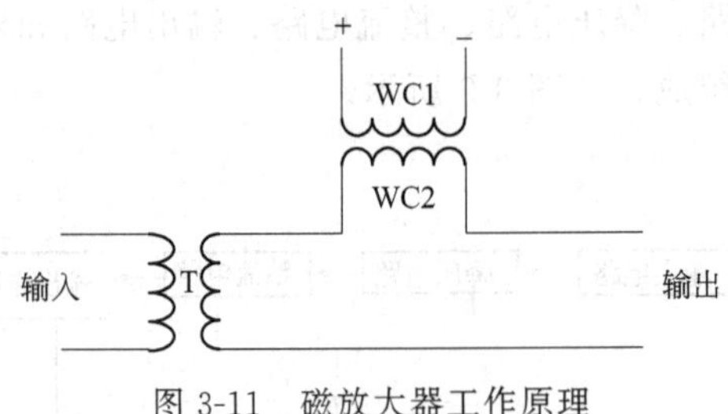

图 3-11　磁放大器工作原理

(3) 晶闸管式直流钨极氩弧焊机

晶闸管式直流钨极氩弧焊机主回路采用晶闸管整流，利用晶闸管的可控整流性能，使焊接电源外特性变化且焊接规范参数的调节比较容易。所以是目前国内外应用较广泛的一种整流方式。

这种焊机由以下几部分组成：主回路、触发电路、程序控制电路、外特性控制电路。

① 主回路　主回路的作用是将输入的交流电能转换成符合焊接要求的直流电能。它包括主变压器、整流电路、滤波电感。常用的整流电路有三相桥式全控整流电路和带平衡电抗器的双反星形可控整流电路。三相桥式全控整流电路如图 3-12 所示；带平衡电抗器的双反星形可控整流电路如图 3-13 所示。

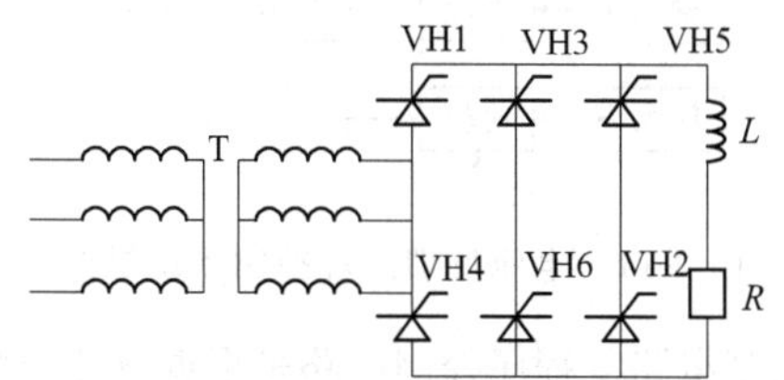

图 3-12　三相桥式全控整流电路

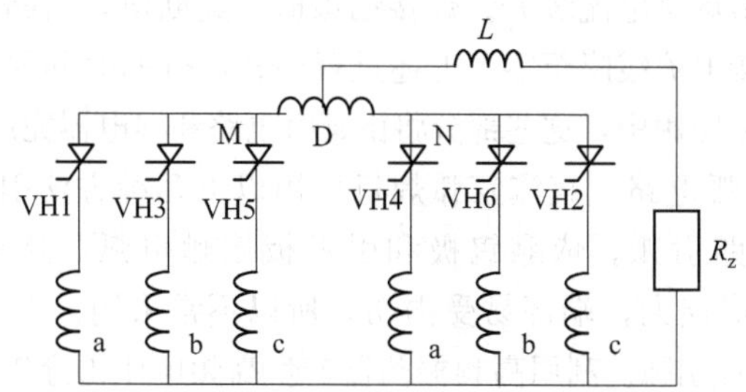

图 3-13　带平衡电抗器的双反星形可控整流电路

② 触发电路　触发电路的作用是使晶闸管导通，并能可靠工作，因此对触发电路有如下要求：

a. 晶闸管阳极、阴极之间应加正极脉冲信号；

b. 触发信号应有足够的功率；

c. 触发脉冲应有一定的宽度，并能移相且有一定的移相范围；

d. 触发脉冲在时间上应与晶闸管电源电压同步。

触发电路的类型较多，主要有：单结晶体管触发电路、晶体管触发电路、运算放大器式触发电路。每种触发电路基本由脉冲产生电路、同步电路、移相电路和脉冲输出电路组成。

③ 外特性控制电路　直流氩弧焊机需要陡降外特性，曲线形状是通过电流反馈来控制的。电流反馈闭环控制系统框图如图 3-14 所示。

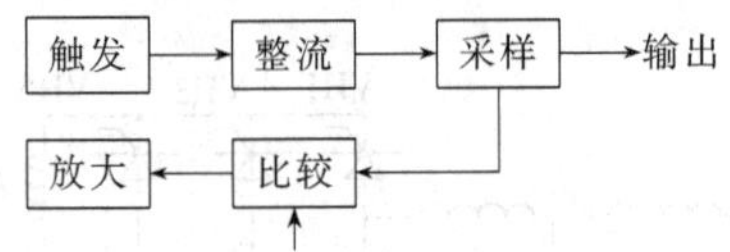

图 3-14 电流反馈闭环控制系统框图

④ 程序控制电路 程序控制电路是根据直流氩弧焊的工艺需要而设置的，如焊接时必须先给气，后通电，然后采用高频引弧，有时还要求焊接电流缓升。焊接结束时，先断电，后断气，有时还要求焊接电流缓降至零。上述过程中各部分的时间要求独立可调，在实际使用中，这些部分将由延时电路和继电器完成。

⑤ 引弧电路 直流氩弧焊机可用以下几种方法引燃电弧。

a. 短路引弧。依靠钨极和引弧板接触引弧，这种方法引弧时钨极烧损大，端部易受损伤，所以不常采用。

b. 高频引弧。利用高频振荡器产生高频电压击穿钨极与工件之间的间隙引燃电弧。目前高频为 150kHz 左右，高压为 3kV 左右。

c. 脉冲引弧。利用脉冲发生器产生 10kV、频率为 50～100Hz 的脉冲高压，以击穿钨极与工件之间的间隙引燃电弧。

典型晶闸管式直流钨极氩弧焊机（YC-150TMVTA）为晶闸管式单相小型直流 TIG 焊机，用于手工 TIG 焊。该机具有收弧控制、温度保护等功能，便于移动，适合流动作业，焊接小型工件。其主要技术数据如表 3-3 所示。

表 3-3 YC-150TMVTA 型氩弧焊机主要技术数据

输入电压	220V,50Hz
相数	单相
额定输入容量	11.4V·A,6.3kW
额定电流/A	8～150
额定负载持续率	20%
外形尺寸(宽×长×高)/mm	300×460×520
质量/kg	62
配用焊枪(YT-15TSI 型)	
额定电流/A	150
额定负载持续率	50%
配用氩气调节器（YX-251AYI 型）	

该焊机的安装示意如图 3-15 所示。

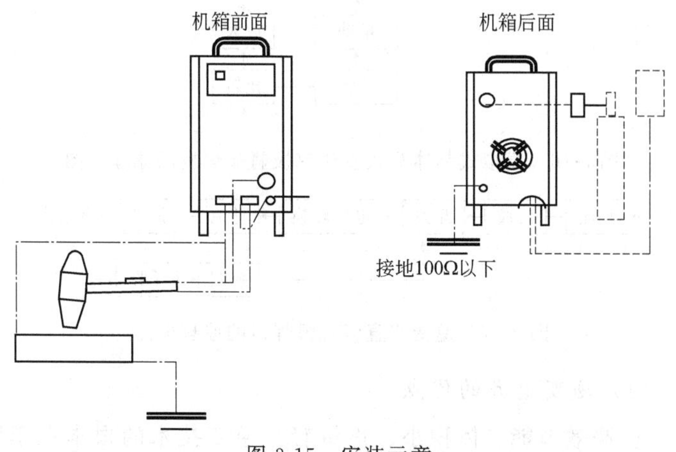

图 3-15 安装示意

（4）晶体管式直流钨极氩弧焊机

晶体管式直流钨极氩弧焊机的特点是：利用功率晶体管或场效应管与辅助电路配合获得所需的外特性及焊接电流调节。这种焊机有如下特点。

① 可制成各种外特性的焊机，适应不同焊接方法的需要。

② 焊接电流既可以是直流，也可满足各种工艺要求的波形焊机。

③ 适于作脉冲氩弧焊机，多种参数可调，且可精确控制。

④ 不足之处是控制电路复杂，常为多管并联使用，所要求的条件严格。

模拟式晶体管式直流钨极氩弧焊机的原理框图如图 3-16 所示。

3.2.3 逆变式直流氩弧焊机

在电路中，将直流转换成交流的过程称为逆变，用以实现这种转换的电路，称为逆变电路。逆变式直流氩弧焊机的原理框图见图 3-17。

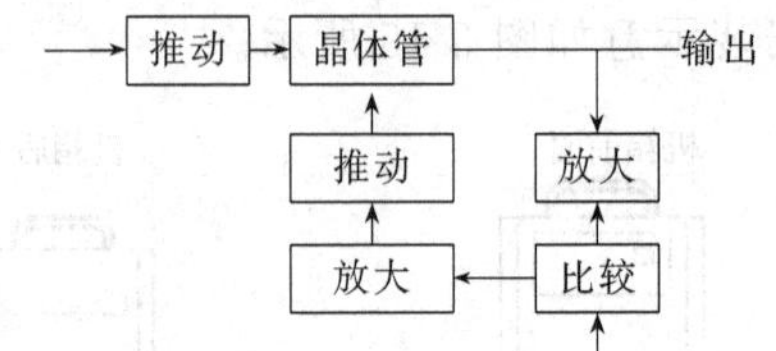

图 3-16 模拟式晶体管式直流钨极氩弧焊机的原理框图

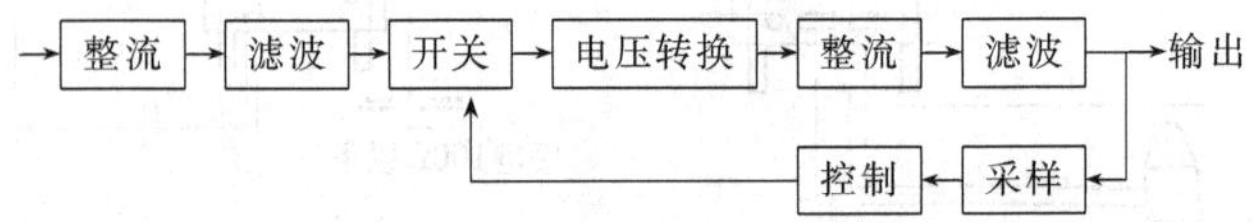

图 3-17 逆变式直流氩弧焊机的原理框图

(1) 逆变电源的优点

① 高效节能、体积小、重量轻。逆变技术的根本在于频率的提高，一般为 20kHz 左右。所以逆变电源主变压器体积大大减小，重量降低。

② 逆变电源采用开关控制，比模拟控制功率损耗小得多。

③ 特性便于控制。由于工作频率高，逆变电源有良好的动态响应，可进行高速控制。

④ 逆变电源的效率高达 80%～90%，功率因数高，可降低电能消耗。

⑤ 调节快，所有焊接工艺参数可进行无级调节。

(2) 逆变电源的分类

根据逆变电源所采用的功率开关器件种类不同，可分成以下四类：

① 晶闸管逆变电源；

② 晶体管逆变电源；

③ 场效应管逆变电源；

④ 绝缘门极双极晶体管（IGBT）逆变电源。

晶闸管逆变电源由于受限于器件本身的工作频率，场效应管逆变电源有多管并联等技术问题，目前已经不采用。IGBT

逆变电源已经成为当前的主要方式，它具有输出容量大、驱动功率小、适合大功率逆变电源等优点。

（3）逆变电源主回路基本形式

① 单端式 按中频变压器二次侧整流二极管连接方式不同，单端逆变电源又分为单端正激逆变电路和单端反激逆变电路。图 3-18 为单端正激逆变电路。

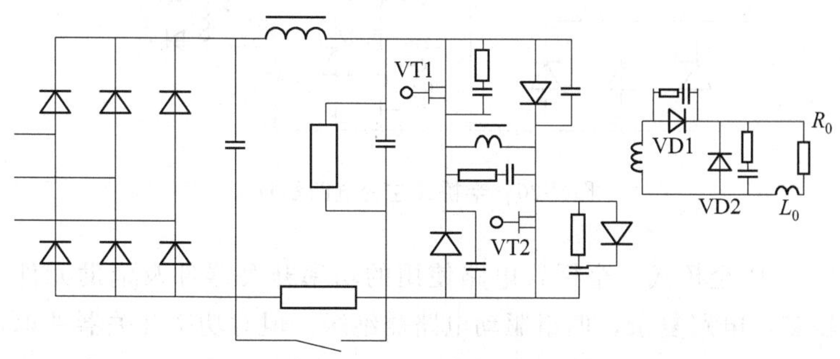

图 3-18 单端正激逆变电路示意

② 推挽式 推挽式电路如图 3-19 所示。该电路采用两只功率开关管，能获得较大的功率输出，且两组输入驱动电路不需绝缘，从而简化了驱动电路和过电流保护措施。但开关功率必须承受较高的电压，对器件要求严格，故采用不多。

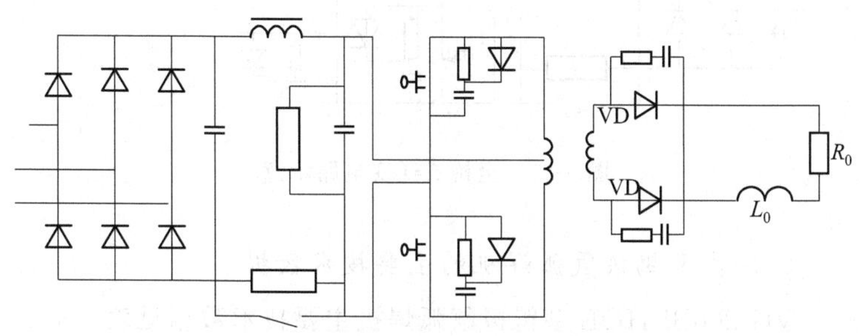

图 3-19 推挽式逆变电路示意

③ 半桥式　半桥式电路的功率开关器件承受电压不高，所需驱动功率较小，所以在中等功率焊接电源中获得广泛应用。其电路如图 3-20 所示。

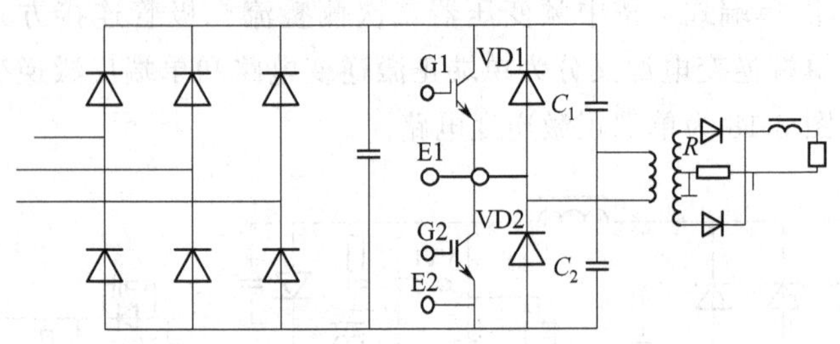

图 3-20　半桥式逆变电路示意

④ 全桥式　全桥式电路使用的功率开关器件及辅助元件较多，电路复杂，四组驱动电路需绝缘。但对功率开关器件承受电压要求低，可获得大功率输出。全桥式逆变电路如图 3-21 所示。

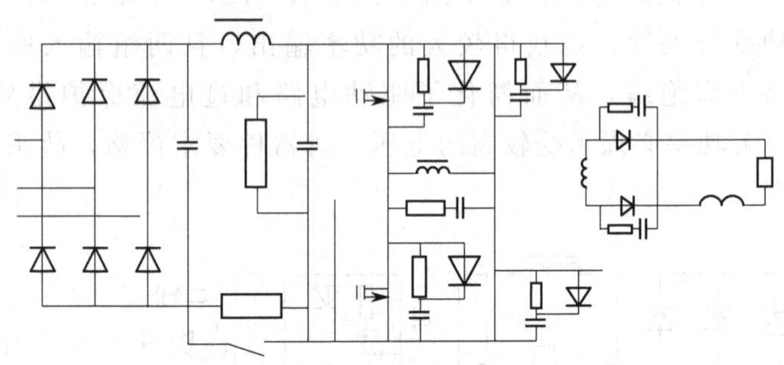

图 3-21　全桥式逆变电路示意

（4）典型钨极氩弧焊机的主要技术数据

VG-200BLHOE 型钨极氩弧焊机主要技术数据见表 3-4。常用逆变式钨极氩弧焊机型号及技术数据见表 3-5。

表 3-4　VG-200BLHOE 型钨极氩弧焊机主要技术数据

项　　目		VG-200BLHOE 型		
额定输入电流/A		220	230	240
输入电压范围/V		187～253	196～264	204～275
输入频率/Hz		50/60		
额定输入容量/kV·A		7.5		
		4.5		
空载电压/V		104	107	110
电流调节范围/A	TIG	5～200		
	手工	5～160		
收弧电流/A		5～200		
额定焊接电压/V	TIG	18		
	手工	26.5		
额定负载持续率/%		20		
气体预流时间/s		0.3		
延时断气时间/s		10		
外形尺寸/mm		150×345×235		
质量/kg		10		

表 3-5　逆变式钨极氩弧焊机型号及技术数据

型号	电源电压/V	输入容量/kV·A	电流调节范围/A	额定焊接电压/V	电极直径/mm	额定负载持续率/%
WS(M)-160	3 相,380	4～7	16～160	16.4	1～2	35～60
WS(M)-200	3 相,380	5～10	20～200	18	1～3	35～60
WS(M)-250	3 相,380	7～13	25～250	20	1～4	35～60
WS(M)-315	3 相,380	9～17	30～315	22.6	1～4	35～60
WS(M)-400	3 相,380	16～24	30～400	26	2～5	35～60
WS(M)-500	3 相,380	16～27	50～500	30	2～5	35～60

3.2.4　脉冲钨极氩弧焊机

脉冲钨极氩弧焊机是在普通钨极氩弧焊机基础上发展起来的。这类焊机基本上都是在直流氩弧焊机的基础上，加以脉冲控制来实现脉冲功能的，可以通过脉冲参数（幅度、宽度、占空比）的调节，有效地控制焊接时消耗的能量、熔池形状、熔深、熔池凝固速度等，同时减小热影响区。在薄板焊接、全位置焊接、异种金属材料焊接、窄间隙焊接、单面焊双面成形等焊接工艺中有明显的优势。

为了实现上述功能，脉冲钨极氩弧焊机首先要有脉冲发生器，以产生频率、宽度、幅度符合要求的脉冲波形，并控制主回路，使焊接电源输出脉冲电流。

(1) 直流脉冲钨极氩弧焊机

直流脉冲钨极氩弧焊机的种类较多，但它们的共同特点是：在直流氩弧焊机的基础上加以脉冲控制。其控制方法有以下几种。

① 磁放大器式直流脉冲钨极氩弧焊机　磁放大器式焊接电源动特性较差，时间常数大，只能产生低频脉冲电流。其方法是在磁放大器的控制绕组中加入低频脉冲信号，便可在主电路中获得低频脉冲电流。低频脉冲信号的产生有多种方式，最常用的是晶体管脉冲发生器和晶闸管脉冲发生器。

② 晶闸管式直流脉冲氩弧焊机　因晶闸管控制性能好，可灵活地改变脉冲频率、占空比、峰值电流，还可以获得较小的时间常数，以提高脉冲频率。目前主要有两种形式脉冲电源，一是交流相控型，二是直流斩波型。以上两种形式各有特点，主要区别是晶闸管在脉冲电源主回路中的作用不同，交流相控型晶闸管接在交流回路中，通过控制晶闸管导通角来改变电流峰值和占空比。直流斩波型是晶闸管作为开关，接在电源和负极之间。

③ 晶体管式直流脉冲氩弧焊机　用晶体管作为控制元件的优点十分突出，它比晶闸管有更快的反应速度，脉冲频率大大提高，控制幅度也很精确。晶体管电源可分为开关式和模拟式两种。

以上两种方式，都需要脉冲发生器，同时在电路中加入各种控制功能，即可完成脉冲宽度、峰值电流、脉冲频率等参数的调节。

(2) 交流钨极脉冲氩弧焊机

在交流钨极脉冲氩弧焊机中，交流脉冲波形是通过接在交流焊接回路中的交流断续器来控制的，交流断续器实际上就是一个交流开关，目前，最常用的是两支晶体管反并联构成。通过控制电路，控制晶闸管的导通及过零自然关断，起到了交流开关的作用。

交流钨极脉冲氩弧焊机的电路是由两大部分组成，一是带有交流开关的主电路，二是交流开关控制电路。控制电路中设置了脉冲频率、占空比、脉冲幅度等调节功能。

（3）YC-300WP5HGE 型焊机介绍

YC-300WP5HGE 型焊机是在日本松下 20 世纪末期产品的基础上提高改进的交直流脉冲钨极氩弧焊机。该焊机用双 380V 交流电源供电，主回路的设计在直流部分采用晶闸管全波整流，交流采用两只晶闸管反并联，两回路同时接好，通过分别控制相应晶闸管的触发信号实现交、直流输出。这样，避免了用闸刀开关切换交、直流的不便，提高了电路的可靠性。本机有四种工作状态，即直流 TIG、交流 TIG、直流手工焊、交流手工焊。同时具有高频引弧、收弧控制、输出电流缓冲、缓降、脉冲焊、点焊等功能。焊机有水冷、空冷两种，适宜中、薄板的焊接。

YC-300WP5HGE 型焊机的主要技术数据见表 3-6。

表 3-6　YC-300WP5HGE 型焊机主要技术数据

项　　目	YC-300WP5HGE 型焊机
额定输入电压/V	380
相数	单相
输入电压范围/V	380±10%
电源频率/Hz	50/60
额定输入/kV·A(kW)	33(17)
额定负载持续率/%	35
直流空载电压/V	70
交流空载电压/V	76
直流输出电流/A	5～315
直流输出电压(TIG 焊)/V	10.2～22.6
直流输出电流(手工焊)/A	20～32.6
交流输出电流/A	20～31.5
交流输出电压(TIG 焊)/V	10.8～22.6
交流输出电压(手工焊)/V	20.8～32.6
提前送气时间/s	0.3
滞后停气时间/s	5～259(连续调整)
点焊时间/s	0.5～5

续表

项　目	YC-300WP5HGE 型焊机
电流上升时间/s	0.1～6
电流下降时间/s	0.2～10
脉冲频率/Hz	0.5～10
脉冲电流/A	5～315
初始电流调节	收弧“重复”时可调(TIG 焊)
外形尺寸($W \times H \times D$)/mm	465×846×617
质量/kg	193
遥控器	YC-304URWVRA

3.3 手工钨极氩弧焊枪

钨极氩弧焊的焊接系统中的另一重要组成部分是焊枪。它不仅传导电流，产生焊接电弧，还要输送保护气体，保护焊丝、熔池、焊缝和热影响区，使之与空气隔绝，以获得良好的焊接接头。

3.3.1 焊枪的作用与要求

钨极氩弧焊的焊枪，其作用是夹持钨极、传导焊接电流、输送氩气等。因此，焊枪应具有如下要求。

① 焊枪喷出的保护气体应有一定的挺度和均匀性，以获得可靠的保护。

② 焊枪与钨极具有良好的导电性能。

③ 钨极与喷嘴之间要有良好的绝缘。

④ 大电流焊接时，为了保证连续工作，应设置冷却系统。

⑤ 重量轻，结构合理，便于手工焊接操作。

⑥ 焊枪各零件，应方便维修和更换。

3.3.2 焊枪的分类与结构

钨极氩弧焊的焊枪，按冷却方式可分为水冷式和气冷式两种。

钨极氩弧焊焊枪的外形如图 3-22 所示。其内部结构如图 3-23 所示。

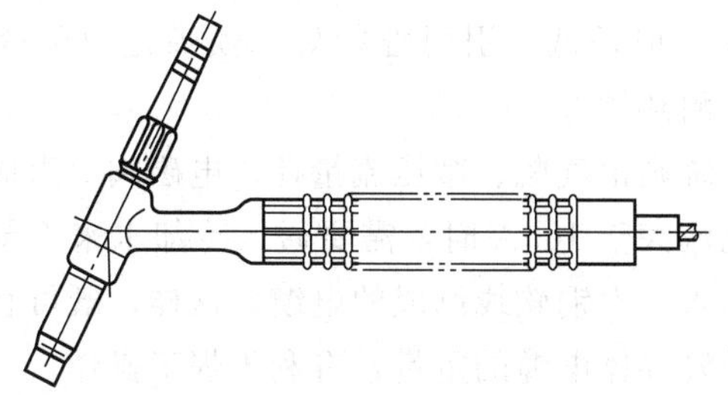

图 3-22 钨极氩弧焊焊枪的外形示意

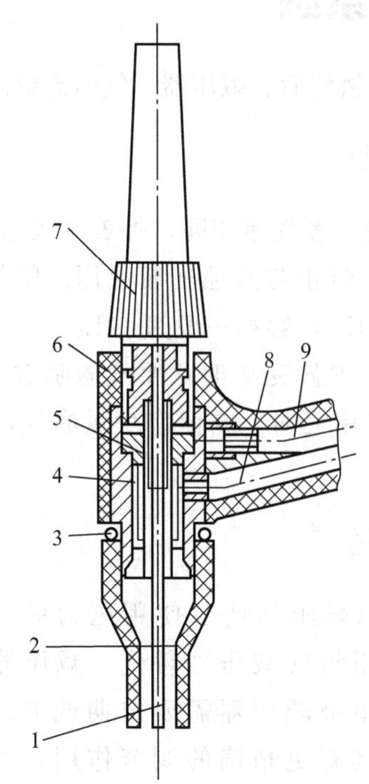

图 3-23 钨极氩弧焊焊枪的内部结构示意

1—钨极；2—喷嘴；3—密封环；4—开口夹头；5—电极夹套；6—焊枪本体；7—绝缘帽；8—进气管；9—水管

钨极氩弧焊的电极，一般采用钨铈合金，这种合金电极的使用寿命长，损耗低，引弧性能好。喷嘴是由陶瓷材料制作的，绝缘、耐热性好。

供气系统则由气瓶、减压流量计、电磁阀等组成。一般使用的焊接电流大于100A时，需要通入冷却水来冷却焊枪，冷却水管内串入一根铜软线制成的电缆，这样，既可直接冷却电缆，又能减轻导体电缆的重量，有利于焊工操作。

3.4 供气系统

供气系统包括氩气瓶、减压器、气体流量计及电磁气阀等。

3.4.1 氩气瓶

氩气瓶的构造与氧气瓶相同，外表涂灰色，并用绿色漆标以“氩气”字样，防止与其他气瓶混用。氩气在20℃时，瓶装最大压力为15MPa，容积一般为40L。

使用瓶装氩气焊接完毕时，要把瓶嘴关闭严密，防止漏气。瓶内氩气将要用完时，要留有少量底气，不能全部用完，以免空气进入。

3.4.2 减压器

减压器是用以减压和调节使用压力的，市售有专用产品，通常，也可用氧气减压器替代。减压器是由细螺纹拧到气瓶头上的，单级减压器需要定期调节，以维持工作压力；双级减压器具有更精确的调节作用，当气瓶压力降低时不用重新调节。

3.4.3 气体流量计

气体流量计是标定气体流量大小的装置，常用的流量计有

LZB型转子式流量计、LF型浮子式流量计和301-1型浮标式减压、流量组合式流量计等。LZB型转子式流量计体积小，调节灵活，可装在焊机的面板上，其构造如图3-24所示。

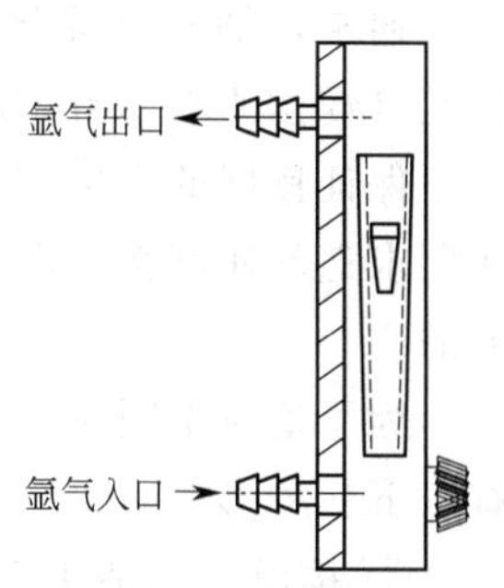

图3-24 LZB型转子式流量计结构示意

流量计的计量部分是由一个垂直的锥形玻璃管与管内的浮子组成。锥形玻璃管的大端在上，浮子可沿轴线方向上下浮动。当气体流过时，浮子的位置越高，表明氩气的流量越大。

3.4.4 电磁气阀

电磁气阀是开闭气路的装置，它由焊机内的延时继电器控制，可起到提前供气和滞后停气的作用。当切断电源时，电磁气阀处于关闭状态；接通电源后电磁气阀芯子连同密封塞被吸上去，电磁气阀打开，气体进入焊炬。

3.5 水冷系统及送丝机构

3.5.1 水冷系统

钨极氩弧焊在采用大电流或连续焊接时，需要有一套水冷系统，用来冷却焊炬和导线电缆。水冷系统一般可采用城市自来水管或是独立的循环冷却装置。在水路中，装有水压开关，以保证在冷却水接通后才能启动焊机。

3.5.2 送丝机构

在自动或半自动钨极氩弧焊焊机中，送丝装置是重要的组成部分。送丝系统的稳定性和可靠性直接影响着焊接质量。

通常，细丝（焊丝直径小于3mm）采用等速送丝方式；粗丝（焊丝直径大于3mm）采用弧压反馈的变速送丝方式。为了保证良好的焊接质量，稳定的送丝是十分必要的。同时，还要求送丝速度在一定范围内无级调节，以满足焊接工艺规范的需要。

为了适应不同焊丝直径和不同的施工环境，送丝装置主要有以下三种形式。

① 推丝式　适用于直径为0.8～2.0mm的焊丝，焊枪独立于送丝装置之外，结构简单，操作灵活，应用较为广泛。

② 拉丝式　适用于直径为0.4～0.8mm的焊丝，焊枪与送丝机构合为一体，焊枪较重，结构也较复杂，所以操作性较差。

③ 推拉丝式　大型工件的焊接，往往需要加长的送丝软管，这时，就要采用这种综合形式的送丝方式。

3.6 特殊保护装置

3.6.1 平板对接的正面保护

当采用钨极氩弧焊焊接活泼金属（如工业纯钛、锆等）时，焊缝金属在高温下特别容易氧化。钛在300℃以上，能溶解于氧和氮；锆在400℃时，可与空气中的氧、氮等化合。为了隔绝空气中的氧和氮，以免焊缝在冷却过程中氧化，必须对焊缝和氧化温度区域的热态金属进行有效保护。

手工钨极氩弧焊时，若要提高氩气保护效果，一般要增大喷嘴的直径，并在焊枪上设置氩气保护拖罩，使焊后的高温区域和焊缝继续保持在氩气的保护范围内。常用的板件对接拖罩结构如图3-25所示。

拖罩是用1mm左右的紫铜板制成，由进气管3通入氩

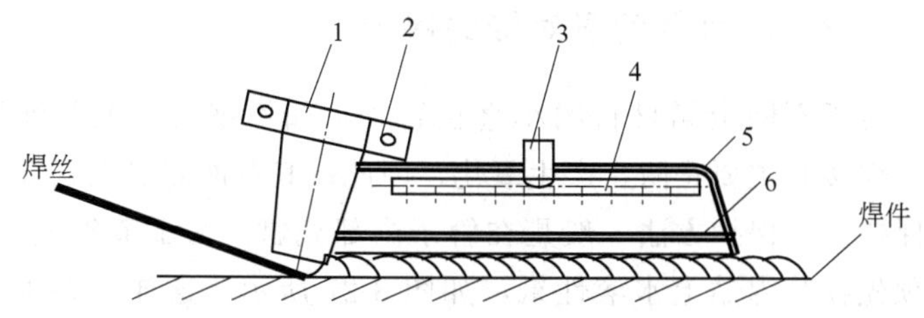

图 3-25 常用的板件对接拖罩结构

1—喷嘴；2—卡子；3—进气管；4—气流分布管；5—拖罩；6—铜丝网

气，经过设有一排小孔的气流分布管 4 喷出，再通过几层铜丝网 6，使气体呈均匀的层流状态，保护熔池和焊缝过热区。在制作拖罩时，要尽可能使拖罩内的转角处圆滑过渡，让气流通畅。拖罩是通过卡子 2 固定在焊枪上部的，可随焊枪移动，以便保护刚刚焊完的焊缝及周围的高温区域。

3.6.2 平板对接的背面保护

在焊缝金属的背面，也要有一种保护装置。不过这种背面保护装置就不必制成移动式的了，只要能有效地保护焊缝及周围的高温区域就行了。板对接时背面保护装置的结构见图 3-26。

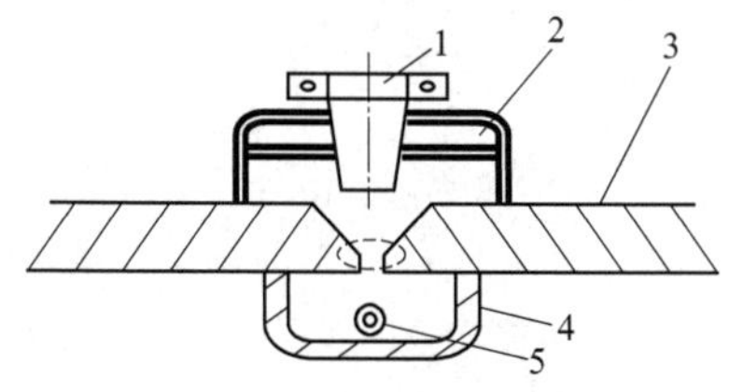

图 3-26 板对接时背面保护装置的结构示意

1—喷嘴；2—拖罩；3—工件；4—背面保护装置；5—进气管

3.6.3 小直径管子对接的保护

对于不同金属材料的小直径管子，如不锈钢、工业纯钛等，焊接时主要是防止产生氧化，因此，其背面需要充氩气进行保护。其保护方法一般是在管子内部充氩。为了节省氩气，可预先在管内贴上水溶性纸，如图 3-27 所示。这样，焊接时只要在水溶性纸范围内充氩就可以了，焊后也不用拆除，水溶性纸在水压试验时就会被水冲掉。

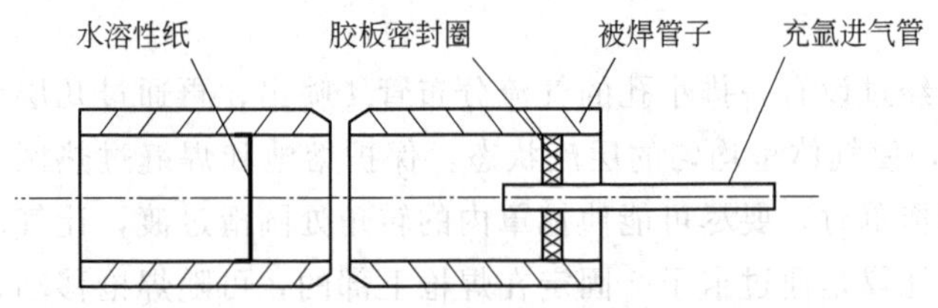

图 3-27 管内充氩保护时水溶性纸的位置示意

CHAPTER 4

第4章 氩弧焊填充焊丝

4.1 氩弧焊用焊丝一般知识

氩弧焊焊丝的形式有两种，即手工焊时用的长度定尺焊丝和自动焊时用的连续焊丝。手工焊所用的直裸焊丝，其长度一般为914mm或1000mm；直径0.5～1.6mm的细焊丝，常用于精密工件；直径在2mm以上的焊丝，用于大电流的熔敷焊及表面堆焊。像铝、铜等较软的金属焊丝，也可以直接从盘状焊丝上截取，再用手矫直后供手工氩弧焊时使用。

盘状焊丝主要用于自动焊或半自动。在熔化极电弧焊中，焊丝则成为熔化电极。

另一种焊丝是制成可熔化的衬垫形式，叫可熔化衬环。这种焊丝用于小直径管道的焊接。焊接前将环状焊丝置于坡口根部，在焊接过程中熔入焊缝。

实心焊丝一般是由盘条拔制而成的，在制造过程中，逐渐减小拉模孔径，直至达到需要的直径。铸造焊丝通常是由液态金属在连续浇铸工艺中形成的，然后经清理、切割、包装后出厂销售。

经冷拔后成形的焊丝，要经退火处理降低硬度，然后再用蒸气或其他方法，对焊丝表面进行清理、剪切（或卷绕），按规定的尺寸切断、包装。

药芯焊丝是近年来发展起来的新型焊接材料，在我国始用于20世纪80年代后期。药芯焊丝有两种形式，一种是气保护型；另一种是气-渣联合保护，后一种焊丝在焊接时不需要采用气体保护。药芯焊丝的工艺性能好，飞溅少，焊缝成形美观。施焊时能形成有一定表面张力、轻软的熔渣壳保护焊缝，使焊缝避免高温氧化，降温后能自动脱落。

焊丝的包装一般是盒装，质量为5～25kg，比较贵重的稀有金属焊丝，盒装质量为1～5kg，可熔化衬环的最大包装质量为30kg。

在焊丝的包装上，应明确标出焊丝的标准和分类。附加标记有：供货单位，焊丝名称、直径、净重、批号、原材料的炉号等。较软的大直径有色金属焊丝应有打印标记。

焊丝的表面应洁净、光滑，无油渍和锈蚀。除不锈钢焊丝外，其他焊丝表面，都均匀地镀有一层铜，镀层很薄，对焊接用量不会有什么影响。

焊丝在使用前，可用干净的白布检验焊丝表面的洁净程度，不应有油、锈、水等污物。手工钨极氩弧焊时，操作者要戴干净的白线手套，避免送丝过程污染焊丝。

自动焊时，焊丝需要顺畅地送给，以保证焊丝在熔池中的可靠定位。这是靠盘状焊丝造型的允许范围和焊丝自然展开时的螺旋线来保证的。盘状焊丝的造型，是从焊丝盘上剪切下来定尺长度的一段焊丝，在自由状态下形成螺旋线的直径。螺旋线的直径太小时，送丝受阻，不顺畅；螺旋线的直径太大时，焊丝送出焊嘴后会引起电弧飘浮，焊缝成形不良。我国标准规定，直径大于或等于0.89mm的焊丝，绕在直径大于或等于200mm的卷筒上，最小造型直径应为380mm；手工焊的焊丝，经矫直后，按914mm或1000mm定长度切断。

自动焊时，为了便于送丝和保护驱动轮，对焊丝出厂硬度有一定的要求。这需要由焊丝拔制后的最终退火处理工序来确定。

4.1.1 焊丝的分类

在氩弧焊时，焊丝可根据用途、制造方法和焊接方法等分类。

按用途分为碳素钢（如H08A、H08MnA等）；低合金钢

（如 H08Mn2Si、H08MnA 等）；不锈钢（如 H0Cr21Ni10、H00Cr18Ni12Mo2 等）和有色金属 Cu（HS220）、Ti（TA1）、Al（HS301）等。

按制造方法分为实心焊丝（如 H08CrMoA）和药芯焊丝（含气保护 YJ422-1 和自保护 YZ-J507-2）等。按焊接方法又分为手工焊、半自动焊和自动焊等。

4.1.2 焊丝的选用原则

① 根据焊接结构的钢种选用焊丝，对于低碳钢和低合金钢，主要按等强度的原则，选用满足力学性能要求的焊丝。对耐热钢和耐候钢，主要是考虑焊缝金属与母材化学成分基本相近，以满足钢材的耐热和耐蚀性能的要求。

② 焊接区质量，尤其是冲击韧性的变化，与焊接条件、坡口形状、保护气体等施焊条件有关。在确保焊接质量的前提下，应选用高效率、低成本的焊接工艺方法和焊接材料。

③ 根据现场的焊接位置，选择适宜的焊丝牌号及焊丝直径。

4.2 碳钢和低合金钢焊丝

碳钢和低合金焊丝仅偶尔用于 GTAW 焊，通常只用于管道的打底层焊接，因为熔化极电弧焊提供了更高的效率和焊接材料的多样性。所以一般 GTAW 被用于重要的场合。焊缝的质量和力学性能依赖于它的含氧量，也就是说含氧量越低焊缝质量越好。所以，焊接这些钢的焊丝大都含有能从焊接熔池脱氧的元素，包括锰、硅、钛、铝、锆等。如果母材是充分脱氧的镇静钢或沸腾钢，要较多的脱氧剂。如果母材被铁锈、鳞皮或别的污染物覆盖着，则应将接头区域清理干净或选用别的焊接方法。熔池越大，电弧越长，需要的脱氧剂就越多。焊丝中的锰、硅使熔池富有流动性并改善了润湿性。

4.2.1 实心焊丝牌号

实心焊丝的牌号表示方法是：用 H 表示焊丝，其后的两位数字表示含碳量；合金元素及其含量与钢材的表示方法大致相同；尾部用 A 表示低 S、P 的优质钢，用 E 表示极低 S、P 的特优钢。例如：

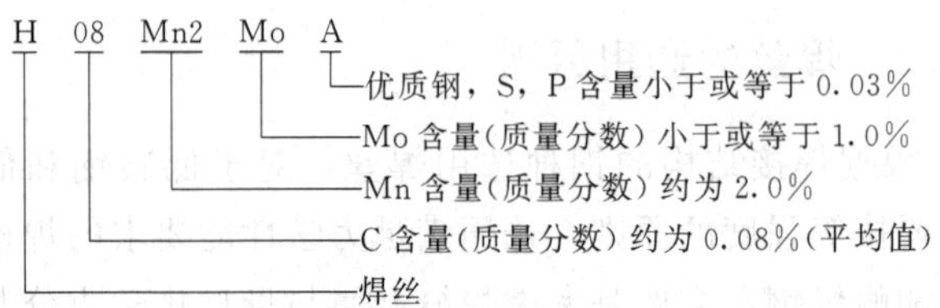

4.2.2 药芯焊丝牌号

药芯焊丝的牌号是用字母 Y 表示药芯焊丝，随后的三位数与焊条牌号表示方法相同，短画后为焊接时的保护方法，1 为气保护；2 为自保护；3 为气保护、自保护联合；4 为其他保护，例如：

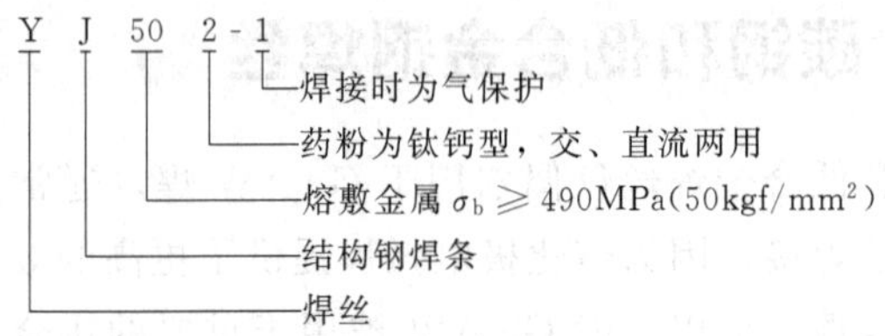

4.2.3 焊丝的型号

（1）碳钢实心焊丝型号

用 ER 表示实心焊丝，其后的第一、第二位数表示熔敷金属抗拉强度下限（最低值），短画后的字母和数字表示化学成分及含量，如果还有其他附加化学成分时，可直接用元素符号表示，并要以短画“-”与前面分开。例如：

碳钢实心焊丝的型号举例如下：

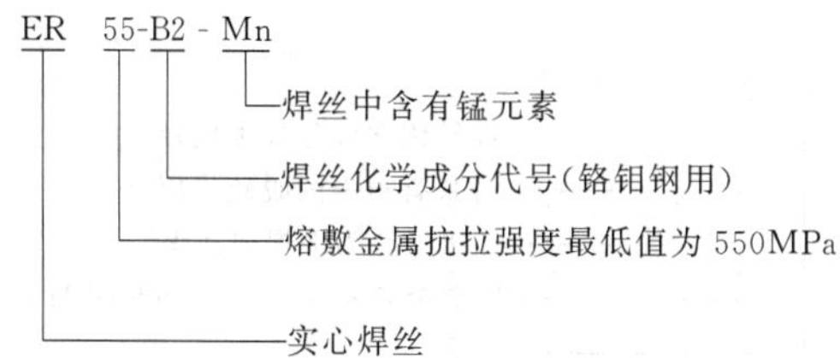

（2）碳钢药芯焊丝型号

按 GB/T 10045—2001《碳钢药芯焊丝》的规定，用 EF 表示药芯焊丝，其后第一位数表示焊接位置，0 为平焊和横焊；1 为全位置焊；第二位数表示药芯类型（1、2 为氧化钛型；3 为氧化钙-氟化钙型）或保护类型（1～3 为气保护，4、5 为自保护)、电源种类（5 为直流正接，其余为直流反接）等代号。短线后面两位数为熔敷金属 σ_b 下限，第三位数和第四位数为焊缝冲击吸收功 $A_{kV}\geqslant$27J 和 $A_{kV}\geqslant$47J 所对应的试验温度（0 为不规定冲击，1～5 的温度分别为 20℃、0℃、－20℃、－30℃、－40℃)，例如：

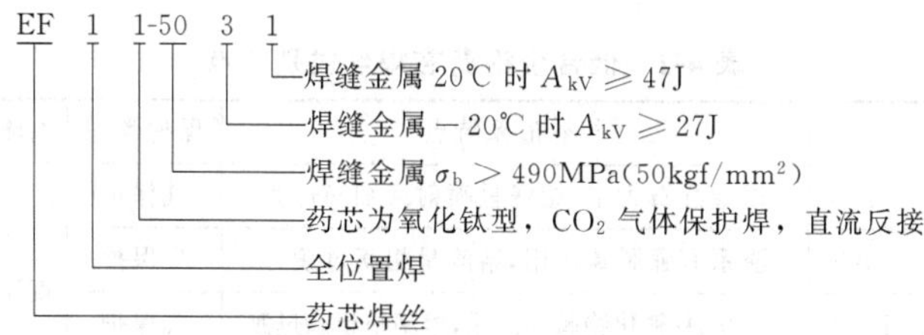

（3）低合金钢药芯焊丝

我国 GB/T 17493《低合金钢药芯焊丝》等效 AWS A5.29，型号表示依我国习惯有所改动，例如 E701T8Ni，其中 E 表示焊丝，随后两位数为熔敷金属 σ_b 下限，见表 4-1，其后为焊接位置（0 为平焊或横焊；1 为全位置焊)，T8

为渣系特点（见表 4-2），短线后为焊丝化学成分分类代号，例如：

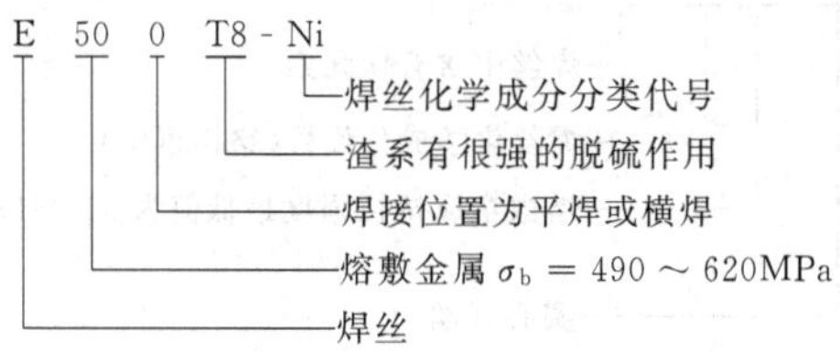

表 4-1 低合金钢药芯焊丝熔敷金属

型号	σ_b/MPa	$\sigma_{0.2}$/MPa	δ_5/%
		≥	
E43×T×-×	410～550	340	22
E50×T×-×	490～620	400	20
E55×T×-×	550～690	470	19
E60×T×-×	620～760	540	17
E70×T×-×	690～830	610	16
E75×T×-×	760～900	680	15
E85×T×-×	830～970	750	14
E××T×-G	由供需双方协商		

表 4-2 低合金钢药芯焊丝类别特点

型 号	焊丝渣系特点	保护类型	电流种类
E×××T1-×	以金红石为主，熔滴呈喷射或细滴过渡	气保护	直流反接
E×××T4-×	渣系有强脱硫作用，熔滴呈粗滴过渡	自保护	
E×××T5-×	氧化钙-氟化物碱性渣系，熔滴呈粗滴过渡	气保护	
E×××T8-×	熔渣有强脱硫作用	自保护	
E×××T×-G	渣系、电弧特性、极性等不作规定		直流正接

碳钢及低合金钢焊丝是根据其化学成分和焊缝金属的力学性能划分等级的。国产实心碳钢焊丝的牌号及主要成分见表 4-3。

表 4-3 国产实心碳钢焊丝的牌号及主要成分 %

钢种	牌号	C	Mn	Si	Cr	Ni	Mo	S	P
								≤	
碳素结构钢	H08A	≤0.10	0.30～0.35	≤0.03	≤0.20	0.30	—	0.030	0.030
	H08E							0.020	0.020
	H08C				≤0.10	0.10		0.015	0.015
	H08MnA		0.80～1.10	≤0.07	≤0.20	≤0.30		0.030	0.030
	H15A	0.11～0.18	0.35	≤0.03					
	H15Mn		0.80～1.10					0.035	0.035
合金结构钢	H10Mn2	≤0.12	1.50～1.90	≤0.07		≤0.30		0.035	0.035
	H08Mn2Si	≤0.11	1.70～2.10	0.65～0.95				0.030	0.030
	H08Mn2SiA		1.80～2.10					0.035	0.035
	H10MnSi	≤0.14	0.80～1.10	0.60～0.90				0.030	0.030
	H10MnSiMo		0.90～1.20	0.70～1.10			0.3～0.5		
	H10MnSiMoTiA	0.08～0.12	1.00～1.30	0.40～0.70			0.6～0.8		
	H08MnMoA	≤0.10	1.20～1.60	≤0.25			0.6～0.8		
	H08Mn2MoA	0.06～0.11	1.60～1.90				0.5～0.7		
	H10Mn2MoVA	0.08～0.13	1.70～2.00	≤0.40			0.6～0.8		
	H08CrMoA	≤0.10	0.40～0.70	0.15～0.35	0.80～1.10		0.4～0.6		
	H13CrMoA	0.11～0.16							
	H18CrMoA	0.15～0.22					0.15～0.25	0.025	
	H08CrMoVA	≤0.10			1.0～1.30		0.5～0.7	0.030	
	H08CrNi2MoA	0.05～0.10	0.50～0.85	0.10～0.30	0.70～1.0	1.4～1.8	0.2～0.4	0.025	
	H30CrMnSiA	0.25～0.35	0.80～1.10	0.90～1.20	0.80～1.10	≤0.30	—		0.025
	H10MoCrA	≤0.12	0.40～0.70	0.15～0.35	0.45～0.65		0.4～0.6	0.030	0.030

注：1. 制造钢丝用盘条应符合 GB/T 3429—1994《焊接用钢盘条》的规定。

2. 焊丝中的 Cu≤0.20%。

3. 成分指质量分数，下同。

气体保护焊常用焊丝的化学成分和力学性能见表 4-4、表 4-5。

表 4-4 气体保护焊常用焊丝的化学成分（GB/T 14958—1994）

%

<table>
<tr><th rowspan="2">牌号</th><th rowspan="2">C</th><th rowspan="2">Mn</th><th rowspan="2">Si</th><th>P</th><th>S</th><th>Cr</th><th>Ni</th><th>Mo</th><th>V</th></tr>
<tr><th colspan="6">≤</th></tr>
<tr><td>H08MnSi</td><td rowspan="3">≤0.11</td><td>1.20～1.50</td><td>0.40～0.70</td><td rowspan="2">0.035</td><td rowspan="2">0.035</td><td rowspan="3">0.20</td><td rowspan="3">0.30</td><td rowspan="3">—</td><td rowspan="3">—</td></tr>
<tr><td>H08Mn2Si</td><td>1.70～2.10</td><td>0.65～0.75</td></tr>
<tr><td>H08Mn2SiA</td><td>1.80～2.10</td><td rowspan="2">0.65～0.95</td><td>0.030</td><td>0.030</td></tr>
<tr><td>H11MnSi</td><td rowspan="2">0.07～0.15</td><td>1.00～1.50</td><td rowspan="2">0.025</td><td rowspan="2">0.025</td><td rowspan="2">—</td><td rowspan="2">0.15</td><td rowspan="2">0.15</td><td rowspan="2">0.05</td></tr>
<tr><td>H11Mn2SiA</td><td>1.45～1.85</td><td>0.85～1.15</td></tr>
</table>

表 4-5 气体保护焊常用焊丝的力学性能（GB/T 14958—1994）

<table>
<tr><th rowspan="2">牌　号</th><th rowspan="2">σ_b/MPa</th><th>$\sigma_{0.2}$/MPa</th><th>δ_5/%</th><th>A_{kV}/J</th></tr>
<tr><th colspan="3">≤</th></tr>
<tr><td>H08MnSi</td><td>420～450</td><td>320</td><td rowspan="5">22</td><td rowspan="5"></td></tr>
<tr><td>H08Mn2Si</td><td rowspan="4">≤500</td><td rowspan="4">420</td></tr>
<tr><td>H08Mn2SiA</td></tr>
<tr><td>H11MnSi</td></tr>
<tr><td>H11Mn2SiA</td></tr>
</table>

由上表可见，气保护焊用的实心焊丝，需要含有较高的 Si、Mn 元素，以利于脱氧。碳钢和低合金钢焊丝化学成分、碳钢和低合金钢焊丝熔敷金属力学性能见表 4-6、表4-7。

表 4-6 碳钢和低合金钢焊丝化学成分（GB/T 8110—2008） %

焊丝型号	C	Mn	Si	P	S	Ni	Cr	Mo	V	Cu
				≤						≤
ER49-1	≤0.11	1.8～2.1	0.65～0.95	0.030	0.030	0.030	0.020	—	—	0.50
ER50-2	0.07	0.9～1.4	0.4～0.7	0.025	0.035	—				
ER50-3	0.06～0.15		0.45～0.75							
ER50-4	0.07～0.15	1.0～1.5	0.65～0.85							
ER50-5	0.07～0.19	0.9～1.4	0.30～0.60							
ER50-6	0.06～0.15	1.4～1.85	0.80～1.15							
ER50-7	0.07～0.15	1.5～2.0	0.50～0.80							
ER55-B2	0.07～0.12	0.40～0.70	0.40～0.70	0.025	0.025	0.20	1.20～1.50	0.40～0.65	—	0.035
ER55-B2L	≤0.05							0.50～0.70		
ER5-B2-MnV	0.06～0.10	1.20～1.60	0.60～0.90	0.30		0.25	1.00～1.30	0.45～0.65	0.20～0.40	
ER5-B2-Mn		1.20～1.70					0.90～1.20	0.90～1.20	—	
ER62-B3	0.07～0.12	0.40～0.70	0.40～0.70	0.025		0.20	2.30～2.70			
ER62-B3L	≤0.05									
ER55-C1	≤0.12	≤1.125	0.40～0.80			0.80～1.10	≤0.15	≤0.35	≤0.05	
ER55-C2						2.00～2.75	—	—	—	
ER55-C3						3.00～3.75				
ER55-D2-Ti		1.20～1.90	0.40～0.80	0.025	0.025	—	—	0.20～0.50	—	0.50
ER55-D2	0.07～0.12	1.60～2.10	0.50～0.80			≤0.15	—	0.40～0.60	—	
ER69-1	≤0.08	1.25～1.80	0.20～0.50	0.010	0.010	1.40～2.10	≤0.30	0.25～0.55	≤0.55	0.25
ER69-2	≤0.12		0.20～0.60			0.80～1.25		0.22～0.55		0.35～0.65
ER69-3			0.40～0.80	0.020	0.020	0.50～1.00	—		—	0.35
ER76-1	≤0.09	1.40～1.80	0.20～0.55	0.010	0.010	1.90～2.60	≤0.50	0.25～0.55	≤0.04	0.25
ER83-1	≤0.10		0.25～0.60			2.00～2.80	≤0.60	0.30～0.65	≤0.03	

注：1. 焊丝中铜含量包括镀铜层；其他元素含量不超过50%。

2. 型号中“L”表示含碳量低的焊丝。

3. ER50-2中的其余化学成分，Ti和Al均为0.05%，Zr为0.02%～0.12%；ER50-5中，Al为0.50%～0.90%；ER55-D2-Ti中，Ti≤0.20%；ER69-1、ER69-3、ER76-1和ER83-1中，Al≤0.10%，Zr为0.10%，Ti≤0.10%；ER69-3中无Zr，Ti≤20%。

表 4-7 碳钢和低合金钢焊丝熔敷金属力学性能（GB/T 8110—2008）

<table>
<tr><th rowspan="2">焊丝型号</th><th rowspan="2">保护气体</th><th>σ_b /MPa</th><th>$\sigma_{0.2}$ /MPa</th><th>δ_5 /%</th><th rowspan="2">冲击试验温度/℃</th><th>A_{kV}/J</th></tr>
<tr><th colspan="3">≥</th><th>≥</th></tr>
<tr><td>ER49-1</td><td rowspan="7">CO_2</td><td>490</td><td>372</td><td>20</td><td>室温</td><td>47</td></tr>
<tr><td>ER50-2</td><td rowspan="6">500</td><td rowspan="6">420</td><td rowspan="6">22</td><td>−29</td><td rowspan="6">27</td></tr>
<tr><td>ER50-3</td><td>−18</td></tr>
<tr><td>ER50-4</td><td rowspan="2">不要求</td></tr>
<tr><td>ER50-5</td></tr>
<tr><td>ER50-6</td><td rowspan="2">−29</td></tr>
<tr><td>ER50-7</td></tr>
<tr><td>ER55-B2</td><td rowspan="2">Ar+(1%～5%)O_2</td><td rowspan="4">550</td><td rowspan="2">470</td><td rowspan="3">19</td><td colspan="2" rowspan="2">不要求</td></tr>
<tr><td>ER55-B2L</td></tr>
<tr><td>ER5-B2-MnV</td><td rowspan="2">Ar+(1%～20%)CO_2</td><td rowspan="2"></td><td rowspan="2">室温</td><td rowspan="2">27</td></tr>
<tr><td>ER5-B2-Mn</td><td>20</td></tr>
<tr><td>ER62-B3</td><td rowspan="5">Ar+(1%～5%)O_2</td><td rowspan="2">620</td><td rowspan="2">540</td><td rowspan="2">17</td><td colspan="2" rowspan="2">不要求</td></tr>
<tr><td>ER62-B3L</td></tr>
<tr><td>ER55-C1</td><td rowspan="3">550</td><td rowspan="5">470</td><td rowspan="3">24</td><td>−46</td><td rowspan="5">27</td></tr>
<tr><td>ER55-C2</td><td>−62</td></tr>
<tr><td>ER55-C3</td><td>−73</td></tr>
<tr><td>ER55-D2-Ti</td><td rowspan="2">CO_2</td><td rowspan="2">550</td><td rowspan="2">17</td><td rowspan="2">−29</td></tr>
<tr><td>ER55-D2</td></tr>
<tr><td>ER69-1</td><td rowspan="2">Ar+2%O_2</td><td rowspan="3">690</td><td rowspan="3">610～700</td><td rowspan="3">16</td><td rowspan="2">−51</td><td rowspan="2">68</td></tr>
<tr><td>ER69-2</td></tr>
<tr><td>ER69-3</td><td>CO_2</td><td>−20</td><td>35</td></tr>
<tr><td>ER76-1</td><td rowspan="2">Ar+2%O_2</td><td>760</td><td>667～740</td><td>15</td><td rowspan="2">−15</td><td rowspan="2">68</td></tr>
<tr><td>ER83-1</td><td>830</td><td>730～840</td><td>14</td></tr>
</table>

注：ER50-2～ER50-7 型焊丝，当 δ_5 超过最低值时，每增加 1%，σ_b 和 $\sigma_{0.2}$ 可减少几十兆帕，但应保证 $\sigma_b \geqslant 480$MPa，$\sigma_{0.2} \geqslant 400$MPa。

4.3 不锈钢焊丝

4.3.1 不锈钢实心焊丝

奥氏体不锈钢中的 δ 铁素体是含镍合金冷却时形成的。铁

表 4-8 不锈钢焊丝化学成分（YB/T 5092—2005） %

牌号	C	P	S	Cr	Ni	其他
	≤					
H1Cr19Ni9	0.14	0. 030	0.030	8.0～10.0	8.00～10.0	
H0Cr21Ni10	0.08			19.50～22.00	9.00～11.0	
H00Cr21Ni10	0.03		0.020			
H1Cr24Ni13	0.12		0.030	23.0～25.0	12.0～14.0	
H0Cr26Ni21	0.08			25.0～28.0	20.0～22.0	—
H1Cr26Ni21	0.15					
H00Cr25Ni22Mn4Mo2N	0.03		0.020	24.0～26.0	21.0～25.0	Mo 2.00～3.00 N 0.10～0.15
H1Cr24Ni13Mo2	0.12		0.030	23.0～25.0	12.0～14.0	Mo 2.0～3.0
H0Cr19Ni12Mo2	0.08			18.0～20.0	11.0～14.0	Mo 2.0～3.0 N 1.00～2.50
H00Cr19Ni12Mo2	0.03		0.020			
H00Cr19Ni12Mo2Cu2				19.0～21.0	24.0～26.0	Mo 4.0～5.0 N 1.00～2.00
H00Cr20Ni25Mo4Cu				20.00～22.00	9.00～11.0	Mn 5.0～7.0
H1Cr21Ni10Mn6	0.10			18.50～20.50	13.00～15.00	Mo 3.0～4.0
H0Cr19Ni14Mo3	0.08		0.030		9.00～10.50	Ti 9×C%～1.00
H0Cr20Ni10Ti				19.0～21.5	9.00～11.0	Nb 10×C%～1.00
H0Cr20Ni10Nb				13.00～15.00	≤0.60	Mn≤0.60
H0Cr14	0.06			15.5～17.00		
H1Cr17	0.10			11.50～13.50		
H1Cr13	0.12			12.00～14.00		
H2Cr13	0.13～0.21			15.50～17.50	4.00～5.00	Mo≤0.75 Cu 3.0～4.0 Mn 0.25～0.75
H0Cr17Ni14Cu4Nb	0.05					

注：1. 表中单值均为最大值。

2. 表中含 Mn 量除注明外，均为 1.00%～2.5%。

素体能改善延展性，预防裂纹和提高强度。但在高温下服役，铁素体能转变成脆性相，所以要求焊丝不含铁素体。

焊缝金属中的铁素体含量取决于化学成分，铁素体含量3%～5%是最理想的。在电弧焊工艺中，GTAW是使焊丝焊缝中铁素体变化最小的焊接工艺。

焊接不锈钢必须避免碳化物的沉淀，它能导致晶间应力腐蚀裂纹。焊接时，母材处于430～870℃时，最容易形成碳化铬，所以这时进行快速冷却是必要的措施。

选用超低碳（C含量不超过0.03%）或者具有稳定元素钛和铌的母材和焊丝，是防止碳化铬形成的有效方法。它们更容易和铬结合，基本原理是低碳稳定型。使用低碳稳定型焊丝的焊缝比超低碳焊丝具有更好的高温强度。为了延长不锈钢焊缝的使用寿命，选择超低碳的母材和焊丝是必要的。

不锈钢焊丝化学成分见表4-8。

4.3.2 不锈钢药芯焊丝

我国GB/T 17853—1999《不锈钢药芯焊丝》等效AWS A5.22：1995。其型号表示方法以E308LT1-3和R347T0-5为例，E为焊丝，R为填充焊丝；308和347分别为熔敷金属化学成分分类代号，L为超低碳，T为药芯焊丝；1为全位置焊，0为平焊和横焊；短画后3为自保护、直流反接，5为氩气保护、直流正接（见表4-9）。例如：

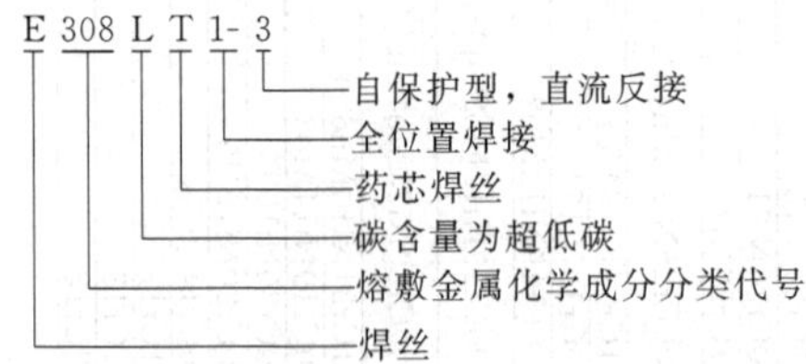

表 4-9 焊丝型号中保护气体、电流类型和焊接方法表示

型号	保护气体	电流种类	焊接方法
E×××T1-×	CO_2	直流反接	FCAW
E×××T3-×	自保护		
E×××T4-×	(75%～80%)Ar+CO_2		
E×××T5-×	100%Ar	直流正接	GTAW
E×××T1-G	不规定	不规定	
E×××T×-G			FCAW

注：FCAW 为药芯焊丝电弧焊；GTAW 为钨极氩弧焊。

4.4 有色金属焊丝

4.4.1 铝及铝合金焊丝

铝及铝合金的焊接，常用与母材成分相近的焊丝。在纯铝焊丝中加入 Fe、Si 元素，以防止形成热裂纹；对有腐蚀要求的焊缝，应选取纯度高一级的纯铝焊丝；为弥补铝镁合金焊接时镁的烧损，焊丝中的含镁量要比母材高 1%～2%。加入 0.05%～0.20%的钛，能细化晶粒，使硬铝焊缝具有一定的抗裂性，但接头强度较低。

常用铝及铝合金焊丝主要化学成分见表 4-10。

表 4-10 铝及铝合金焊丝主要化学成分（GB 10858—2008） %

类别	型号	Al	Fe	Si	Mg	Mn	Cu	Ti	Zn
纯铝	SAl-1	99.0	约 1.0		—	0.05	0.05	0.05	0.10
	SAl-2	99.7	0.25	0.20	0.03	0.03	0.04	0.03	0.04
	SAl-3	99.5	0.20	0.30	—	—	—	—	—

续表

类别	型号	Al	Fe	Si	Mg	Mn	Cu	Ti	Zn
铝镁	SAlMg-1	余量	0.40	0.25	2.40～3.00	0.50～1.00	0.10	0.05～0.20	—
	SAlMg-2		0.45		3.10～3.90	0.01	0.05	0.05～0.15	0.20
	SAlMg-3		0.40	0.40	4.30～5.20	0.50～1.00	0.10	0.15	0.25
	SAlMg-5		0.40	0.40	4.70～5.70	0.20～0.60	—	0.05～0.20	—
铝铜	SAlCu		0.30	0.20	0.02	0.20～0.40	5.80～6.80	0.10～0.20	0.10
铝锰	SAlMn		0.70	0.60	—	1.00～1.60	—	—	—
铝硅	SAlSi-1		0.80	4.50～6.00	0.05	0.05	0.30	0.20	0.10
	SAlSi-2			11.0～13.0	0.10	0.15		—	0.20

注：SAlMg-1 中的 Cr 为 0.05%～0.20%；SAlMg-2 中的 Cr 为 0.15%～0.35%；SAlMg-3 中的 Cr 为 0.05%～0.25%；SAlMg-5 中的 Zr 小于 0.25%；SAlCu 中的 V 为 0.05%～0.15%，Zr 为 0.10%～0.20%。

4.4.2 钛及钛合金焊丝

钛及钛合金焊丝的主要化学成分和力学性能见表 4-11。

表 4-11 钛及钛合金焊丝的主要化学成分和力学性能（GB/T 3623—2007） %

牌号	主要成分				杂质元素 ≤					σ_b	δ_5
	Ti	Al	V	Sn	Fe	O	C	N	H	/MPa	
TA0、TA0ELI	余量				0.10	0.10	0.05	0.03	0.012	280	20
TA1、TA1ELI										370	18
TA2、TA2ELI								0.05		440	15
TA3、TA3ELI										540	
TA4		2.0～3.0			0.30	0.15					
TA7		4.0～6.0		2.0～3.0	0.45						
TA9					0.20	0.18					
TA10					0.25	0.20					
TC3		4.0～6.0	3.5～4.5			0.15					
TC4		5.5～6.7				0.18				890	10

注：1. TA0ELI～TA3ELI 的杂质含量较少，其 H 值均为 0.008%。
2. TA4 的 N≤0.04%。
3. TA9 含有 Pb 为 0.12%、N 为 0.03%。
4. TA0 含有 Mo 为 0.20%～0.40%、Ni 为 0.60%～0.90%、N 小于 0.03%。

表 4-12 镍及镍合金焊丝的主要化学成分（GB/T 15620—2008） %

序号	焊丝型号	C ≤	Mn ≤	Si ≤	Fe ≤	Cr ≤	Cu ≤	Ni ≥	Mo
1	ERNi-1	0.15	1.0	0.75	1.0	—	0.25	93	
2	ERNiCu-7		4.0	1.25	2.5	—	余量	62～69	
3	ERNiCr-3	0.10	2.5～3.5	0.50	3.0	18～22	0.50	67.0	
4	ERNiCrFe-5	0.08	0.10	0.35	6.0～10.0	14～17		70.0	
5	ERNiCrFe-6		2.0～2.7		8.0			67.0	
6	ERNiCrFe-1	0.05	1.0	0.50	大于 22	19.5～23.5	1.5～3.0	38～46	2.5～3.5
7	ERNiCrFe-2	0.08	0.35	0.35	余量	17～21	0.30	50～55	2.8～3.3
8	ERNiMo-1		1.0	1.00	4～7	1.0	0.50	余量	26～30
9	ERNiMo-2	0.04～0.08			5.0	6.0～8.0			15～18
10	ERNiMo-3	0.12			4～7	4～6			23～26
11	ERNiMo-7	0.02			2.0	1.0			26～30
12	ERNiCrMo-1	0.05	1.0～2.0		18～22	21～23.5	1.5～2.5		5.5～7.5
13	ERNiCrMo-2	0.05～0.15	1.0		17～20	20.5～23	0.50		8～10
14	ERNiCrMo-3	0.10	0.50	0.50	5.0	22～23		58.0	
15	ERNiCrMo-4	0.02	1.0	0.80	4～7	14.5～16.5		余量	15～17
16	ERNiCrMo-7	0.015			3.0	14～18			14～18
17	ERNiCrMo-8	0.03		1.00	余量	23～26	0.70～1.20	47～52	5～7
18	ERNiCrMo-9	0.0215			18～21	21～23.5	1.50～2.50	余量	6～8

注：1. 序号为 8、10、12、13、15 的焊丝中的 Co≤2.5%；序号为 16、11、9、18 的焊丝中的 Co 分别为≤2.0%、≤1.0%、≤0.2%、≤0.5%。

2. 序号为 1、2、3、5、6、7、14、16、17 的焊丝中的 Ti 分别为 2.0%～3.0%、1.5%～3.0%、≤0.75%、2.5%～3.5%、0.6%～1.15%、≤0.4%、≤0.5%、≤0.7%、0.7%～1.5%。

3. 序号为 8、9、10、15 的焊丝中的 V 分别为 0.20%～0.40%、≤0.50%、≤0.60%、≤0.35%。

4. 序号为 8、9、10、12、13、18 的焊丝中的 W 分别为≤1.0%、≤0.50%、≤1.0%、0.2%～1.0%、3.0%～4.5%、≤1.50%。

5. 序号为 3、4、7、12、14、18 的焊丝中的 Nb＋Ta 分别为 2.0%～3.0%、1.5%～3.0%、4.75%～5.5%、1.75%～2.5%、3.15%～4.15%、≤0.50%。

6. 序号为 1、5、7、14 的焊丝中的 S ≤0.015%；序号为 9 的焊丝中的 S≤0.02%；序号为 6、8、10、13、15、18 的焊丝中的 S≤0.03%。

7. 序号为 7、9 的焊丝中的 P≤0.015%；序号为 2、14 的焊丝中的 P≤0.02%；序号为 8 的焊丝中的 P≤0.025%；序号为 1、3、6、17 的焊丝中的 P≤0.03%；序号为 10、13、15、16、18 的焊丝中的 P≤0.04%。

4.4.3 镍及镍合金焊丝

镍及镍合金焊丝的主要化学成分如表 4-12 所示。

4.4.4 铜及铜合金焊丝

纯铜焊丝用于脱氧铜和电解铜的焊接，其导电和传热性能相匹配。铜及铜合金焊丝的分类和牌号见表 4-13；铜及铜合金焊丝的主要化学成分见表 4-14。

表 4-13 铜及铜合金焊丝的分类和牌号（GB/T 9460—2008）

类别	名称	牌号
铜	紫铜丝	HSCu
黄铜	1# 黄铜丝	HSCuZn-1
	2# 黄铜丝	HSCuZn-2
	3# 黄铜丝	HSCuZn-3
	4# 黄铜丝	HSCuZn-4
白铜	锌白铜丝	HSCuZnNi
	白铜丝	HSCuNi
青铜	硅青铜丝	HSCuSi
	锡青铜丝	HSCuSn
	铝青铜丝	HSCuAl
	镍铝青铜丝	HSCuAlNi

注：牌号表示方法是以焊丝的“焊”和“丝”字汉语拼音第一个字母“H”和“S”作为牌号的标记，“HS”后面的化学元素符号表示焊丝的主要组成元素，元素符号后面的数字表示顺序号。

HS224 称为硅黄铜焊丝。该焊丝中含 Si 为 0.30%～0.70%，可以防止锌的蒸发、氧化，降低黄铜焊接时的烟雾，提高焊缝金属的流动性。

HS222 含 Fe 0.25%～1.2%、Sn 0.8%～1.1% 及 Si 0.04%～0.15%。焊丝中加入铁是用来提高黄铜强度、硬度，

但塑性有所降低。铁与锌形成的高熔点 Fe_3Zn_{10} 化合物成为凝固时的核，促使焊缝金属晶粒细化。此外，其流动性较好，有利于消除气孔和得到较满意的力学性能。

表 4-14 铜及铜合金焊丝的主要化学成分（GB/T 9460—2008） %

牌 号	代号	Cu	Zn	Sn	Si	Mn	Ni	Fr	Al
HSCu	201	大于 98.0	①	≤1.0	≤0.5	≤0.5	①	①	≤0.01
HSCuZn-1	221	57.0～61.0		0.5～1.5	—				
HSCuZn-2	222	56.0～60.0		0.8～1.1	0.04～0.15	0.01～0.50	—	0.25～1.20	—
HSCuZn-3	223	56.0～62.0	余量	0.5～1.5	0.10～0.50	≤1.0	≤1.5	≤0.5	≤0.01
HSCuZn-4	224	61.0～63.0		—	0.3～0.7	—	—	—	—
HSCuZnNi	231	46.0～50.0		—	≤0.25	≤1.0	9.0～11	—	≤0.02
HSCuNi	234		①	①	≤0.15	≤1.0	29～32	0.40～0.75	—
HSCuSi	211		≤0.15	≤1.1	2.8～4.0	≤1.5	①	≤0.5	①
HSCuSn	212	余量	①	6.0～9.0	①			①	≤0.01
HSCuAl	213		≤0.10	—	≤0.10	≤2.0			7.0～9.0
HSCuAlNi	214			—		0.5～3.0	0.5～3.0	≤2.0	

① 微量元素可不分析。

注：1. 杂质元素总和≤0.50%。

2. 201 中的 P≤0.15%、Pb≤0.02%；221～224 中的 Pb≤0.05%；231 中的 P≤0.25%，Pb≤0.05%；234 中的 P≤0.02%、Pb≤0.20%、Ti 为 0.2%～0.5%、S≤0.01%；212 中的 P 为 0.10%～0.35%；211～214 中的 Pb≤0.20%。

HS223 含有 Sn 0.5%～1.5%，焊丝中 Sn、Si 能提高液体金属的流动性，且 Si 还可有效地控制 Zn 的蒸发。

铝青铜焊丝含有 7.0%～9.0%的 Al，铝是强烈的脱氧元素，在铜合金元素中含有适量的铝，可细化焊缝金属组织，得到高的接头塑性、耐蚀性。含有3%铝的铜铝合金焊缝，组织比较细腻，塑性高，但强度略有降低。铜合金焊缝中铝含量达到7.0%～9.0%时，焊缝金属塑性提高，即使是承受高应力的焊接结构，仍具有良好的抗裂性能。但焊缝中铝的含量过高（如大于10%）时，会形成氮化物及Al_2O_3薄膜，导致接头脆化。

4.4.5 镁焊丝

镁焊丝的化学成分及其应用如表4-15所示。

表4-15 镁焊丝化学成分及其应用（AWS A5.19） %

牌　号	Al	Mn①	Zn	Zr	RE	应　用
ERAZ61A②	5.8～7.2	0.15	0.40～1.5			用于合金AZ31B的焊接
ERAZ101A②	9.5～10.5	0.13	0.75～1.25			用于AZ31B和HK31A、HM21A的焊接
ERAZ92A②	8.3～9.7	0.15	1.7～2.3			
EREZ33A	—	—	2.0～3.1	0.45～1.0	3.5～4.0	用于HM21A、HK31A的焊接

① 最小值。

② Cu≤0.05%；Fe≤0.005%；Ni≤0.005%；Si≤0.05%；Be≤0.0008%。

4.5 熔化衬垫

熔化衬垫是一种填充金属环或圈。它是在焊前置于坡口中的特殊形式的焊丝。焊接时，这些特殊形式的焊丝熔入坡口内，成为焊缝的一部分。

在工业发达国家，熔化衬垫在单面焊双面成形的管道焊接中得到充分的应用，少量用于单面平板焊缝。熔化衬垫的分类和表示方法是采用下标“1n”加注成分的化学元素符号来表示的，参见 AWS A5.30 标准。

这种填充垫环，随成分、形状和尺寸不同而变化；奥氏体不锈钢衬垫还要求标出铁素体的含量。

4.6 焊丝使用注意事项

焊丝质量应符合国家或行业标准的规定，并有制造厂的质量证明书。凡无合格证件或对其质量有怀疑时，应按批或盘检查试验，非标准的新研制焊丝，必须经焊接工艺评定合格后方可使用。

异种钢材焊接时，选用的焊丝，应考虑焊接接头的抗裂性和碳扩散等因素。如两侧钢材为奥氏体不锈钢，所选用的焊丝合金成分含量，应为低侧或介于两者成分之间；如有一侧为奥氏体不锈钢时，应选用含镍量较高的一种焊丝。表 4-16 是异种钢材焊接时推荐的焊丝。

表 4-16　异种钢材焊接时推荐的焊丝

A	①											
B	①	②										
C	①	②	③									
D	①	②	③	③								
E	②	②	③	③	③							
F	②	③	③	③	③	④						
G	②	③	③	③	③	④	④					
H	③	③	③	③	③	④	④	④				
I	③	③	③	③	③	④	④	④	④			
J	③	③	③	③	③	④	④	④	④	⑤		
K	③	③	④	④	④	④	④	④	④	⑤	⑤	
L	④	④	④	④	④	④	④	④	④	⑤	⑤	⑧

续表

	A	B	C	D	E	F	G	H	I	J	K	L、M、N、O、P、Q、R	T
M	④	④	④	④	④	④	④	④	⑤	⑤	⑤	⑧	
N	④	④	④	④	④	④	④	④	⑤	⑤	⑤	⑧	
O	⑤	⑤	⑤	⑤	⑤	⑤	⑤	⑤	⑤	⑤	⑤	⑧	
P	⑤	⑤	⑤	⑤	⑤	⑤	⑤	⑤	⑤	⑤	⑤	⑧	
Q	⑤	⑤	⑤	⑤	⑤	⑤	⑤	⑤	⑤	⑤	⑤	⑧	
R	⑤	⑤	⑤	⑤	⑤	⑤	⑤	⑤	⑤	⑤	⑤	⑧	
T	⑥	⑥	⑥	⑥	⑥	⑥	⑥	⑥	⑥	⑥	⑥	⑥	⑦

钢材公称成分代号			
	A——C	H——1.25Cr-0.5Mo-V	O——5Cr-0.5Mo
	B——C-Mo	I——1.5Cr-1Mo-V	P——7Cr-0.5Mo
	C——0.5Cr-0.5Mo	J——2Cr-1Mo-V	Q——9Cr-1Mo
	D——1Cr-0.5Mo	K——2.25Cr-1Mo	R——12Cr-1Mo-V
	E——1.5Cr-0.5Mo	L——2Cr-0.5Mo-V-W	T——Cr18Ni10Ti
	F——1Cr-0.5Mo-V	M——3Cr-1Mo	
	G——1.5Cr-0.5Mo-V	N——3Cr-1Mo-V-Ti	

① TIG-250；② TIG-R10；③ TIG-R30；④ TIG-R31；⑤ TIG-R40；⑥HCr25Ni13；⑦H1Cr18Ni9Nb；⑧暂不推荐。

焊丝使用前，应采用机械或化学方法清除表面的油脂、锈蚀等污物，并使之露出金属光泽。清理的具体方法详见第6章。

CHAPTER 5 钨极和保护气体

5.1 钨极

钨极氩弧焊是采用钨极作为电极，在电极与工件之间形成焊接电弧。钨的熔点为3410℃，沸点高达5900℃，在各种金属中是熔点最高的一种。钨在焊接过程中一般不易熔化，所以是较理想的TIG焊电极材料。

5.1.1 钨极的型号及特点

目前，国产氩弧焊或等离子弧焊所用的钨极的型号、规格及化学成分见表5-1。

表5-1 钨极型号、规格及化学成分

型号	直径/mm		化学成分/%						
	最小	最大	ThO	CeO	$Fe_2O_3+Al_2O_3$	Mo	SiO_2	CaO	W
W1	—	—	—	—	0.03	0.01	0.03	0.01	>99.92
W2	—	—	—	—	总量不大于0.15				>99.85
WTh-10	0.8	11.0	1.0～1.49	—	0.02	0.01	0.06	0.01	余量
WTh-15	0.8	11.0	1.5～2.0	—	0.02	0.01	0.06	0.01	
WTh-30	0.8	11.0	3.0～3.5	—	0.02	0.01	0.06	0.01	
WCe-13	1.0	10.0	—	—	—	0.01	0.06	0.01	
WCe-20	1.0	10.0	—	—	—	0.01	0.06	0.01	
WZr	1.0	10.0	ZrO 0.15～0.4，其他<0.5						≥99.2

（1）纯钨极

纯钨的熔点为3410℃，在焊接过程中，纯钨极端部为球形尖头，能在小电流时保持电弧稳定，当电流低至 5A 时，仍可很好地焊接铝、镁及其合金。但纯钨极在发射电子时要求电压较高，所以要求焊机具有较高的空载电压。此外，当采用大电流或进行长时间焊接时，纯钨的烧损较明显，熔化后落入熔池中使焊缝形成夹钨；熔化后的钨极末端变为大圆球状，造成电弧飘移不稳。因而，纯钨极只能作为焊接某些黑色金属的焊接电极。使用纯钨极时，最好选择直流焊接电源，并采用正接法，即便这样，其载流能力还是不佳。

(2) 钍钨极

钍钨极含氧化钍 1.0%～1.3%，其熔点为 3477℃。钍能均匀地分布在钨中，但其成本要比纯钨提高许多；在焊接过程中，钍钨极能较好地保持球状端头，比纯钨极具有更大的载流能力（约比纯钨极大 50%），从而增加了焊缝金属的熔透性。采用 WTh-10 钍钨极，可焊接铜及铜合金。为满足铜合金具有低熔点和较快的热传递能力的要求，焊接时，钍钨极端部需要修磨成尖头状，并在更高温度下保持尖头形状。

采用直流电源时，可焊接较多种类的金属材料。但钍钨极中的氧化钍，是一种放射性物质，所以近年来已经很少使用。

(3) 铈钨极

铈钨极是近年研发的一种新型电极材料。铈钨极是在纯钨极的基础上，加入了质量分数为 1.8%～2.2%的氧化铈，其他杂质含量不超过 0.1%。铈钨极的最大优点是没有放射性及抗氧化能力强。铈钨极的电子逸出功比钍钨极的低，如表 5-2 所示。所以铈钨极引弧更容易，电弧的稳定性好，化学稳定性强，阴极斑点小，压降低，电极的烧损少，是目前应用最为广泛的焊接用电极。

表 5-2　不同电极金属材料的电子逸出功比较

金属材料	镍	钨	锆	钍	铈
电子逸出功 W/eV	4.6	4.5	3.6	3.4	2.84

5.1.2 钨极的许用电流和电弧电压

在钨极氩弧焊时，约有 2/3 的电弧热作用在阳极上，1/3 的电弧热作用在阴极上。因此，相同直径的钨极在直流正接条件下，可承受的电流要比直流反接时大得多，也比交流电承载的能力大。另外，钨极的电流承载能力，还受焊枪形式、电极伸出长度、焊接位置、保护气体种类等的影响。各种规格的钨极的许用电流值见表 5-3。

表 5-3 钨极的许用电流 A

直径/mm	直流正接	直流反接	不对称交流		对称交流	
			纯钨极	铈钨极	纯钨极	铈钨极
0.5	5～20		5～15	5～20	10～20	5～20
1.0	15～80		10～60	15～80	20～30	20～60
1.6	70～150	10～20	50～100	70～150	30～80	60～120
2.4	150～250	15～30	100～160	140～235	60～130	100～180
3.2	250～400	25～40	150～210	225～325	100～180	160～250
4.0	400～500	40～55	200～275	300～400	160～240	200～320
4.8	500～750	55～80	250～350	400～500	190～300	290～390
6.4	750～1000	80～125	325～450	500～630	250～400	340～525

由表 5-3 中可看出，尽管在钨极材料中增添了钍、锆、铈等抗氧化材料，提高了电子的发射能力，降低了钨极端部温度，但承载电流能力还是没有得到太多的提高。这是由于承载能力受到电阻热的限制。当电流过大时，钨极就要产生过热而熔化。

此外，钨极的引弧还对焊机的空载电压有一定的要求，如果不能满足，将会影响引弧的质量。不同电极材料对引弧电压的要求见表 5-4。

表 5-4 不同电极材料对引弧电压的要求

名　　称	型号	所需空载电压/V		
		铜	不锈钢	硅钢
纯钨极	W1、W2	95	95	95
钍钨极	WTh-10	40～60	55～70	70～75
	WTh-15	35	40	40
铈钨极	WCe-20	比钍钨极低 10%		

5.1.3 钨极的形状及制备

钨极氩弧焊的电弧电压，主要受焊接电流、保护气体和钨极端头形状的影响。为了在焊接过程中控制电弧电压的相对稳定，一般都要认真修整钨极端头形状。各种钨极端头形状对电弧电压的影响见表 5-5。

表 5-5 钨极端头形状对电弧电压的影响（直流时）

钨极端部形状		D L d	
电弧稳定性	稳定	稳定	不稳定
焊缝成形	焊缝不均	良好	焊缝不均
钨极损耗	大	适中	小

注：表中钨极尺寸为：$L=(2\sim4)D$；$d=\left(\frac{1}{4}\sim\frac{1}{3}\right)D$。

钨极的端头形状是一个很重要的工艺参数。当采用直流电时，端头应为圆锥形；采用交流电源时，端头应为球形。端头的角度太小，还会影响钨极的许用电流、引弧及稳弧性能等工艺参数。小电流焊接时，选用小的钨极直径和小的端头角度，使电弧易燃和稳定；大电流时，用大直径钨极和大的端头角度，这样可避免钨极端头过热、烧损；影响阴极斑点的飘移，防止电弧向上扩展。此外，端头的角度也会影响熔深和熔宽，减小锥角，能使焊缝的熔深减小，熔宽增大。

钨极端头形状和电流范围见表5-6。

表5-6 钨极端头形状和电流范围 A

钨极/mm	端头直径/mm	端头角度/(°)	恒定电流	脉冲电流
1.0	0.126	12	2～15	2～25
1.0	0.25	20	5～30	5～60
1.6	0.5	25	8～50	8～100
1.6	0.8	30	10～70	10～140
2.4	0.8	35	12～90	12～180
2.4	1.1	45	15～150	15～250
3.2	1.1	60	20～200	20～300
3.2	1.5	90	25～250	25～350

注：此表电流为直流正接。

在采用大电流焊接厚工件或采用交流电源焊接铝、镁等合金时，焊前应预热钨极，使其端头球化。球化后的钨极端头直径，应不大于钨极直径的1.5倍，太大时端头的球状体容易坠落，造成夹钨缺陷。球面形成后要观察表面颜色，正常时应发出亮光，无光则是已经被氧化；若呈蓝色或紫色甚至黑色时，则表示保护气体滞后或流量不足。

铈钨极及钍钨极的耐热性和载流能量比纯钨极好，其端头可采用圆锥形，使电弧集中。一般锥角要在30°～120°之间，以获得较窄的焊缝和更深的熔透性。

修磨钨极端头应采用砂轮打磨。打磨时，切记应使钨极处于纵向，绝不应采用横向打磨，这样会使焊接电流受到一定的约束，使电弧飘移。打磨所用的砂轮应为优质的氧化铝或氧化硅砂轮。

5.1.4 钨极的选用

钨极氩弧焊在实用过程中，焊接各种金属材料选用什么样的钨极比较合适，是人们最关注的问题。钨极选用的型号、规格和端头形状等，要取决于被焊材料种类和厚度规格。钨极太细，容易被电弧熔化造成焊缝夹钨；钨极太粗会使电弧不稳定。所以，选择钨极直径首先是根据焊接电流的大小，然后根据焊接接头的设计和电流种类来确定钨极端头形状。各种金属材料氩弧焊时应配置的钨极见表 5-7。

表 5-7 各种金属材料氩弧焊时应配置的钨极

母材	厚度	电流	钨极	
铝及铝合金	所有	交流	纯钨极	锆钨极
	薄	直流反接	钍钨极	锆钨极
铜及铜合金	所有	直流正接	纯钨极	钍钨极
	薄	交流	纯钨极	锆钨极
镁合金	所有	交流	纯钨极	锆钨极
	薄	直流反接	锆钨极	钍钨极
镍及镍合金	所有	直流正接	钍钨极	铈钨极
碳钢和低合金钢	所有	直流正接	钍钨极	铈钨极
	薄	交流	纯钨极	锆钨极
不锈钢	所有	直流正接	钍钨极	铈钨极
	薄	交流	纯钨极	锆钨极
钛	所有	直流正接	钍钨极	铈钨极

在生产中使用手工钨极氩弧焊时，对选用的钨极，还应注意以下几点。

① 按要求打磨钨极端头，防止钨极端头形成锯齿形而引起双弧或电弧飘移、过热。

② 焊后不要急于抬起焊枪，使钨极保持在氩气保护中，冷却后才能切断供气。

③ 一般应减小钨极伸出长度，以减少钨极接触空气，受到污染。

④ 经常检查钨极的对中和直度，发现弯曲时可采用热矫正法矫直。

⑤ 钨极、夹头和喷嘴的规格应相匹配，喷嘴内径一般约为钨极的3倍。

⑥ 钨极表面必须光洁，无裂纹或划痕、缺损等，否则将使导电、导热性能变差。

5.2 保护气体

5.2.1 氩气

氩气是一种无色无味的单原子惰性气体。工业用的氩气，一般都是空气液化分离制氧过程中的副产品。氩气的物理性质如下。

① 氩气是惰性气体，它不与其他物质发生化学反应，就是在高温下也不会溶于液态金属，所以可获得优质的焊缝。

② 氩气是单原子气体，在高温下可直接分离为正离子和电子，分离时能量损耗低，电弧燃烧稳定。

③ 氩气的热熔量和热导率很小，所以电弧的热量损耗很小，即电弧的冷却作用小，电弧燃烧稳定性好，进入焊接区的单位体积气体吸收或带走的热量越少，电弧燃烧就越稳定。

④ 氩气的电离电位比氦气低得多，这就意味着可用较低的电弧电压引弧焊接，从而节省能量并将电弧热约束在比较集中的小区域之内。

因为它具有上述这些优点，才成为钨极氩弧焊的最佳保护气体。

⑤ 氩气的密度大，约是空气的1.4倍，是氦气的10倍。氩气从喷嘴喷出后，可以形成稳定的层流。因为氩气比空气的密度大，喷出时不容易飘浮散失，因此有良好的保护性能。同

时，分解后的正离子体积和质量较大，对阴极的冲击力很强，具有较强的阴极清理作用。

⑥ 氩气对电弧的热收缩效应较小，加之电弧的电位梯度和电流密度不大，维持氩弧燃烧的电压一般为10V即可。所以焊接时拉长电弧其电压改变不大，电弧不易熄灭。

在钨极氩弧焊过程中，焊接不同金属材料的氩气纯度，应能满足表5-8的要求。

表5-8 不同金属对氩气纯度的要求（体积分数） %

被焊金属	氩(Ar)	氮(N_2)	氧(O_2)	水分(H_2O)
钛、锆、铜、铌及其合金	≥99.98	≤0.01	≤0.005	≤0.07
铝、镁及其合金和铬钼耐热合金	≥99.90	≤0.04	≤0.050	≤0.07
铜及其合金和铬镍不锈钢	≥99.70	≤0.08	≤0.015	≤0.07

常温的气态氩气（−150℃时为液态）一般储存在高压气瓶内，最高压力为15MPa，容积为40L。工业用氩气应符合GB/T 4842—2006《纯氩》标准的规定。

5.2.2 氦气

氦气为无色无味，不可燃气体，化学性质不活泼，通常状态下不与其他元素或化合物结合。理论上可以从空气中分离抽取，但因其含量过于稀薄，工业上从含氦量约为0.5%的天然气中分离、精制得到氦气。

在室温和大气压力下，氦是无色、无嗅、无味的气体。它在干空气中的体积含量为5.24×10^{-6}。当焊接较厚（大于1.6mm）焊件时，由于需要较大的熔深，常采用氦和氩的混合气体保护。

氦气和氩气相比，能焊出熔深更大、热影响区更窄的焊缝。采用氦气焊接时，至少要有60A的焊接电流，电流过小，焊接电弧容易熄灭。为了保持必要的电弧长度，电弧电压要比使用氩气时高出40%。所以氦弧的温度高，热量也高度集中。

在同样条件下，氦弧的焊接速度要比氩弧的快30%；手工钨极氩弧焊的气体流量高达28L/min，但焊接时必须采用直流电源。

当采用直流正接法焊接铝及铝合金时，单面焊的熔深达12mm，双面焊的熔深可达20mm。这要比交流氩弧焊的熔深大、焊道窄、变形小、软化区小，而且母材金属不容易过热。

氦气很少单独使用，常与氩气混合用于焊接有色金属。工业用氦气应符合GB 4844—2001《纯氦、高纯氢和超纯氢》国家标准的规定。

5.2.3 混合气体

钨极氩弧焊时，为了得到稳定的电弧和较大的熔深，经常要使用一定范围内的氩、氦混合气体，作为钨极氩弧焊的保护气体，一般，混合气体的比例，氩气要控制在20%～25%之间；氦气为75%～80%。这种混合比，能保持稳定的熔深，并与弧长波动无关。

另一种混合气体，是含有一定比例的氩气和氢气的混合气。氢气可提高电弧电压，从而提高电弧的热功率，能增加熔深，防止焊缝咬边，抑制一氧化碳气体等。这在焊接不锈钢和镍基合金时，其作用较为明显。氢气在混合气中的比例，手工钨极氩弧焊时要控制为5%，机械焊时为15%。焊接速度的提高与氢气加入的总量成正比。氢气的总量随母材厚度的增加而增大。在同样条件下，使用氩、氢混合气体，要比使用纯氩的焊接速度提高50%左右。

应该指出，在焊接碳钢、铜、铝和钛等时，不能使用混合气体，因为这些金属在常温下都能溶解部分氢，容易形成冷裂纹。

各种金属焊接的保护气体选用见表 5-9。

表 5-9　各种金属焊接的保护气体选用

母　材	厚度/mm	保护气种类	优　点
铝	1.6～3.2 4.8 6.4～9.5	氩 氦 氩＋氦	容易引弧，具有清理作用 有较高的焊速 加入氩气可降低气体流量
碳钢	1.6～6.4	氩	可较好地控制熔池，延长钨极使用寿命，易引弧
低合金钢	25	氩＋氦	能增加熔透性
不锈钢	1.6～4.8 6.4	氩 氩＋氦	较好地控制熔池，减少热输入量 热输入量高，焊速快
钛合金	1.6～6.4 12	氩 氦	气体流量低，减少焊缝周围扰动，以免污染 有较好的熔深，但要求背面保护
铜合金	1.6～6.4 12	氩 氦	能较好地控制熔池，不需特别熟练的技能就可获得理想的焊缝成形 有比较高的热输入量
镍合金	1.6～2.4 3.2	氩 氩＋氦	熔深和焊缝成形都较好 增加熔深

CHAPTER 6

第6章 焊接坡口、焊前清理及气体保护

6.1 焊接坡口

焊接坡口的设计，一般来说都是在焊接操作的可达性和坡口加工的经济性两者之间选择。对于 GTAW，坡口必须有足够的宽度，使钨极和焊丝能够深入坡口根部，保持较窄的间隙，使填充金属达到最少。

GTAW 采用的坡口形式有对接、搭接、角接、端接和 T 形接头，这和其他焊接方法基本一样。

6.1.1 对接接头坡口

对接接头的坡口基本形式如图 6-1 所示。

薄板采用对接焊时，可采用填丝或不填丝焊；卷边接头的焊接可不填丝，一次焊成。当板厚在 6～12mm 以内，可优先选用 V 形坡口；板厚大于 12mm 时，则应选用 X 形坡口。

单面 V 形坡口适用于要求完全焊透的 4～10mm 焊件。单面焊齐边坡口的最大厚度，不锈钢为 5mm，铝为 10mm。对于工件厚度达到 13mm 以上时，要考虑选用两面焊的 X 形坡口，以节省熔敷金属和减少焊接变形。

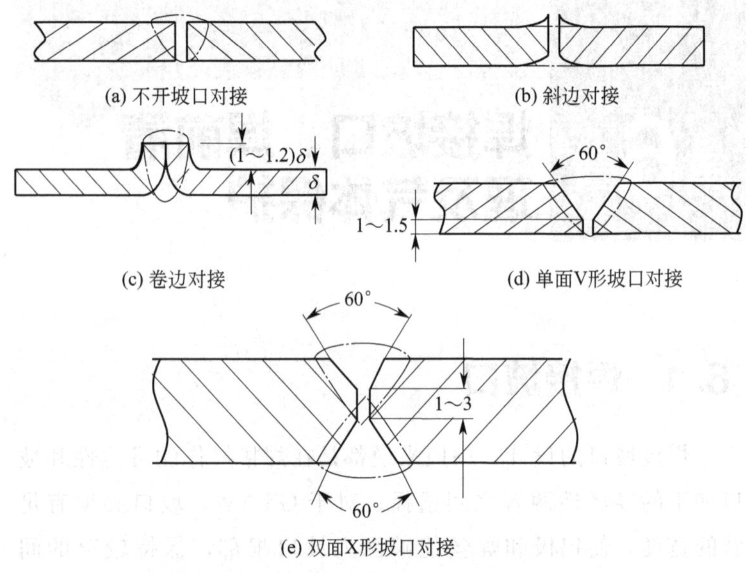

图 6-1 对接接头和坡口形式示意

6.1.2 T 形接头及坡口

T 形接头在钢结构件中应用较广泛，按着板厚的尺寸规格，可选择不开坡口、单边 V 形坡口、K 形坡口和双边 U 形坡口等形式。

T 形接头作为连接焊缝时，若钢板厚度为 2～30mm，可不开坡口，省略了坡口加工的准备工序。当 T 形接头的焊缝有承受载荷要求时，应按着钢板的厚度及结构形式，选用 V 形、K 形或双边 U 形坡口，其坡口形式如图 6-2 所示。

6.1.3 角接接头及坡口

角接接头的坡口形式如图 6-3 所示。

角接接头只能用在不重要的焊接结构中，所以，不论开坡口与否，一般都很少选用。

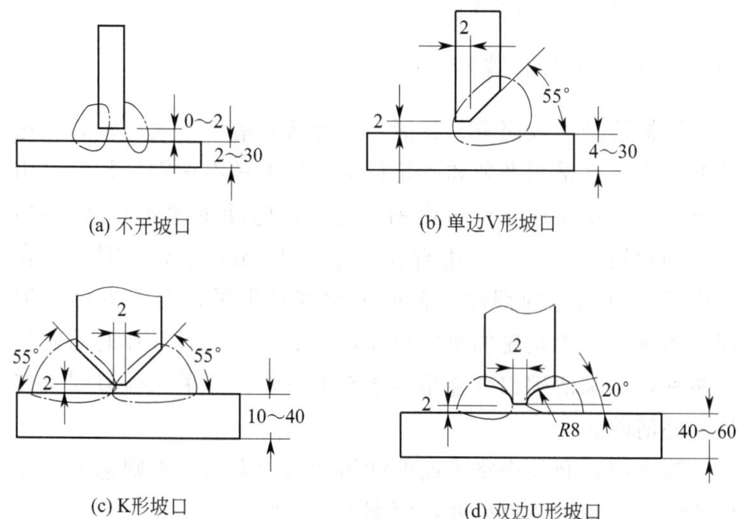

(a) 不开坡口　(b) 单边V形坡口　(c) K形坡口　(d) 双边U形坡口

图 6-2　T 形接头形式示意

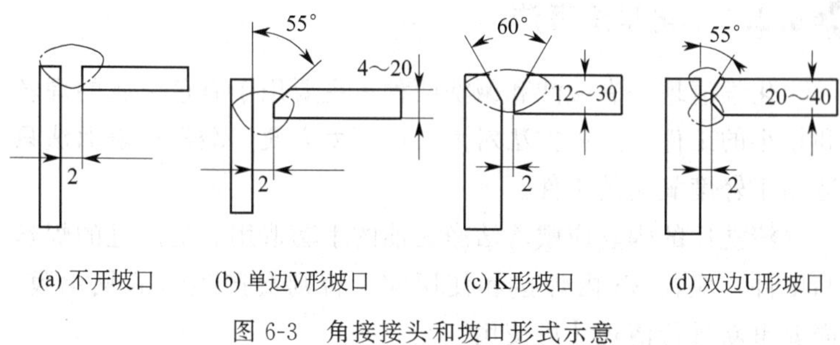

(a) 不开坡口　(b) 单边V形坡口　(c) K形坡口　(d) 双边U形坡口

图 6-3　角接接头和坡口形式示意

6.2　焊前清理

钨极氩弧焊（GTAW），对焊接接头的污染非常敏感，所以焊前对母材的坡口及两侧附近，以及焊丝表面，必须彻底地清理干净。表面不允许有油污、水分、灰尘、镀层和氧化膜等。清理的方法要因材料而异，主要有机械清理法和化学清理法或两种方法组合使用。

6.2.1 机械清理法

机械清理法较简单、灵活，只要认真清理，效果较好。这种方法主要是采用磨削和砂轮打磨。如果是不锈钢材料，可用砂布打磨；铝及铝合金可用钢丝刷子、电动钢丝轮和刮（铣）刀。钢丝轮（刷）应采用直径小于0.15mm的不锈钢丝或直径小于0.10mm的铜丝。普通钢丝容易生锈，会污染已经清理过的部位。钢丝轮的直径以150mm为宜。刮刀有电动或气动两种，用来清理铝合金是行之有效方法，而采用锉刀则不容易彻底清除。

清理前，必须先将表面的油污和灰尘去除，否则达不到理想的效果，机械清理后要用丙酮去除油污。

机械清理多用于母材和层间的清理。

6.2.2 化学清理法

化学清理法有酸洗和碱洗两种。主要用于有色金属的焊丝和较小的工件。这种方法对大工件不太方便。酸浸洗表面法只适用于轻度氧化的工件。

清洗后的焊丝应戴着洁净无油的手套取用。清洗过的焊丝和工件，应在8h内焊接和使用完，否则会产生新的氧化膜，需要重新进行清理才可使用。

（1）铝及铝合金的化学清理

采用钨极氩弧焊，焊接铝及铝合金时，对焊件及焊丝的表面清洗，直接影响接头质量和焊接过程的顺利进行。铝镁合金的清洗更为严格，这是因为铝镁合金在焊接过程中对气孔敏感性更强。

化学清理的进行过程如下。

① 用汽油、丙酮或四氯化碳去除油污灰尘或用清洗液

（工业磷酸三钠 40～50g、碳酸钠 40～50g、水玻璃 20～30g、水 1L）在 60～70℃浸洗 5～8min，再用 50～60℃的热水和冷水分别冲洗各 2min。

② 用烧碱去除氧化膜。将除去油污、灰尘的焊件、焊丝，浸在 10%～15%的氢氧化钠溶液中，温度为 60～70℃，浸后会产生大量的气泡，并形成一层灰黑色薄膜，时间不要过长，否则会产生表面麻点。然后用净水（最好用温水）把碱液冲掉。

③ 进入光化工序。光化，就是将经过碱液浸洗的焊件、焊丝浸入 30%～50%的硝酸溶液中，黑色薄膜与硝酸迅速反应，使焊件、焊丝表面呈金黄色。光化后用水（最好是 50℃左右）冲洗干净，洗后焊丝呈乳白色，表面光滑。

④ 清洗后干燥，吹干或晒干均可，但最高温度不宜超过 100℃。

铝及铝合金化学清洗工序见表 6-1。

表 6-1 铝及铝合金化学清洗工序

<table>
<tr><th rowspan="2" colspan="2">材 料</th><th colspan="3">碱 洗</th><th rowspan="2">冲洗</th><th colspan="3">光 化</th><th rowspan="2">冲洗</th><th rowspan="2">干 燥</th></tr>
<tr><th>NaOH（质量分数）/%</th><th>温度/℃</th><th>时间/min</th><th>HNO_3（质量分数）/%</th><th>温度/℃</th><th>时间/min</th></tr>
<tr><td rowspan="2">纯铝</td><td>方法 1</td><td>10～20</td><td>室温</td><td>10～20</td><td rowspan="4">冷净水</td><td>30</td><td rowspan="4">室温</td><td>2～4</td><td rowspan="4">冷净水</td><td rowspan="4">于 100℃烘干或晒干；或用无油空气吹干</td></tr>
<tr><td>方法 2</td><td>5～10</td><td>40～50</td><td>2～4</td><td>30</td><td>2～4</td></tr>
<tr><td rowspan="2">铝合金</td><td>方法 1</td><td>20～30</td><td>室温</td><td>10～15</td><td>30</td><td>2～4</td></tr>
<tr><td>方法 2</td><td>10～15</td><td>50～60</td><td>4～3</td><td>30</td><td>2～4</td></tr>
</table>

（2）镁合金的化学清洗

镁合金的化学清洗按表 6-2 进行，也可采用 20%～25%硝酸水溶液进行表面腐蚀 1～2min，然后用 70～90℃的热水冲洗，再进行干燥或吹干。

表 6-2 镁合金的化学清洗工序

工作内容	液体成分/g·L^{-1}	温度/℃	时间/min
除油	NaOH 10～25 Na_3PO_4 40～60 Na_2PSi_3 20～30	60～90	5～15 工件在液体中抖动
热水冲		50～90	2～3
流动冷水冲		室温	2～3
槽液中腐蚀	NaOH 350～450	70～80	2～3
		60～65	5～6
热水冲		50～90	2～3
冷水冲		室温	2～3
铬酸中和	CrO_3 150～350 SO_4^{2-} ≤0.4	室温	5～10(锈除完为止)
热水冲		室温	2～3
冷水冲		50～90	1～3
压缩空气吹干		50～70	吹干为止

(3) 钛及钛合金的化学清洗

钛表面的氧化物可在熔融的盐浴中或由喷砂来脱除，然后酸洗清理。酸洗液配方为：20%～47% HCl、2%～4% HF、热水（余量）27～71℃，浸洗 10～20min。

钛表面也可在室温下酸洗 10min，然后用清水冲净、烘干，使用时再用丙酮或酒精清理。酸洗液配方：30mL HCl、50mL HNO_3 和 30g NaF 配制成 1000mL 水溶液；或（2%～4%）HF+(30%～40%) HNO_3 +余量的水。

(4) 锆及锆合金的化学清洗

锆及锆合金除用辅助工具及多层焊中的层间清理外，母材与焊丝等要求按表 6-3 进行清洗。

(5) 镍基合金及不锈钢的酸洗钝化

清理镍基合金和铬镍奥氏体不锈钢时，采用酸洗法[(5%～20%) HNO_3 +(0.5%～2%) HF 溶于水中，5～30min，54～71℃]，以去掉喷砂残留物和其他污染杂物。除此之外，还可以按表 6-4 选择其中的一种酸洗液处理。

表 6-3 锆及锆合金的化学清洗方法

要求	碱洗除油	水中	酸洗除氧化物			水冲	干燥
介质	NaOH	自来水	HNO_3	HF	水	自来水	丙酮或酒精脱水后在真空箱中烘干
浓度(质量分数)/%	10~20		45	5	50		
温度/℃	煮沸	室温	室温			室温	
时间/min	10	3	至正面光亮为止			3	

表 6-4 酸洗液配方（质量分数） %

配方	HF	HNO_3	NaCl	H_2SO_4	水
1		5	25	5	65
2	30	20			50
3		5	40	10	45
4				40	60
5		15~20,35			85~80,65
6	3体积 HCl+1体积 HNO_3+0.5体积 H_2SO_4，配成混合酸，取1体积混合酸与4体积酸性白土，调成酸洗膏，涂在焊缝上，15min后冲洗				

为清除表面氧化皮、锈斑、焊缝及附近的污物，获得清洁光亮的表面，从而有利于钝化薄膜的形成，提高耐蚀性能，所以应进行酸洗钝化处理。

酸洗钝化处理液的配方及处理时间见表 6-5。

酸洗钝化处理的工序流程为：去油清洗干净（必要时可用碱洗溶液去油）→酸洗（小件可浸入酸液中，大件可擦洗）→冷水冲洗→中和→冷水冲洗→干燥。

表 6-5 酸洗钝化处理液的配方及处理时间

名称	配方(质量分数)/%					温度/℃	时间/min
	HNO_3	NaCl	NaF	$K_2Cr_2O_7$	水		
酸洗液	20	2	2		余量	室温	60~120
钝化液	5mL			1g	5mL	室温	60

（6）结构钢的酸洗

钢结构酸洗时的酸洗液配方：HCl 50%+水 50%，酸洗至露出金属光泽，接着在铬酸中除污并在冷水中冲洗。

结构钢的表面轻度锈蚀，可用机械法清理，必要时，再用丙酮擦洗，并用热风去除湿气。

（7）化学-机械联合清理法

这种化学-机械联合清理法，主要是针对一些大型工件，在化学清洗方法不能清洗彻底时，所以尚需用机械方法再清理一次焊接坡口边缘。运用时可参照上述过程进行。

6.3 气体保护

气体的保护作用，是依靠在电弧周围形成惰性气体层流，机械地将空气与金属熔池、填充焊丝隔离开而实现的。气体保护层是柔性的，极容易受外界因素干扰而遭破坏，其保护作用的可靠程度，与以下因素有关。

（1）保护气体纯度

保护气体的质量纯度直接影响到保护效果。

（2）焊炬的密封性

因为焊炬中有流动气体，对外界大气有虹吸作用，如果电极帽或喷嘴与焊炬本体连接处不严密，就会吸入空气，降低保护气体的纯度，从而影响保护效果。

（3）被焊金属的理化特性

化学活性强的金属（如钛、锆等）及其合金，对于氧化和氮化非常敏感，散热慢、高温停留时间长的合金（如不锈钢）易于氧化，要求有更好的保护效果，需要采取特殊的措施，如加大喷嘴直径、增加气体流量、采用拖罩和背面保护，以增大保护区域。

（4）气体流量

气体流量越大，保护气体抵抗流动空气影响的能力越强。但流量过大，保护气体会产生不规则的流动（紊流），容易使空气卷入，反而降低了保护效果，所以气体流量要适当。

(5) 喷嘴结构与直径

喷嘴形状对保护效果影响极大。实践证明：喷嘴的锥形部分可以起到缓冲气体、改善保护的作用。喷嘴直径与气体流量同时增加，则保护区必然增大，保护效果也更好。但喷嘴直径过大时，某些焊接位置根部难以达到或者会影响焊工视线，也不能保证焊接质量。

(6) 焊接速度与外界气流

钨极氩弧焊时，在大气中若遇到旁侧空气流或焊炬本身移动速度过快，而遇到正面气流的侵袭时，则保护气流可能会偏离被保护的熔池，当旁侧空气流超过保护气流速度时，保护效果将显著变坏。所以钨极氩弧焊不宜在室外操作。不得不在室外操作时，则必须有防护措施。在正常焊接过程中，改变焊接速度一般不会影响保护效果，但焊接化学活泼性强的金属时，焊接速度不宜过快，否则容易使正在凝固和冷却的焊缝母材氧化而变色。

(7) 喷嘴至工件的距离和电弧长度

喷嘴离工件越远，保护效果越差。距离太近，则会影响操作者视线。为了保护可靠，在实践中一般取 8～14mm，以 10mm 为宜。电弧越长，保护效果越差，反之则越好，但容易使焊丝碰撞到钨极，产生“碰钨”现象，使钨极损耗快，也有可能使焊缝夹钨。喷嘴和钨极至工件的距离和电弧过短，会由于操作者观察不方便，难以用电弧控制熔池形状和大小，所以操作时应在避免碰撞钨极和便于控制熔池大小的前提下，尽量采用短弧，添加焊丝时电弧长度一般为 3～5mm。不添加焊丝的自熔焊时，电弧长度不大于 1.5mm 即可。

(8) 钨极外伸长度

钨极外伸长度越大，保护效果越差，反之就越好。钨极外伸长度应根据坡口形式和焊接规范来调整，原则是在便于操作的情况下，尽可能保护好熔池和焊缝。一般的钨极外伸长度，T 形填角接头时为 6～9mm，端接填角接头时，应为 3mm，对接开坡口焊缝时，可大于 4mm。焊接铜、铝等有色金属时，为 2mm，管道打底层焊时为 5～7mm，一般，选择钨极直径的 1.5～2 倍。

(9) 接头形式和空间位置

对接坡口、船形焊时，保护效果好；搭接、端接和角接时保护效果差，必要时，可安放临时挡板，加强保护。在全位置焊接时，平焊的保护效果最好，横焊和立焊较差，仰焊时最差，所以要尽量在平焊位置施焊。

(10) 焊炬与工件角度和添丝方法

焊炬垂直于工件时保护效果最好，必要时可倾斜 15°。添加焊丝方式正确与否也会直接影响保护效果，焊丝与工件的夹角越小，添加焊丝时对保护气流层的干扰越小，保护效果就越好。所以焊丝与工件夹角不应大于 20°，一般以 5°～15°为宜。

(11) 焊接电流对保护效果也有一些影响

为得到满意的保护效果，在生产实践中，必须考虑以上各种因素的综合影响。

对于气体保护效果的评定，一般是采用观察焊缝及热影响区的颜色来判定，其方法见表 6-6。

表 6-6 焊缝颜色和保护效果的评定

材料	保护效果				
	最好	良好	较好	不好	最差
低碳钢		灰白光亮	灰	灰黑	
不锈钢	银白金黄	蓝	红灰	灰	黑
铝及铝合金		银白光亮	白无光亮	灰白	灰黑
紫铜		金黄	黄	灰黄	灰黑
钛合金	亮白点	橙黄	蓝紫	青灰	白氧化粉末
锆合金	白亮	微黄	褐	蓝	灰白

第7章 焊接工艺参数的选择

CHAPTER 7

合理地选择GTAW工艺参数，是保证焊接质量的前提。焊接工艺参数不是孤立的几个数字，它与焊前的已知条件——工件的材质与规格、产品结构特点、焊接环境及焊接参数等，有着直接或间接的联系，具体见图7-1。

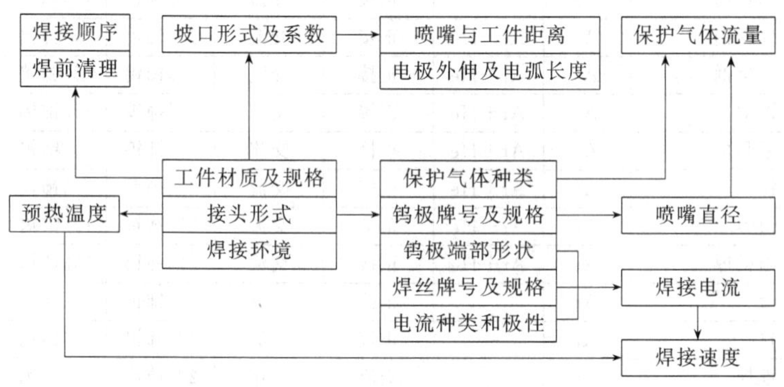

图7-1　焊接工艺参数间的关系

7.1 焊接条件

焊接条件包括工件的材质、类别、规格，焊接电流、保护气体和钨极种类等基本参数。GTAW焊接材料的选择见表7-1。

表 7-1 GTAW 焊接材料的选择

金属材料	保护气体		焊接电源		钨极类别	
	最佳	较好	最佳	较好	最佳	较好
碳钢	Ar	Ar+He	正接	交流	2%铈钨	1%铈钨
低合金钢	Ar	Ar+He	正接	交流	2%铈钨	1%铈钨
锻(铸)铁	Ar	Ar+He	正接	交流	2%铈钨	1%铈钨
异种金属	Ar	—	正接	交流	2%铈钨	1%铈钨
锰钢	Ar	—	正接	交流	2%铈钨	1%铈钨
不锈钢	Ar	Ar+He	正接	交流	2%铈钨	1%铈钨
铝及铝合金①	Ar	Ar+He	交流	正接	锆钨	锆钨
镁及镁合金	Ar	Ar+He	交流	反接	锆钨	锆钨
海军铜②	Ar		正接	交流	2%铈钨	1%铈钨
铝青铜	Ar		交流	反接	2%铈钨	1%铈钨
青铜	Ar		交流	反接	2%铈钨	1%铈钨
磷青铜	Ar		正接	交流	2%铈钨	1%铈钨
硅青铜	Ar	Ar+He	正接	交流	2%铈钨	1%铈钨
氧化铜	Ar	Ar+He	正接	交流	2%铈钨	1%铈钨
镍铜	Ar	Ar+He	正接	交流	2%铈钨	1%铈钨
蒙乃尔	Ar	Ar+He	正接	交流	2%铈钨	1%铈钨
镍	Ar	Ar+He	正接	交流	2%铈钨	1%铈钨
镍银	Ar	Ar+He	正接	交流	2%铈钨	1%铈钨
因科镍	Ar	Ar+He	正接	交流	2%铈钨	1%铈钨
钛	Ar	—	正接	交流	2%铈钨	1%铈钨
钨	Ar	—	正接	交流	2%铈钨	1%铈钨
堆焊	Ar	—	交流	正接	2%铈钨	1%铈钨

① 厚度 2.4mm 以下推荐选用交流。

② 以黄铜为基的铜合金。

注：1. 选用交流时，应较直流增大约 25%，方可正常施焊。

2. 锰钢不太适合采用 GTAW 焊接。

7.2 焊丝直径

GTAW 焊丝的直径选择，可根据经验公式 $d=(t/2\pm1)$mm。

t 为工件厚度，薄加厚减，但不要大于 t。一般，打底层焊接时，多选择 2～2.5mm 的焊丝，填充层焊接时，可选用 3～4mm 的焊丝，太粗的焊丝很少使用。选用的焊丝太细，不但生产效率低，并且由于熔入焊丝表面积的增大，相应带入焊缝中的杂质也较多。

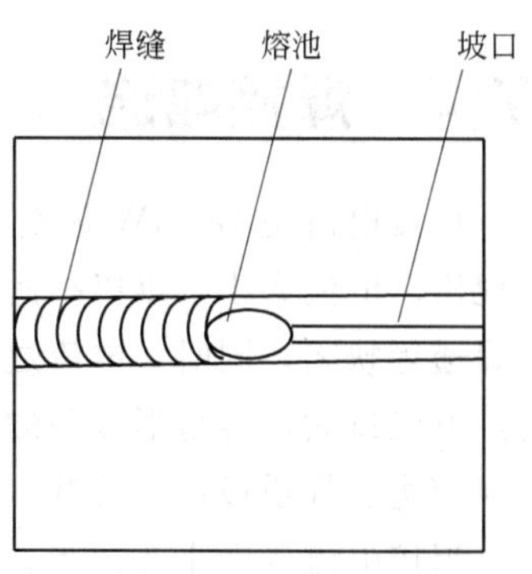

图 7-2 熔池椭圆形状示意

选用焊丝直径的另一种经验，是观察熔池的形状和大小。当焊炬与工件的夹角为 75°～85°时，所选的焊丝直径不宜大于熔池椭圆短轴的 2/3，如图 7-2 所示。

7.3 钨极直径和端头形状

正确选用钨极直径，既可保证生产效率，又能满足工艺的要求和减少钨极的烧损。钨极直径选择过小，则使钨极熔化和蒸发，或引起电弧不稳定和产生夹钨现象。钨极直径选择过大，在采用交流电源焊接时，会出现电弧飘移，使电弧分散或出现偏弧现象。如果钨极直径选用合适，交流焊接时，一般端头会熔化成球状，如图 7-3 所示，钨极直径一般应等于或大于焊丝直径。焊接薄工件或熔点较低的铝合金时，钨极直径要略小于焊丝直径；焊接中厚工件时，钨极直径要等于焊丝直径；焊接厚工件时，钨极直径应大于焊丝直径。

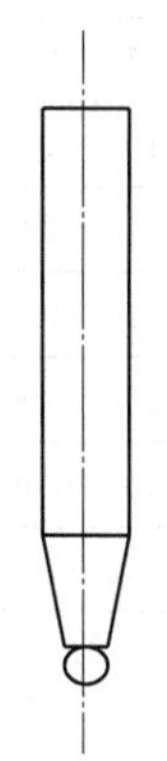
图 7-3 钨极端头形状示意

7.4 焊接电流

焊接电流是GTAW最重要的工艺参数，取决于钨极种类和规格。电流太小，难以控制焊道的成形，容易形成未熔合和未焊透等缺陷，同时，电流过小会造成生产效率低以及浪费氩气。电流过大，容易形成凸瘤和烧穿，熔池温度过高时，还会出现咬边、焊道成形不美观。

焊接电流的大小要适当，根据经验，电流一般应为钨极直径数值的30～50倍，交流电源时，选用下限；直流电源正接时，选用上限。当钨极直径小于3mm时，从计算值中减去5～10A；如果钨极直径大于4mm，可在计算值上再加上10～15A。另外，在选用电流时，还要注意焊接电流不要大于钨极的许用值。

不同钨极允许的最大电流值见表7-2。

表7-2 不同钨极允许的最大电流值

电源种类	钨极直径/mm	钨极种类	允许的最大电流/A
交流	1.0	钍钨极	50～60
	2.0		100～140
	3.0		150～230
直流正接	1.0		75～90
	1.6		150～190
	2.4		250～340
	3.2		350～750
直流反接	1.0	铈钨极	15
	2.0		30
	3.0		50
	4.0		75

7.5 喷嘴直径

喷嘴直径是与氩气保护区的大小相关的，喷嘴直径过大，散热快，焊缝成形宽，影响操作者视线，焊接速度慢，并由于喷嘴大而提高了气体流量，造成保护气体的浪费。

喷嘴直径过小，保护效果差，容易烧坏喷嘴，不能满足大电流的焊接要求。

经验认为，喷嘴直径一般为钨极端直径的 2～3 倍再加 4mm。当然，也要考虑被焊金属的性质。如果是活泼性金属，可取系数 2.5～3.5 倍。当钨极直径小于 3mm 时，取 3.5 倍；当钨极直径大于 4mm 时，取 2.5 倍。

圆柱形或收敛形的喷嘴（见图 7-4），保护气体效果较好，扩散形喷嘴的气流挺度会差一些。

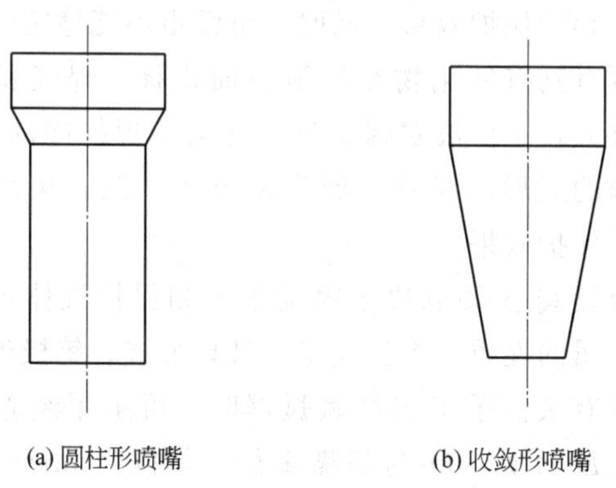

(a) 圆柱形喷嘴　　(b) 收敛形喷嘴

图 7-4　常用喷嘴的外形

一般，手工钨极氩弧焊时，喷嘴内径以 8～14mm 为宜；自动钨极氩弧焊时，喷嘴内径为 12～18mm。圆柱形喷嘴最容易获得气体保护层流，其层流的流量上限值见表 7-3。

表 7-3　圆柱形喷嘴形成层流的流量上限值 Q_{max}

圆柱直径/mm	8	10	12	14	16
Q_{max}/L·min^{-1}	11.7	14.7	17.7	20.6	23.5

不锈钢手工钨极氩弧焊的喷嘴内径见表 7-4。

表 7-4　不锈钢手工钨极氩弧焊的喷嘴内径

不锈钢材料厚度/mm	喷嘴内径/mm	不锈钢材料厚度/mm	喷嘴内径/mm
0.5～1.0	7～9	1.5～2.0	9～11
1.2～1.5	8～11	2.0～3.0	10～12

7.6　气体流量

在保证保护效果的前提下，应尽量减小氩气流量，以降低焊接成本。但流量太小，喷出来的气流挺度差，容易受外界气流的干扰，影响保护效果。同时，电弧也不能稳定燃烧，焊接过程中，可看到有氧化物在熔池表面飘移，焊缝发黑而无光泽。流量过大，不但浪费保护气，还会使焊缝冷却速度过快，不利于焊缝的成形，同时气流容易形成紊流，从而引入了空气，破坏了保护效果。

气体流量 Q 主要取决于喷嘴直径和保护气体种类，其次也与被焊金属的性质、焊接速度、坡口形式、钨极外伸长度和电弧长度等有关。手工钨极氩弧焊时，可采用经验公式 $Q=(0.8\sim1.2)D$ 计算。D 为喷嘴直径，单位为 mm；Q 的单位为 L/min。当 $D\geqslant12$mm 时，系数取 1.2；当 $D<12$mm 时，系数取 0.8，以达到气流的挺度基本一致。自动焊时，焊接速度快，气体流量应大些，焊缝背面保护气的流量应是正面的 1/2，并保持背面保护气体流畅，否则会形成背面气流的正压力，造成焊缝根部未焊透。

7.7 焊接速度

焊接速度决定于工件的材质和厚度，还与焊接电流和预热温度有关。自动焊时，要考虑焊接速度对气体保护的影响。焊接速度过大，保护气流滞后，会使钨极、弧柱和熔池暴露于空气中，这时应加大电流或将焊炬向后倾斜一定角度，以达到保护良好。

焊接过程中，改变焊接速度时，一般不会影响保护效果，但焊接化学活泼性强的金属时，焊接速度不宜过快，否则容易使正在凝固和冷却的焊缝母材被氧化而变色。

7.8 预热和层间温度

在焊接结构钢，尤其是厚度大于25mm时，为避免产生淬硬组织，加速氢的扩散和逸出，减少应力，防止冷裂纹的产生，焊件应根据化学成分、厚度、环境温度等综合考虑，并经过焊接性试验和生产试验，来确定预热温度。

有色金属焊接时，焊前预热有着重要的意义。预热可以提高焊接速度，因此可减少熔池金属在高温下的停留时间或减少合金元素的烧损。同时，又能增加熔池的搅拌熔合能力，有利于气体的逸出，防止产生气孔。预热还可以适当减小焊接电流，便于初学者操作。

在多层焊时，低碳钢与低合金钢，层间温度不大于180℃；铝合金不大于250℃，对于热敏感性的奥氏体不锈钢，层间温度不大于100℃。

铝的预热温度在150～250℃之间，一般不大于350℃，铜的预热温度应高些，可达500℃。预热区应有一定的宽度，才能保证均匀，一般是在焊缝的两侧各150～250mm范围内，采用背面加热（如果可能），预热温度不宜过高，否则会使熔池过大，焊缝表面形成麻点，且使焊工受热辐射，影响焊接环境，恶化劳动条件。尤其是在小容器内施焊时，更应当避免预热温度过高。一般，合金钢的起焊温度应不低于15℃，否则，由于起焊点温度不均匀，容易形成裂纹。

7.9 焊接顺序

合理的焊接顺序是减少焊接应力和变形的重要手段。如采用对称分段法、退焊法等焊接方法。这在焊接工艺规程中，应有详细的说明。

7.10 喷嘴至工件距离和电弧长度

喷嘴距工件越远，保护效果越差；距离太近，则会影响操作者视线。为确保气体保护可靠，在实际生产中一般取8～14mm，大多以10mm为宜。

电弧越长，保护效果越差；反之则越好。但电弧过短，容易使焊丝碰撞到钨极，使焊缝产生“夹钨”现象，钨极损耗快，并有可能造成焊缝夹钨。喷嘴和钨极至工件的距离太小，电弧过短，会由于操作者观察不便，难以用电弧控制熔池形状和大小，所以，应在避免碰撞钨极和便于控制熔池形状的前提下，尽量采用短弧焊。添加焊丝时，电弧长度一般为3～5mm；不添加焊丝自熔焊时，电弧长度不大于1.5mm即可。

7.11 钨极伸出长度

钨极伸出长度越大，保护效果越差；反之就越好。钨极伸出长度应根据坡口形式和焊接规范来调整，原则上是在便于操作的情况下，尽可能保护好熔池和焊缝。一般的钨极伸出长度，T形填角接头时为6～9mm；端接填角接头时，应为3mm；对接开坡口焊缝时，可大于4mm。焊接铜、铝等有色金属时，为2mm，管道打底层焊时为5～7mm，一般，可按所选钨极直径的1.5～2倍来确定。

第8章 基本操作技术入门

CHAPTER 8

手工 GTAW 的基本操作技术包括引弧、焊炬握持方法、焊丝握持、焊丝的送进、焊炬的移动、焊丝的填充位置、接头和收弧等最基本操作入门的方法。

8.1 引弧

引弧的方法主要有接触短路引弧、高频高压引弧和高压脉冲引弧等几种。

8.1.1 接触短路引弧

接触短路引弧法多用于简易氩弧焊设备。引弧前用引弧板、铜板或炭棒，在钨极和工件之间，以接触短路形式直接引燃电弧，然后将电弧转向焊缝进行焊接。这也是气冷式焊炬常用的引弧方法。但这种方法在接触的瞬间，会产生很大的短路电流，钨极端部容易烧损或母材容易造成电弧擦伤。但由于设备简单，不需要高频高压、脉冲引弧或稳弧装置，所以在氩弧焊打底及薄板焊接中常有应用。

电弧引燃后，焊炬停留在引弧处不动，当获得一定大小、明亮清晰和保护良好的熔池后（3～5s）就可以添加焊丝开始焊接过程，如图 8-1(a) 所示。

这种引弧法的缺点是在引弧过程中钨极损耗大，容易在焊缝中产生夹钨，同时，钨极形状容易被破坏，增加了磨削钨极的次数和时间，这不仅降低了焊接质量，而且还降低了氩弧焊的效率。

8.1.2 高频高压引弧

在焊接开始前，利用高频振荡器所产生的高频（150～200kHz）、高压（2000～3000V），来击穿焊件与钨极之间的间隙（2～5mm）而引燃电弧。现代普通 GTAW 电源，均设有高频或脉冲引弧和稳弧装置。手握焊炬垂直于焊件，使钨极与工件保持3～5mm 的距离，接通电源，在高频高压作用下，击穿间隙放电，使保护气体电离，形成离子流而引燃电弧。这种方法能保证钨极端头完好，烧损小，引弧质量好，因此应用较广泛。

8.1.3 高压脉冲引弧

利用在钨极与焊件间所加的高压脉冲（脉冲电压幅值≥800V），使两电极之间气体介质电离，然后产生电弧，这是一种较好的引弧方法。交流钨极氩弧焊时，通常用高压脉冲引弧和稳弧，引弧和稳弧脉冲由共同的主电路产生，当焊接电弧一旦产生，主电路就只产生稳弧脉冲，而引弧脉冲就自动消失。

手工 GTAW 的引弧方法，通常使用高频高压引弧和高频脉冲引弧。开始引弧时，先使钨极和焊件之间保持一定距离，然后接通引弧器，在高频电流和高压脉冲电流的作用下，保护气体被电离而引燃电弧，开始进行焊接操作，如图 8-1 所示。

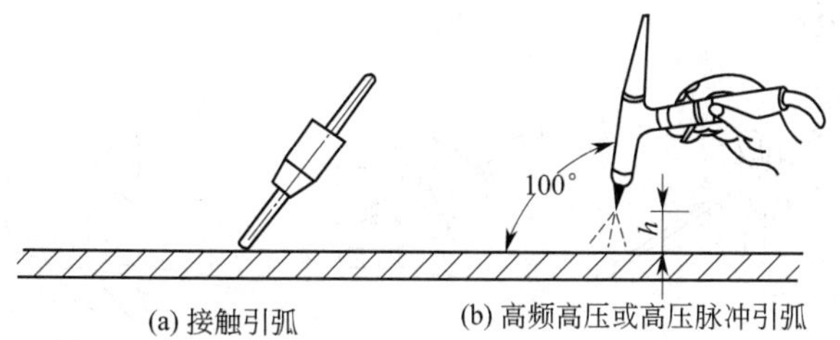

图 8-1 手工 GTAW 的引弧方法

8.2 手工 GTAW 的焊炬握持方法

手工 GTAW 焊接时，根据不同的焊炬类型，可采用不同的握持方法，如表 8-1 所示。

表 8-1　手工 GTAW 的焊炬握持方法

焊枪类型	笔式焊枪	T 形焊枪		
握持方法				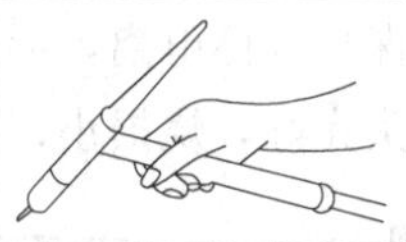
应用范围	100A 或 150A 型焊枪，适用于小电流、薄板焊接	100～300A 型焊枪，适用于 I 形坡口焊接，此握法应用较广	150～200A 型焊枪，此握法手晃动较小，适宜焊缝质量要求严格的薄板焊接	500A 的大型焊枪，多用于大电流、厚板的立焊、仰焊等

8.3 手工 GTAW 的焊丝握持方法

手工 GTAW 焊接时，根据不同的焊炬类型、焊丝直径、焊缝所处的空间位置等，可采用不同的焊丝握持方法，如图 8-2 所示。

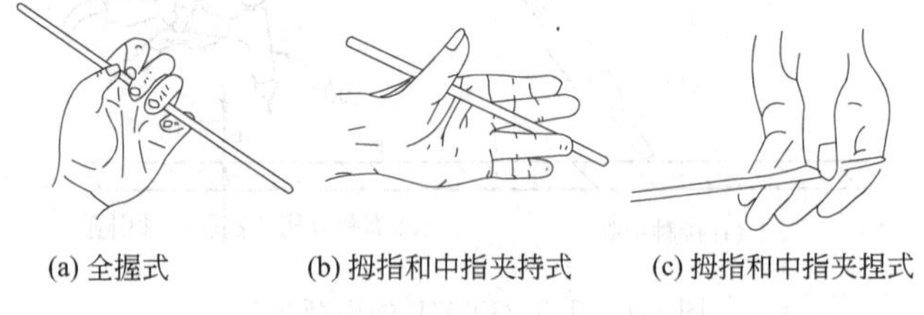

(a) 全握式　(b) 拇指和中指夹持式　(c) 拇指和中指夹捏式

图 8-2　手工 GTAW 的焊丝握持方法示意

8.4 手工GTAW的焊丝送进方式

GTAW 的焊丝送进方式，对保证焊缝的质量有很大的作用。采用哪种送丝方式，与焊件的厚度、焊缝的空间位置、连续送丝还是断续送丝等有关。常用的手工氩弧焊送丝方式见图 8-3。

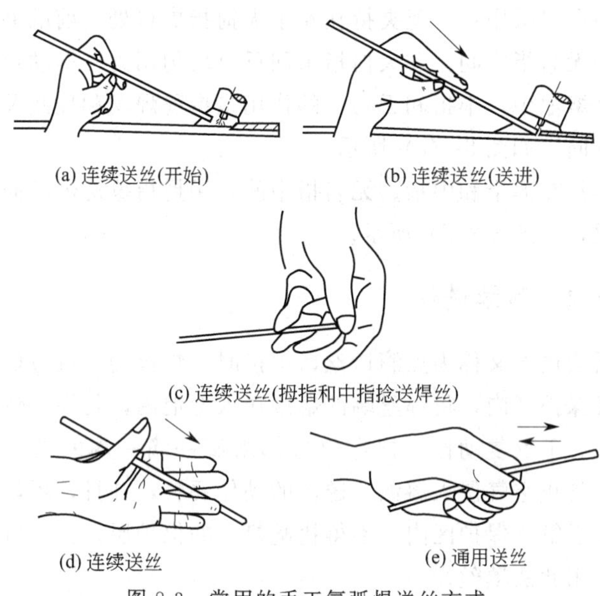

(a) 连续送丝(开始)　(b) 连续送丝(送进)

(c) 连续送丝(拇指和中指捻送焊丝)

(d) 连续送丝　(e) 通用送丝

图 8-3　常用的手工氩弧焊送丝方式

8.4.1　连续送丝

连续送丝对焊接保护区的扰动较小，但送丝技术较难掌握。连续送丝时，用左手的拇指、食指捏住焊丝并用中指和虎口配合，托住焊丝。送丝时，捏住焊丝的拇指和食指伸直，即可将焊丝端头送入电弧直接加热区。然后，借助中指和虎口托住焊丝，迅速弯曲拇指和食指，向上弯曲捏住焊丝的位置。如此反复动作，直至完成焊缝的焊接。在整个焊接过程中，注意焊丝的端头既不要碰到钨极，也不能脱离氩气的保护区。连续送丝的手法如图 8-3(a) 所示。

连续送丝的第二种方法，是用左手的拇指、食指、中指配合动作送丝，一般送丝比较平直，无名指和小指夹住焊丝，控制送丝的方向。此时的手臂动作不大，待焊丝快用完时，才向前移动，如图 8-3(b) 所示。

还可以采用：焊丝夹持在左手大拇指虎口处，前端夹持在中指和无名指之间，靠大拇指来回反复均匀用力，推动焊丝向前送进熔池中，中指和无名指的作用是夹稳焊丝和控制及调节焊接方向，如图 8-3(c) 所示。

焊丝在拇指和中指、无名指中间，用拇指捻送焊丝向前连续送丝，如图 8-3(d) 所示。

8.4.2 断续送丝

断续送丝又称为点滴送丝，焊接时，焊丝的末端应始终处于氩气保护区内，将焊丝端部熔滴送入熔池内，是靠手臂和手腕的上、下反复动作，把焊丝端部熔滴一滴一滴的送入熔池中。为防止空气侵入熔池，送丝的动作要轻，并且，焊丝动作时要处于氩气保护区内，不得扰乱氩气的保护层。全位置焊接时，多用此法填丝。

8.4.3 通用送丝

焊丝握在左手中间，端部应始终处于氩气保护区内，用手臂带动焊丝送进熔池内，如图 8-3(e) 所示。

8.4.4 焊丝紧贴坡口或钝边填丝法

焊前，将焊丝弯成弧形，紧贴坡口间隙，如图 8-4 所示，焊丝的直径要大于坡口间隙。焊接过程中，焊丝和坡口的钝边同时熔化形成打底层焊缝。此法可避免焊丝妨碍操作者视线，

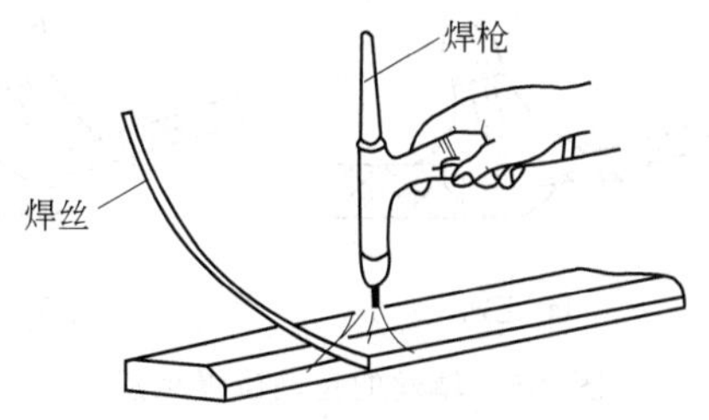

图 8-4 焊丝紧贴坡口或钝边填丝法示意

多用于可焊性能较差位置的焊接。

8.4.5 送丝操作的注意事项

① 填丝时，焊丝与焊件表面成15°夹角，焊丝准确地从熔池前送进。熔滴滴入熔池后，迅速撤出焊丝。但要注意焊丝端部要始终处于氩气保护区域内，如此反复进行，直至完成焊缝。

② 焊接过程中，要仔细观察坡口两侧熔化情况，熔化后再进行填丝，以免出现未熔合、未焊透等缺陷。

③ 焊接过程中填丝时，送丝的速度要均匀，快慢应适当。焊丝速度过快，焊缝的余高加大；过慢使焊缝背面出现下凹或咬边缺陷。

④ 当坡口间隙大于焊丝直径时，焊丝应与焊接电弧同步横向摆动。而且，送丝速度与焊接速度也要同步。

⑤ 焊接过程填丝操作时，不应把焊丝直接放在电弧下面，不要出现熔滴向熔池“滴渡”现象，填丝的正确位置如图 8-5 所示。

⑥ 在填丝过程中，如果出现焊丝与电极相碰而产生短路，会在焊缝中造成夹钨和焊缝污染。此时，应立即停止焊接，将被污染的焊缝打磨光亮，露出金属光泽。同时，还要重新修磨钨极端部的形状。

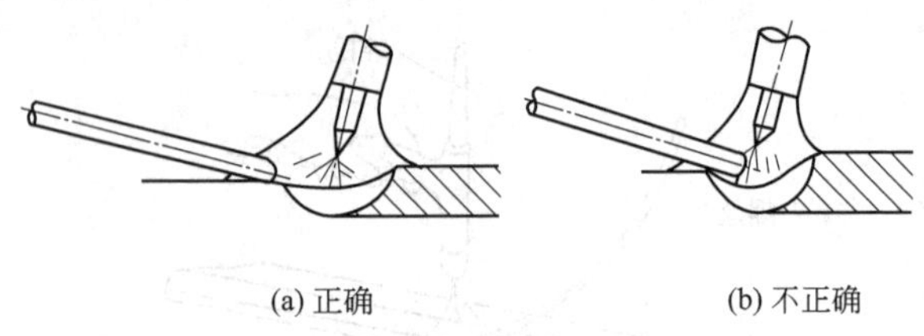

图 8-5 填丝的正确位置示意

8.5 焊炬的移动方法

焊炬的移动方法有左焊法和右焊法两种。

左焊法和右焊法的操作如图 8-6 所示。

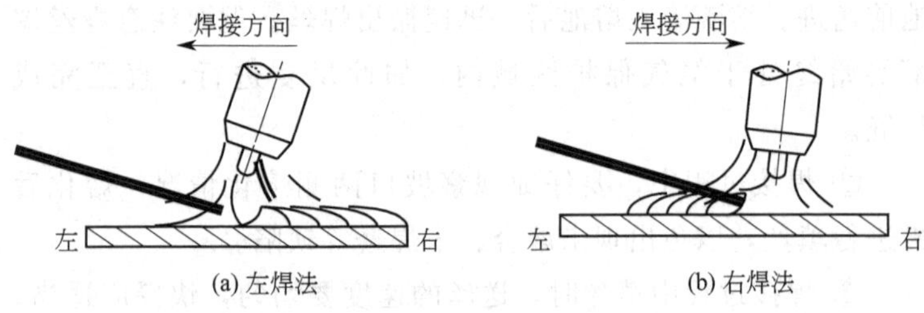

图 8-6 左焊法和右焊法操作示意

8.5.1 左焊法

左焊法也叫顺手焊。这种方法应用较普遍。在焊接过程中，焊枪从右向左移动，电弧指向未焊部分，焊丝位于电弧前面，由于操作者容易观察和控制熔池温度，焊丝以点移法和点滴法填入，焊波排列均匀、整齐，焊缝成形良好，操作也较容易掌握。

左焊法适宜于焊接较薄和对质量要求较高的不锈钢、高温合金，因为此时电弧指向未焊部分，有预热作用，故焊接速度快、焊道窄、焊缝高温停留时间短，对细化金属结晶有利。左焊法焊丝以点滴法加入熔池前部边缘，有利于气孔的逸出和熔池表面氧化膜的去除，从而获得无氧化的焊缝。

8.5.2 右焊法

右焊法又称为反手焊。在焊接过程中，焊枪从左向右移动，电弧指向已焊部分，焊丝位于电弧后面，焊丝按填入方法伸入熔池中，操作者观察熔池不如左焊法清楚，控制熔池温度较困难，尤其对薄工件的焊接更不易掌握。

右焊法比左焊法熔透深，焊道宽，适宜焊接较厚的接头。厚度在3mm以上的铝合金、青铜、黄铜和大于5mm的铸造镁合金，多采用右焊法。

8.5.3 焊炬的运动形式

钨极氩弧焊的焊炬，一般只做直线移动，为了保证氩气的保护效果，焊枪的移动速度不能太快。

(1) 直线移动

根据所焊材料和厚度的不同，可有三种直线移动方式。

① 直线均匀移动 焊枪沿焊缝做直线、平稳、匀速移动，适合高温合金、不锈钢、耐热钢薄件的焊接。其优点是电弧稳定、避免重复加热、氩气保护效果好、焊接质量稳定。

② 直线断续移动 主要用于中等厚度材料（3～6mm）的焊接。在焊接过程中，焊枪停留一定时间，当焊透后加入焊丝，沿焊缝纵向断断续续地直线移动。

③ 直线往复移动 焊枪沿焊缝做往复直线移动。这种移动方式主要用于小电流焊接铝及铝合金薄板材料，可防止薄板烧穿和焊缝成形不良。

(2) 横向摆动

有时，根据焊缝的特殊要求和接头形式的不同，要求焊枪

(a) 圆弧“之”字形运动　(b) 圆弧“之”字形侧移运动　(c) r形运动

图 8-7　焊枪横向摆动形式

做小幅度的横向摆动。焊枪横向摆动形式如图 8-7 所示。

① 圆弧“之”字形运动　焊枪呈类似圆弧“之”字形往前移动，如图 8-7(a) 所示。这种运动适于较大的 T 形角焊缝、开 V 形坡口的对接焊或特殊要求加宽的搭接焊缝，在厚板多层堆焊或补焊时，采用此法也较广泛。其特点是：焊缝中心温度较高，两边热量由于向基体金属导散，温度较低。所以焊枪在焊缝两边停留时间应稍长，在通过焊缝中心时运动速度可适当加快。以保持熔池温度正常，从而获得熔透均匀、成形良好的焊缝。

② 圆弧“之”字形侧移运动　焊接过程中，焊枪呈斜的“之”字形移动，如图 8-7(b) 所示。这种运动适于不齐平的角焊缝和端接头焊缝。这种接头的特点是，一个接头凸出于另一接头之上，凸出部分恰可作为加入焊丝用。操作特点是：焊接时，使焊枪的电弧偏向凸出部分，焊枪做“之”字形侧移运动，使电弧在凸出部分停留时间增长，熔化掉凸出部分，不加或少加焊丝，沿对接接头的端部进行焊接。

③ r 形运动　焊枪的横向摆动呈类似 r 形运动，如图 8-7(c) 所示。这种运动适用于厚度相差很多的平对接焊。例如，厚度 2mm 与 0.8mm 材料的对接，焊枪做 r 形运动。根据薄厚接头所处的位置不同，也有反向 r 形运动。

这种运动的特点是：焊枪不仅做 r 形运动，且电弧要稍微偏向厚焊件一边，其目的是使焊枪在厚焊件一边停留时间长些，使厚焊件受热多些，薄焊件受热少些，以此控制厚、薄两焊件的熔化温度，防止薄焊件烧穿、厚焊件未焊透等现象。

8.5.4 摇把焊（跳弧法）

摇把焊（跳弧法）是近年发展起来的一种焊接方法。

摇把焊又称为跳弧焊法，它是每当形成一个熔池后，立即抬起焊炬，让熔池冷却。然后焊炬又马上回到原来形成弧坑的地方，重新熔化，形成熔池。如此不间断地跳动电弧，让每个熔池连续形成焊缝。这种方法类似于焊条电弧焊时的跳弧焊。采用摇把焊时，可适当提高焊接电流，让熔池金属充分熔化，能有效地保证焊缝熔透，从而提高焊接质量。所以特别适用于大直径长输管道的单面焊双面成形工艺；也适用于小直径固定管道安装的全位置焊接。

由于摇把焊的上述优点，目前，我国援外工程施工的钨极氩弧焊工，大都采用摇把焊操作工艺。摇把焊的操作方法很像气焊的焊法，但要特别注意的是，氩弧焊是靠氩气保护进行焊接的，所以不论如何摇动焊炬，一定不能让外界空气进入保护区。如果摇动焊炬的距离过大，破坏了气体的保护效果，就无法保证焊接质量了。

摇把焊时，焊炬的跳动要有节律，不能距离过大和频率过快；焊接过程中，操作者要始终注意观察熔池的熔透情况，使熔化金属的背面熔缝高度和宽度保持一致。所以要掌握摇把焊技术，必须具有熟练的操作技能。

8.6 焊丝的填充位置

8.6.1 外填丝法

这是电弧在管壁外侧燃烧，焊丝从坡口一侧填加的操作方法。管子对口间隙要随焊丝的直径、管径的大小、管壁的厚度而定。对于大直径管道（管径≥219mm、厚度≥18mm）的间隙，应稍大于焊丝直径。

焊接过程中，焊丝连续送入熔池，稍做横向摆动，这样可适当地多填些焊丝，在保证坡口两侧熔合良好的情况下，使焊缝具有一定厚度。对于小直径薄壁管，间隙一般要求小于或等于焊丝直径，焊丝在坡口中，沿管壁送给，不做横向摆动。焊速稍快，焊缝不必太厚，采用断续和连续送丝均可。

① 断续送丝法　有时也称点滴送入，是靠手的反复送拉动作，将焊丝端头的熔滴送入熔池，熔化后将焊丝拉回，退出熔池，但不离开气体保护区。焊丝拉回时，靠电弧吹力将熔池表面的氧化膜除掉。

这种方法适用于各种接头，特别是装配间隙小、有垫板的薄板焊缝或角接焊缝，焊后表面呈清晰均匀的鱼鳞状。

断续送丝法容易掌握，适合初学者练习。但只适用于小电流、慢焊速、表面波纹粗的焊道。当间隙过大或电流不适合时，用断续送丝法就难以控制，背面还容易产生凹陷。

② 连续送丝法　将焊丝端头插入熔池，利用手指交替移动，连续送入焊丝，随着电弧向前不断移动，熔池逐渐形成。

这种方法与自动焊的送丝法相类似，其特点是电流大、焊速快、波纹细、成形美观。但需手指连续稳定地交替移动焊丝，需要熟练的送丝技能。用连续送丝法焊接间隙较大的工件时，如果掌握得好，可以在快速加丝时也不产生凸瘤，仰焊时不产生凹陷，焊接质量好、速度快。

8.6.2　内填丝法

内填丝法是电弧在管壁外侧燃烧，焊丝从坡口间隙伸入管内，向熔池送入的操作方法。焊接过程中，要求焊接坡口间隙始终大于焊丝直径0.5～1.0mm，否则会造成卡丝现象，影响焊接的顺利进行。为防止间隙缩小，应采取相应的措施，如刚性固定法、合理地安排焊接顺序、加大间隙等。

外填丝法与内填丝法相比较，由于前者间隙小，所以焊接速度快，填充金属少，操作者容易掌握；后者适合于操作困难的焊接位置。输油管道有时要求采用内填丝法。因为这种方法只要焊炬能达到，无论怎样困难的焊接位置，都可以施焊。而且对坡口要求不十分严格，即使在局部间隙不均匀或少量错边的情况下，也能得到质量较满意的焊缝。由于操作者从间隙中可直接观察到焊道的成形，故可保证焊缝根部熔透良好。其最大优点是能预防仰焊部位的凹陷。

作为氩弧焊工，应掌握这两种基本操作技术，以便在不同的焊接部位，根据实际情况进行应用。一般选择的原则是：凡焊接操作的空间开阔，送丝没有障碍，视线不受影响的管道焊接，宜采用外填丝法；反之，则宜用内填丝法。在实际应用中，内填丝法也不可能用在整条焊缝上。通常，只有在困难位置时才采用。内、外填丝的操作方法应相互结合使用，视焊接的操作方法而选取。

8.6.3 依丝法

将焊丝弯成弧形，紧贴在坡口间隙处，电弧同时熔化坡口的钝边和焊丝。这时要求坡口间隙小于焊丝的直径。这种方法可避免焊丝遮住操作者的视线，适合于困难位置的焊接。

依丝法送丝速度要均匀，快慢适当。过快，焊缝堆积过高；过慢，焊缝凹陷或咬边。

在焊接操作过程中，由于操作手法不稳，可能导致焊丝与钨极相碰，造成瞬间短路，发生打钨现象，熔池被炸开，出现一片烟雾，造成焊缝表面污染和内部夹钨，破坏电弧的稳定燃烧。此时，必须立即停止焊接，进行处理。将污染处用角向磨光机打磨干净，露出光亮的金属光泽。被污染的钨极应在引弧板上引燃电弧，熔化掉钨极表面的氧化物，使电弧光照射的斑痕光亮无黑色，熔池清晰，方可继续进行焊接。采用直流电源焊接时，发生打钨现象后，应重新修磨钨极端头。

为了便于送丝，观察熔池和焊缝，防止喷嘴烧损，钨极应伸出喷嘴端面2～3mm。钨极端部与熔池表面的距离（弧长）要保持在3mm左右，这样，可使操作者视线开阔，送丝方便，避免打钨，从而减少焊缝被污染的可能性。

8.6.4 焊丝的续进手法

焊丝的加入方式与熟练程度，与焊缝成形有很大关系。通常，按照手持的方式，可分为指续法和手动法两种。

（1）指续法

这种方法适用于500mm以上较长焊缝的焊接。操作方法是将焊丝夹持在大拇指与食指、中指的中间，靠中指和无名指起支托和导向作用，当大拇指捻动焊丝向前移动，同时食指往后移动，然后大拇指迅速地摩擦焊丝表面向前移动到食指的地方，大拇指再捻动焊丝向前移动，如此反复动作，将焊丝不断加入熔池中；也有的是将焊丝夹在大拇指、中指和食指、无名指中间，焊丝靠大拇指、食指同时往一个方向移动，将焊丝送入熔池中，而中指和无名指起着支托和夹持焊丝的作用。在长焊缝和环形焊缝焊接时，采用指续法最好加一个焊丝架，将焊丝支承住，以方便操作。

（2）手动法

手动法应用得较普遍。其操作方法是：焊丝夹在大拇指与食指、中指的中间，手指不动，只起到夹持作用，靠手或小臂沿焊缝前后移动，手腕做上、下反复动作，将焊丝加入熔池中。手动法加丝时，按焊丝加入熔池方式又可分为压入法、续入法、点移法和点滴法四种，如图8-8所示。

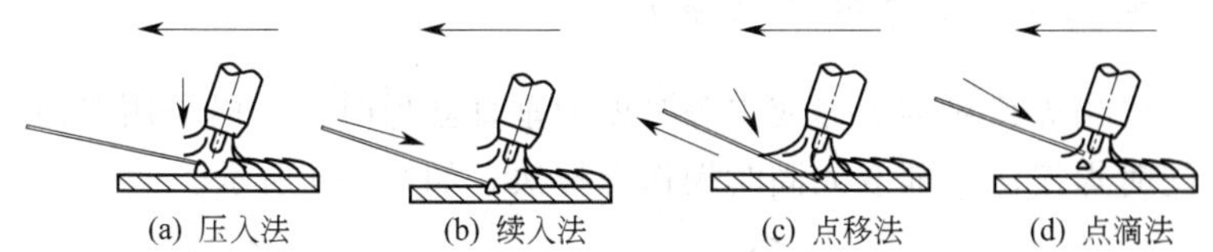

图 8-8 焊丝加入熔池的方式示意图

① 压入法 拿焊丝的手稍向下用力，使焊丝末端紧靠在熔池边缘上。适合于焊接 500mm 以上的长焊缝，因为手拿的焊丝比较长，焊丝端头不易稳定，常发生摆动、抖动，造成填丝困难，此时可用此法。氩弧焊工因长时间不操作，填丝不熟练时，也可采用此法。

② 续入法 将焊丝末端伸入熔池中，手往前移动，把焊丝连续和断续地加入熔池中。此法适用于较细焊丝及焊加强焊缝和对接间隙大的焊件，但一般操作不当，可能使焊缝成形不良，故对质量要求高的焊缝尽量不采用。

③ 点移法 是以手腕上下反复动作和手往后慢慢移动，将焊丝加入熔池中。这种方法常用于减薄形焊缝的操作。

④ 点滴法 这是最常用的一种方法，焊丝靠手的上下反复点入动作，将熔滴滴入熔池中。点移法和点滴法填加焊丝，能避免和减少非金属夹渣的产生。这是因为拿焊丝的手做上、下往复动作，当焊丝抬起时，靠电弧的作用，可将熔池表面的氧化膜排除掉，因而防止产生非金属夹渣。同时，这两种方法焊丝填加在熔池前部边缘，有利于排除或减少气孔的产生。所以这两种方法应用比较广泛。

焊丝的加入要动作熟练、均匀，如加入得过快，焊缝容易堆积，氧化膜难以排除，容易产生夹渣；如果加入过慢，焊缝易出现凹陷、咬边现象。为了防止焊丝端头氧化，焊丝端头应始终处在氩气保护范围内。

8.6.5 双面同时焊接法

当焊接对称焊缝或中等厚度的垂直立焊时，可以采用双面同时焊接法，即双人同时操作焊接法，如图 8-9 所示。

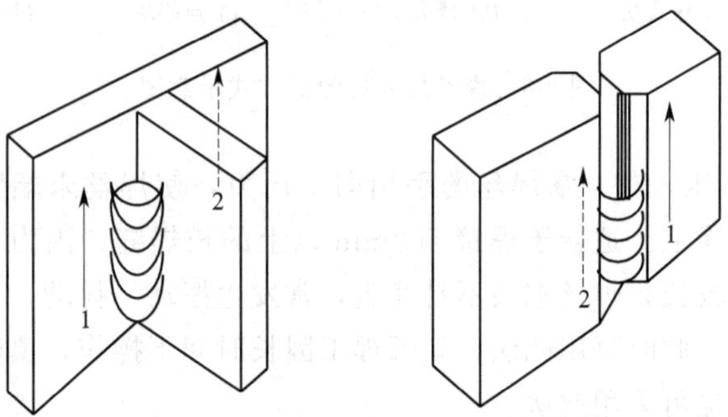

图 8-9 双人同时操作焊接法示意

双人同时操作焊接法的具体操作是两个焊工在对称位置，向着相同方向，同时由下向上焊接操作。这种操作法有以下优越性。

① 可增快焊接速度，提高焊接生产率；

② 因为两名焊工同时焊接，每人都视为有焊前预热或充分加热的作用，所以可采用较小的电流进行焊接；

③ 能获得窄而均匀的焊道；

④ 不增加氩气消耗；

⑤ 由于同时焊接，可减小焊接变形量；

⑥ 焊缝两侧同时有氩气保护；

⑦ 能减少边缘坡口的准备，如 8mm 钢板可不开坡口进行焊接。

采用双面同步氩弧焊的焊接方法广泛用于奥氏体不锈钢、铝及铝合金等材料制作的大轮廓构件的焊接。当焊接薄板大型构件时，应注意以下几点。

(1) 装配点固焊

装配时的定位焊缝，采用密集定位焊法。焊缝长约 5mm，相邻定位焊缝的间距为 15～25mm。所有对接接头均留 2～3mm 的间隙。这种定位焊法，可以避免随着焊接的不断向上或横向进行时，产生未焊透或焊缝收缩而造成较大的变形。

点焊前，应对焊件进行找平、垫稳，防止焊接时产生外力，引起焊件变形。

定位焊缝是整条焊缝的一部分，所以应仔细检查点固定位焊缝的质量，如发现有焊接缺陷，应将缺陷处清除，重新点固。

(2) 焊接工艺

奥氏体不锈钢材料焊接时，自身的焊接性良好，但导热率小，线胀系数大。对于薄壁轮廓大的构件，无法采用胎具、夹具。所以，控制焊接变形是组焊过程中的关键。为保证产品焊接质量，应制定合理的焊接工艺规范。

① 采用双面同步氩弧焊工艺。即每条焊缝由 2 名焊工，各用一把焊枪同时从对接接头的内、外两侧进行施焊。

② 焊接时，选用小规范，在外侧的焊工应先引燃电弧加热，待形成熔池后，立即向焊缝外侧的焊接坡口内填丝。注意观察填满弧坑后，向前移动焊枪，形成符合尺寸要求的焊缝。

③ 当外侧焊缝成形后，内侧准备起弧焊接。内、外两侧的焊枪相距不大于 10～15mm。

采用这种工艺，能使焊接的热量更为集中，从而加快了焊接速度，减小焊接变形；同时，焊接过程中，可使焊缝的两面都得到氩气的有效保护，防止焊接受热区的氧化。因此，这样焊接既提高了热效率、减小了线能量，又可改善接头的物理性能，解决了以往焊接时，背面保护不良的缺点。

④ 选用合理的焊接顺序，先焊纵缝后焊环缝，防止焊接变形。

其焊接工艺参数见表 8-2。

表 8-2 双面同步氩弧焊工艺参数

板厚/mm	坡口	焊接方法	位置	丝径/mm	钨径/mm	焊接电流/A	焊速/cm	氩气/(L/min)
6	外	手工钨极氩弧焊	立	2.5	3.2	120	14	10
	内				2.4	80		8
	外		横		3.2	120		10
	内				2.4	80		8
10	外	手工钨极氩弧焊	立	2.5	3.2	160	14	10
	内				2.4	80		8
	外		横		3.2	160		10
	内				2.4	80		8

8.7 接头和收弧

8.7.1 接头

焊接时，一条焊缝最好一次焊完，中间不停顿。当长焊缝或中间更换焊丝、修磨钨极必须停弧时，重新起弧要在重叠焊缝 20～30mm 处引弧，熔池要注意熔透，再向前进行焊接。重叠处不要加焊丝或少加焊丝，以保证焊缝的宽度一致，到了原熄弧处，再加入适量焊丝，进行正常焊接。

8.7.2 收弧

焊接结束时，由于收弧的方法不正确，在焊缝结尾处容易产生弧坑和弧坑裂纹、气孔、烧穿等缺陷。因此，在正式焊接的平焊缝时，常采用引弧板，将弧坑引到引弧板上，然后再熄弧。在没有引弧板又没有电流衰减装置的情况下，收弧时，不要突然拉断电弧，应往熔池内多填入一些焊丝，填满弧坑，然后缓慢提起电弧。若还存在弧坑缺陷时，可重复上述收弧动作。

为了确保焊缝收尾处的质量，可以采取以下几种收弧方法。

① 利用焊枪手柄上的按钮开关，采用断续送、停电的方法使弧坑填满。

② 可在焊机的焊接电流调节电位器上，接出一个脚踏开关，当收弧时迅速断开开关，达到衰减电流的目的。

③ 当焊接电源采用交流电源时，可控制调节铁芯间隙的电动机，达到电流衰减。

④ 使用带有电流衰减的焊机时，先将熔池填满，然后按动电流衰减按钮，使焊接电流逐渐减小，最后熄灭电弧。

第9章 CHAPTER 9 手工GTAW入门操作技能

9.1 平敷焊

9.1.1 在不锈钢板上的平敷焊

手工 GTAW 操作的常规方法是用右手握焊枪，用食指和拇指夹住焊枪的前部，其余三指可触及焊件上，作为支承点，也可用其中的两指或一指作为支承点。焊枪要稍用力握住，这样，能使电弧稳定。左手持焊丝，要严防焊丝与钨极接触，若是焊丝与钨极接触，会产生飞溅、夹钨，影响气体保护效果和焊道的成形。

调整氩气流量时，先开启氩气瓶的手轮，使氩气流出，将焊枪的喷嘴靠近面部或手心，再调节减压器上的螺钉，感到稍有气体流出的吹力即可。

在焊接过程中，通过观察焊缝颜色来判断氩气的保护效果，如果焊缝表面有光泽，呈银白色或金黄色，保护效果最好；若焊缝表面无光泽，发黑，表明保护效果差。还可以通过观察电弧来判断氩气的保护效果，当电弧晃动并有“呼呼”声响，说明氩气流量过大，保护效果不好。

选择焊接电流应在 60～80A 之间，由于初学操作，技术不熟练，因此，电流要选用小一些为佳。

调整焊枪与焊丝之间的相对位置，是为了使氩气能很好地保护熔池。焊枪的喷嘴与焊件表面应成较大的夹角，如图 9-1 所示。

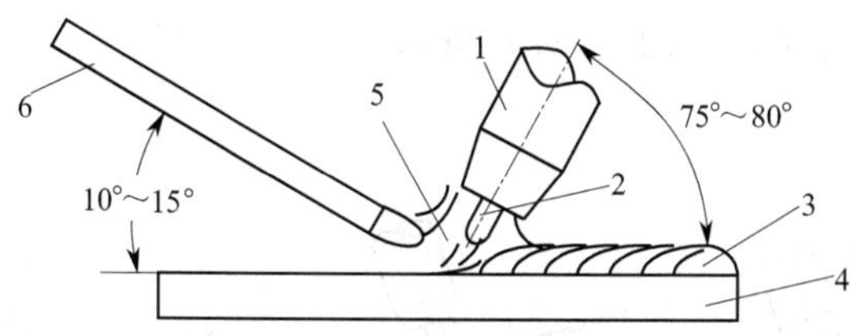

图 9-1 焊枪、焊件与焊丝的相对位置示意

1—喷嘴；2—钨极；3—焊缝；4—工件；5—电弧；6—焊丝

平敷焊时，普遍采用左焊法进行焊接。在焊接过程中，焊枪应保持均匀直线运动。焊丝的送入方法，是将焊丝做往复运动。

必须等待母材充分熔融后，才能填丝，以免造成基体金属未熔合。沿工件表面成 10°～15°角的位置，敏捷地从熔池前沿点进焊丝（此时喷嘴可向后平移一下），随后焊丝撤回到原位置，如此重复动作，如图 9-2 所示。

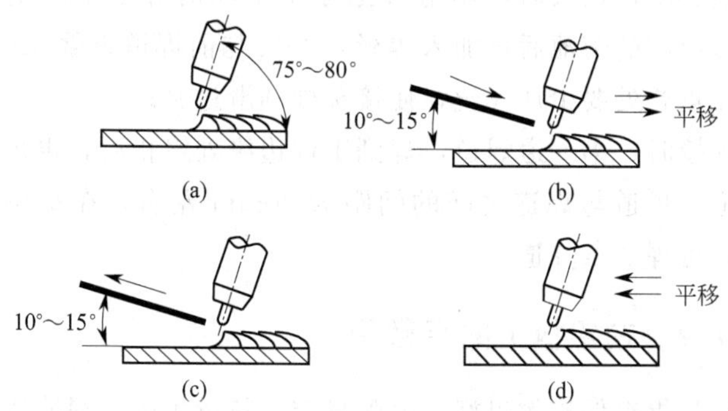

图 9-2 填丝动作示意图

填丝时，不应把焊丝直接放在电弧下面，如图 9-3(a) 所示，但把焊丝抬起得过高也是不适宜的；填丝时不能让熔滴向熔池内“滴渡”，如图 9-3(b) 所示，更不允许在焊缝的横向

上来回摆动，因为这样会影响熔化母材，增加焊丝和母材氧化的可能性，破坏氩气的保护。正确的填丝方法，是由电弧前沿熔池边缘点进，如图 9-3(c) 所示。

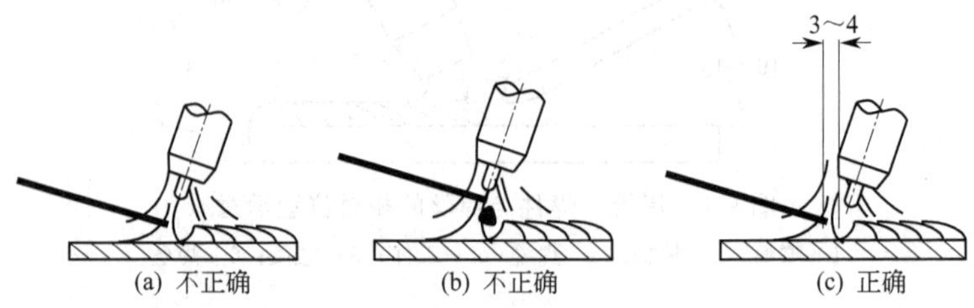

图 9-3　焊丝点进的位置示意

电弧引燃后，不要急于送入填充焊丝，要稍停留一定时间，使基体金属形成熔池后，立即填充焊丝，以保证熔敷金属和基体金属能很好地熔合。

在焊接过程中，要注意观察熔池的大小、焊接速度和填充焊丝，应根据具体情况密切配合好，应尽量减少接头；要计划好焊丝长度，接头时，用电弧把原来熔池的焊道金属重新熔化，形成新的熔池后再加入焊丝，并要与前焊道重叠 5mm 左右，在重叠处要少加焊丝，使接头处圆滑过渡。

焊接时，第一道焊道，焊到工件边缘处终止后，再焊第二道焊道。焊道与焊道之间的间距为 30mm 左右，在每块试焊板上，可焊 3 条焊道。

9.1.2　在铝板上的平敷焊

氩弧焊有保护效果好、电弧稳定、热量集中、焊缝成形美观、焊接质量好等优点，所以是焊接铝及铝合金的常用方法。

铝及铝合金手工钨极氩弧焊通常采用交流焊接电源。采用交流焊接电源时，电弧极性是不断变化的，当焊件为负半波时，具有“阴极破碎”作用，当焊件为正半波时，在氩气有效保护下，熔池表面不易氧化，使焊接过程能正常进行。

（1）焊接工艺参数的选择

练习焊件选择厚度为2.5mm的工业铝板，钨极直径选用2.0mm。焊丝直径2.5mm，焊接电流为70～200A。氩气的保护情况可通过观察焊缝表面颜色进行判断和调整。

（2）操作方法

采用左焊法。焊接时，焊丝、焊枪与焊件间的相对位置如图9-4所示。

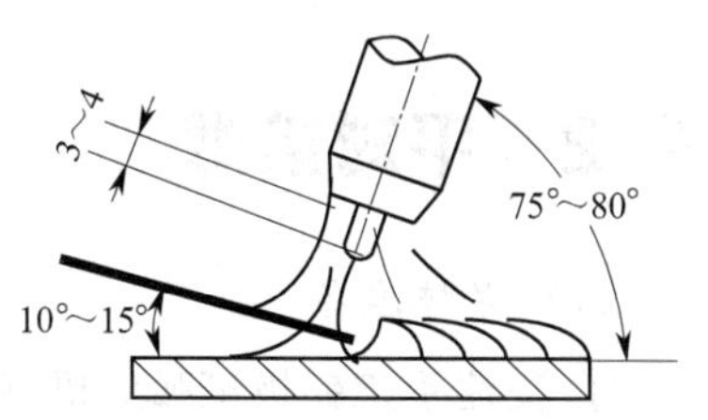

图9-4 焊丝、焊枪与焊件间的相对位置示意图

通常，焊枪与焊件的夹角为75°～80°，填充焊丝与焊件的夹角不大于15°。夹角过大，一方面对氩气流产生阻力，引起紊流，破坏保护效果；另一方面电弧吹力会造成填丝过多熔化。焊丝与焊枪操作的相互配合，是决定焊接质量的一个重要因素。

在焊接过程中，要求焊枪运行平稳，送丝均匀，保持电弧稳定燃烧，以保证焊接质量。焊枪采用等速运行，这样，能使电弧稳定，焊缝平直且均匀。常用的送丝方法是采用点滴法，焊丝在氩气保护层内往复断续地送入熔池，但焊丝不能触及钨极或直接伸入电弧柱内，否则，钨极将被氧化烧损或焊丝在高温弧柱作用下迅速熔化，产生飞溅（有“啪啪”声），破坏电弧稳定燃烧和氩气的保护，引起熔池夹钨缺陷。所以，焊丝与钨极端头要保持一定距离，焊丝应在熔池前缘熔化。在焊接结束或中断时，要注意保证焊缝收弧的质量，采取有效的收弧措施。

采用上述方法焊后，焊缝表面呈清晰和均匀的鱼鳞波纹。

钨极手工氩弧焊练习过程中，要注意以下几点。

① 要求操作姿势正确。

② 钨极端部严禁与焊丝相接触，避免短路。

③ 要求焊道成形美观，均匀一致，焊缝平直，波纹清晰。

④ 注意氩气保护效果，使焊缝表面有光泽。

⑤ 要求焊道无粗大的焊瘤。

9.2 平对接焊

（1）焊接准备

① 交流手工钨极氩弧焊机（型号不限）。

② QD-1 型单级反作用式减压器。

③ 氩气瓶。

④ LZB 型转子流量计。

⑤ 气冷式焊枪，铈钨电极，直径 2.0mm。

⑥ 铝合金焊件：长 200mm，宽 100mm，厚 2mm，每组 2 块。

⑦ 铝合金焊丝，直径 2.0mm。

⑧ 面罩：黑玻璃选用 9# 色。

（2）操作要领

① 焊件和焊丝表面清理　将焊件和焊丝用汽油或丙酮清洗干净，然后再将焊件和焊丝放在硝酸溶液中进行中和，使表面光洁，再用热水冲洗干净。使用前须将水分除掉，保持干燥。

② 定位焊　为了保证两焊件间的相对位置，防止焊件变形，必须进行定位焊。

定位焊的顺序是先焊焊件的中间，再点焊两端，然后再在中间增加定位焊点；也可以在两端先定位焊，然后增加中间的焊点。定位焊时，采用短弧焊，定位焊的焊缝不要大于正式焊缝宽度和高度的 75%。定位焊后，将焊件弯曲一个角度（反变形），以防止焊接变形，还可起到使焊缝背面容易焊透的作用。焊件弯曲时，必须校正，以保证焊件对口不错位。在校正焊件过程中，要求所用的手锤、平台表面光滑，防止校正时压伤焊件。

③ 焊接 铝合金材料在高温下容易氧化，生成一层难熔的三氧化二铝膜，其熔点高达2050℃，它能阻碍基体金属的熔合；铝合金热胀冷缩现象比较严重，会产生较大的内应力和变形，导致裂纹的产生；铝合金由固态转变为液态时，无颜色变化，给焊接操作者掌握焊接温度带来一定困难。

手工钨极氩弧焊的操作，一般采用左焊法，钨极的伸出长度以3～4mm为宜。焊丝与焊嘴的中心线的夹角为10°～15°。钨极端部要对准焊件接缝的中心，防止焊缝偏移或熔合不良。焊丝端部应始终放在氩气保护范围内，以免氧化；焊丝端部位于钨极端部的下方。切不可触及钨极，以免产生飞溅，造成焊缝夹钨或夹杂等缺陷。

在起焊处要先停留一段时间，待焊件开始熔化时，立即填加焊丝，焊丝填加和焊枪运行动作要配合适当。焊枪应均匀而平稳地向前移动，并要保持均匀的电弧长度。若发现局部有较大的间隙时，应快速向熔池中填加焊丝，然后移动焊枪。当看到有烧穿的危险时，必须立即停弧，待温度下降后，再重新起弧继续焊接。对焊缝的背面，应增加氩气保护或采用垫板等专用工具，使背面不发生氧化，焊透均匀。氩弧焊机上有电流衰减装置，一旦断开焊枪上的开关，焊接电流会自动逐渐减小，此时，应向弧坑处再补充少量焊丝填满弧坑。

（3）焊接要求

① 不允许电弧打伤焊件基体。

② 要求焊缝正面高度、宽度一致，背面焊缝焊透均匀。不允许有未焊透、焊瘤等缺陷存在。

③ 焊缝表面鱼鳞波纹清晰，表面应呈银白色，并具有明

亮的色泽。

④ 要求焊缝笔直，成形美观。

⑤ 焊缝表面不允许有气孔、裂纹和夹钨等缺陷存在。

⑥ 焊缝应与基体金属圆滑过渡。

9.3 平角焊

(1) 焊接准备

① NSA4-300 型等普通钨极手工氩弧焊机。

② 气冷式焊枪。

③ 练习焊件：304 不锈钢板，长 200mm；宽 50mm；厚度为 2～4 mm。

④ H0Cr21Ni10 不锈钢焊丝，直径 2mm。

⑤ 铈钨电极，直径 2.0mm。

(2) 操作要领

① 焊件表面清理　采用机械抛光轮或砂布轮，将待焊处两侧各 20～30mm 内的氧化皮清除干净。

② 定位焊　定位焊的焊缝距离由焊件板厚及焊缝长度来决定。焊件越薄，焊缝越长，定位焊缝距离越小。焊件厚度在 2～4mm 范围内时，定位焊缝间距一般为 20～40mm，定位焊缝距两边缘为 5～10mm，也可以根据焊缝位置的具体情况灵活选择。

定位焊缝的宽度和余高，不应大于正式焊缝的宽度和余高。定位焊点的顺序如图 9-5 所示。

从焊件两端开始定位焊时，开始两点应距边缘 5～10mm 以外；第三点在整条焊缝的中间处；第四点、第五点在边缘和中心点之间，依此类推，如图 9-5(a) 所示。

从焊件中心开始定位点焊时，要从中心点开始，先向一个

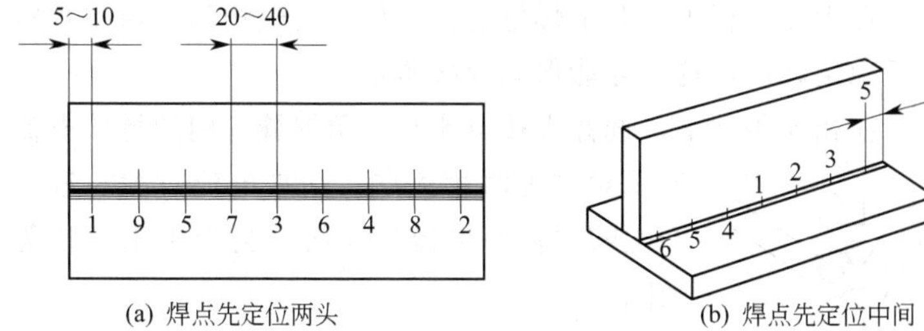

图 9-5 定位焊点的顺序示意图

1～9—焊接顺序

方向进行定位焊，再向相反方向定位其他各点，如图 9-5(b)所示。定位焊时所用的焊丝直径，应等于正常焊接的焊丝直径。定位焊的电流可适当增大一些。

③ 校正 定位焊后，要进行校正，这是焊接过程中不可缺少的工序，它对焊接质量起着重要的作用，是保证焊件尺寸、形状和间隙大小以及防止烧穿等的关键所在。

④ 焊接 焊接采用左焊法。焊丝、焊枪与焊件之间的相对位置如图 9-6 所示。

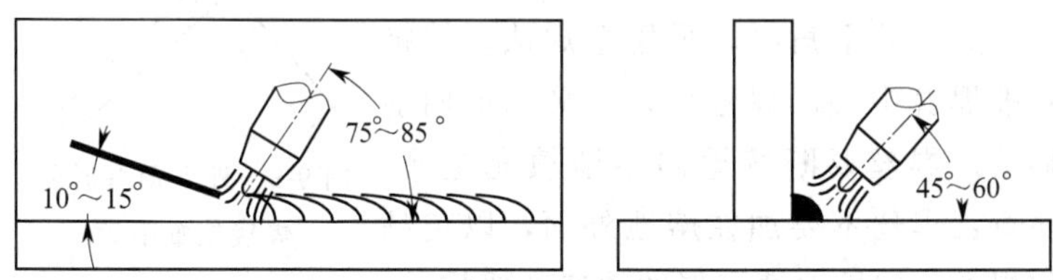

图 9-6 平角焊时焊丝、焊枪与焊件之间的相对位置示意图

进行内平角焊时，由于液体金属容易向水平面流淌，很容易使垂直面产生咬边。因此，焊枪与水平板夹角应大一些，一般为 45°～60°。钨极端部要偏向水平面，使熔池温度均匀。焊丝与水平面成 10°～15°夹角，焊丝端部应偏向垂直板，若两焊件厚度不相同时，焊枪角度要偏向厚板一边，使两板受热均匀。

在焊接过程中，要求焊枪运行平稳，送丝均匀，保持焊接电弧稳定燃烧，这样才能保证焊接质量。

在相同条件下，选择焊接电流时，角焊缝所用的焊接电流比平对接焊时稍大些。如果电流过大，容易产生咬边；而电流过小时，会产生未焊透等缺陷。

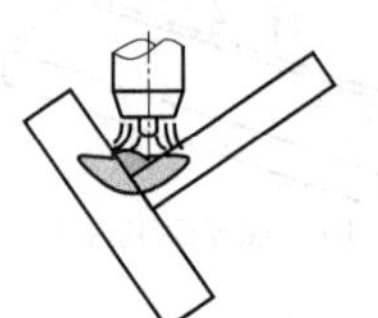
图 9-7 船形角焊位置示意

⑤ 船形焊 将 T 形接头或角接头转动 45°，使焊件成为水平焊接位置，称为船形焊，如图 9-7 所示。

船形焊可避免平角焊时液体金属向下平面流淌，导致焊缝成形不良的缺陷。船形焊时对熔池的保护性好，可采用大电流焊接，使熔深增加，而且操作容易掌握，焊缝成形好。

⑥ 外平角焊 外平角焊是在焊件的外角施焊，操作时比内角焊方便。操作方法和平对接焊基本相同。焊接间隙越小越好，以避免烧穿。外平角焊时的焊接位置如图 9-8 所示。

图 9-8 外平角焊时的焊接位置示意

焊接外平角时，采用左焊法，钨极对准焊缝中心，焊枪均匀、平稳地向前移动。焊丝要断续地向熔池填充金属。注意：焊丝不要加在熔池外面，以免粘住焊丝。向熔池填充焊丝的速度要均匀，速度不均匀就会使焊缝金属向下淌，并且焊缝高低不平。

焊接过程中，如果发现熔池有下凹现象，采用加速填丝还不能消除下陷时，就要减小焊枪的倾斜角度，加快焊接速度。造成下凹或烧穿的主要原因是电流过大，焊丝太细，局部间隙过大或焊接速度太慢等。如果发现焊缝两侧的金属温度低，焊件熔化不良时，就要减慢焊接速度，增大焊枪角度，直至达到正常焊接。

外平角焊的氩气保护性较差。为了改善保护效果，可采用自制的 W 形挡板，如图 9-9 所示。

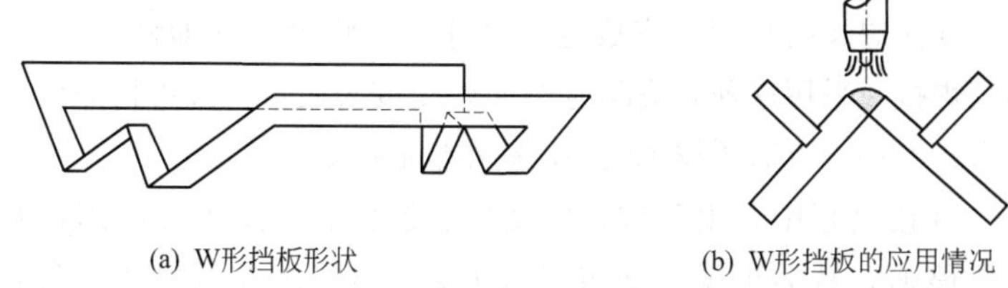

(a) W形挡板形状　　(b) W形挡板的应用情况

图 9-9　W 形挡板的应用示意

⑦ 焊接要求

a. 要求焊缝平整，焊缝波纹均匀。

b. 板厚相同时，不允许出现焊缝两边焊脚不对称现象。

c. 焊缝的根部要求焊透。

d. 焊缝的收尾处不允许有弧坑和弧坑裂纹。

e. 焊缝表面不允许有粗大的焊瘤。

9.4 焊缝接头

在焊接过程中，当更换焊丝、修磨钨极等停弧，需要重新接头时，必须在待焊处的前方 5～10mm 处引弧，电弧稳定后再接回到原弧坑处。在重叠的地方要少加焊丝，以保证与原焊缝的厚薄宽窄均匀一致。

接头处如果操作不当，往往不容易保证质量，所以要尽量减少接头。手工氩弧焊工一时难以掌握焊丝的正确握法，不是以左手的拇指和食指作为送丝的动力，而是靠左手的前后移动来送丝（气焊送丝法），这就势必需要经常变换焊丝位置，增加接头的次数。另外，气焊送丝法为了避免焊丝抖动，握丝处距焊丝末端又不宜过长，每用完一段焊丝就要停下来移动手，这也会增加接头的次数。

为了解决这一矛盾，可采用不停弧的热接头法，即当需要变换焊丝位置时，先将焊丝末端和熔池相接触，同时将电弧稍向后移，或引向坡口的一边。待焊接熔池凝固与焊丝粘在一起的瞬间，迅速变换焊丝的位置。完成这一动作后，将电弧立即恢复原位，继续焊接。采用这种方法既能保证焊接接头质量，又可提高生产效率，但操作者需要技术熟练，动作快而准确。

焊接过程中，由于位置的变换、逆向分段退焊等原因，必须要停弧，从而出现焊缝相交的接头。常见的前后焊缝接头类型有：头头相接（分段退焊法）、尾尾相接（水平固定管上平面）、头尾相接（分段退焊法）、尾头相接（转动管子）等。这些接头由于温度的差别和填充金属的变化，容易出现未焊透、夹渣、气孔等缺陷。所以接头处要修磨成斜坡，不留有死角。重新引弧的位置应重叠 20～30mm，重叠处只加少许焊丝；熔池要熔透接头根部，保证接头质量。

9.5 各种位置焊接操作要领

根据工件在空间的位置，结合焊缝的形式，可对焊接位置进行分类，具体见表 9-1。

表 9-1 全位置焊接的代号

1G 平板对接焊 管子对接转动焊	4G 板对接仰焊	1R 板角接船形焊	4R 板角接仰焊 管板仰焊
2G 板对接横焊 管子对接垂直固定焊	5G 管子对接水平固定焊 （吊焊）	2R 板角接平焊 管板平焊	5R 管板立焊 （管子水平固定焊）
3G 板对接立焊	6G 管子对接 45°固定焊	3R 板角接立焊	

由于焊工技能考核时，可以用对接接头代替角接接头，因此，本节只说明 1G、2G 和 2R、3G、4G、管子对接的固定位

置5G和6G焊接的操作要领。

9.5.1 平焊（1G）操作要领

平焊是比较容易掌握的焊接位置，效率高，质量好，生产中应用比较广泛。

焊接运弧时要稳，钨极端头离工件3～5mm，约为钨极直径的1.5～2倍。运弧时多为直线形，较少摆动，但最好不要跳动；焊丝与工件间的夹角为10°～15°，焊丝与焊炬互相垂直。引弧形成熔池后，要仔细观察，视熔池的形状和大小控制焊接速度，若熔池表面呈凹形，并与母材熔合良好，则说明已经焊透；若熔池表面呈凸形，且与母材之间有死角，则是未焊透，应继续加温，当熔池稍有下沉的趋势时，应及时填加焊丝，逐渐缓慢而有规律地朝焊接方向移动电弧，要尽量保持弧长不变，焊丝可在熔池前沿内侧一送一收。每次移动后，都要停放在熔池前方，停放时间可视母材坡口形式而定。焊接全过程中，均应保持这种状态，焊丝加得过早，会造成未焊透，加得太晚，容易造成焊瘤或烧穿。

熄弧后不可将焊炬马上提起，应在原位置保持数秒不动，以滞后气流保护高温下的焊缝金属和钨极不被氧化。

焊完后检查焊缝质量：几何尺寸、熔透情况、焊缝是否氧化、咬边等。焊接结束后，先关掉保护气，后关水，最后关闭焊接电源。

9.5.2 横焊（2G和2R）操作要领

将平焊位置的工件绕焊缝轴线旋转90°，即是横焊（2G）的位置。它与平焊位置有许多相似之处，所以焊接没有多大困难。

单层单道焊时，焊炬要掌握好两个角度，即水平方向角度，与平焊相似；垂直方向，呈直角或与下侧板面夹角为85°，如果是多层多道焊，这个角度随着焊道的层数和道数而变化。焊下侧的焊道时，焊炬应稍垂直于下侧的坡口面，所以焊炬与下侧板面的夹角应是钝角。钝角的大小取决于坡口的角度和深度。焊上侧的焊道时，焊炬要稍垂直于上侧坡口面，因此与上侧板面的夹角是钝角。

引弧形成熔池后，最好采用直线运弧，如果需要较宽的焊道时，也可采用斜圆弧形摆动，但摆动不当时，焊丝熔化速度控制不好，上侧容易产生咬边，下侧成形不良，或是出现满溢，焊肉下坠。要掌握好焊炬角度、焊丝的送给位置、焊接速度和温度控制等，才能焊出圆滑美观的焊缝。

2R 是焊接角焊缝的基本操作方法，主要有搭接和 T 形接头。

搭接时，焊炬与上侧板的垂直面夹角为 40°；如果是不等厚的工件，焊炬应稍指向厚工件一侧，焊炬与焊缝面的夹角为 60°～70°。焊丝与上侧板垂直面夹角为 10°，与下侧板平面夹角为 20°。

引弧施焊时，一般薄板可不加丝，利用电弧热使两块母材相互熔化在一起。对 2mm 以上的较厚板，要在熔池的前缘内侧加丝，并以滴状加入。

搭接焊的上侧边缘容易产生咬边，其原因是电流大、电弧长、焊速慢、焊炬或焊丝的角度不正确。

T 形接头时，焊炬与立板的垂直夹角为 40°，与焊缝表面夹角为 70°，焊丝与立板垂直夹角为 20°，与下侧板平面夹角为 30°。多层多道焊时，焊炬、焊丝、工件的相对位置应有变化，其基本要点与 2G 焊法相同。引弧施焊也与搭接时相似。

还应注意的是内侧角焊时，钨极伸出长度不是钨极直径的 2 倍，应为 4～6 倍，这样有利于电弧达到焊缝的根部。

9.5.3 立焊（3G）操作要领

立焊比平焊难得多，主要特点是熔池金属容易向下淌，焊缝成形不平整，坡口边缘咬边等。焊接时，除了要具有平焊的操作技能外，还应选用较细的焊丝、较小的焊接电流，焊炬的摆动采用月牙形，并应随时调整焊炬角度，以控制熔池凝固。

立焊有向上立焊和向下立焊两种，向上立焊容易保证焊透，手工钨极氩弧焊很少采用向下立焊。

向上立焊时，选择的焊炬角度和电弧长度，应便于观察熔池和给送焊丝，另外还要有合适的焊接速度。焊炬与焊缝表面的夹角为75°～85°，一般不小于70°，电弧长度不大于5mm，焊丝与坡口面夹角为25°～40°。

焊接时，主要是掌握好焊炬角度和电弧长度。焊炬角度倾斜太大或电弧过长，都会使焊缝中间增高和两侧咬边。移动焊炬时更要注意熔池温度和熔化情况，及时控制焊接速度的快慢，避免焊缝烧穿或熔池金属塌陷等不良现象。

其他相关步骤与平焊时相同。

9.5.4 仰焊（4G）操作要领

平焊位置绕焊缝轴线旋转180°即为仰焊。因此，焊炬、焊丝和工件的位置与平焊相对称。它是难度最大的焊接位置，主要在于熔池金属和焊丝熔化后的熔滴下坠，比立焊时要严重得多。所以焊接时必须控制焊接热输入和冷却速度。焊接的电流要小，保护气体流量要比平焊时大10%～30%；焊接速度稍快，尽量直线匀速运弧。必需摆动时，焊炬做月牙形运动，焊炬角度要调整准确，才能焊出熔合好、成形美观的焊缝。

施焊时，电弧要保持短弧，注意熔池情形，配合焊丝的送给和运弧速度。焊丝的送给位置要准确，要及时，为了省力和不抖动，焊丝可稍向身边靠，要特别注意熔池的熔化情况以及双手操作中的平稳和均匀性。调节身体位置，使视线角度合适，并保持身体和手的操作轻松，尽量减少体能的消耗。焊接固定管道时，可将焊丝撇成与管外径相符的弯度，以便于加入焊丝。仰焊部位最容易产生根部凹陷，主要原因就是电弧过长、温度高、焊丝的送给不及时或送丝后焊炬前移速度太慢等。

9.5.5 管子水平固定和45°固定焊（5G和6G）操作要领

水平固定焊（5G）：管子水平固定焊难度较大，由平焊、立焊和仰焊三种位置组成，需要能熟练地掌握平、立、仰位的焊接操作要领。

45°固定焊（6G）：焊接要比5G位置稍难，基本要点是相似的。6G位置的焊接应采用多层多道焊，从管子的最低处焊道起始，逐渐向上施焊，与横焊有些类似，它综合了平、横、立、仰四种焊接位置的特点。

对于困难位置的焊接，操作时应注意以下几点。

① 要从最困难的部位起弧，在障碍最少的地方收弧封口，以免焊接过程影响操作和视线。

② 合理地进行焊工分布，避免焊接接头温度过低，最好采用双人对称焊的方式进行焊接。

③ 在有障碍的焊件部位，很难使焊炬、焊丝与工件保持规定的夹角，可根据实际情况进行调整，待有障碍的部位焊过后，立即恢复正常角度焊接。上、下排列的多层管排，应由上至下逐排焊接。例如：

锅炉水冷壁由轧制的鳍片管组成，管子规格ϕ63.5mm×6.4mm，管壁间距为12mm，整排管子的焊接均为水平固定焊。对口处附近的鳍片断开，留有一定的空隙。将每个焊口分为四段，用时钟的钟点位置来表示焊接位置，如图9-10所示。

管子在12点处点固，由两名焊工同时对称焊，焊工1在仰焊位置，负责①、②段焊接；焊工2在俯位焊接，负责③、④段的焊接。

焊工1仰视焊口，右手握焊炬，左手拿焊丝，从左边间隙

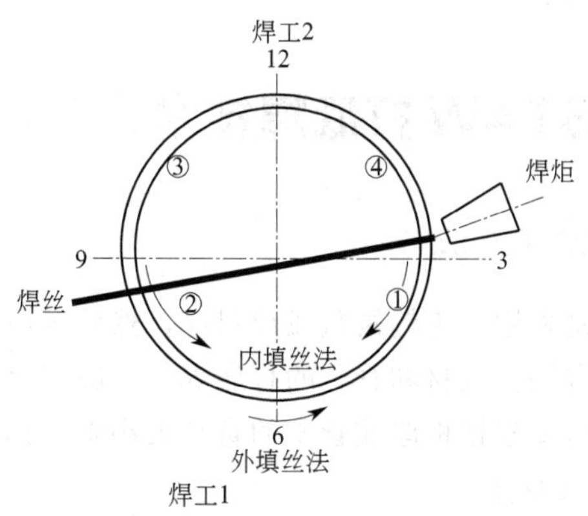

图 9-10 焊接位置和顺序示意

内填丝。①焊缝从 3 点位置始焊，尽可能将起弧点提到 3 点以上，为焊工 2 避开障碍接头创造有利条件，也容易保证质量。焊接过程中，可透过坡口间隙观察焊缝根部成形情况。施焊方向为顺时针，用内填丝法，焊至 5 点位置收弧。不要延续至 6 点处，以免妨碍第二段焊缝焊接时的视线和焊丝伸入角度。焊接②焊缝时，焊工可原地不动，保持原来的姿势，只是改为左手握焊炬，右手拿焊丝，从右边的间隙填入（5 点到 6 点处还有间隙）。从 9 点（最好稍过 9 点）处起弧，逆时针方向施焊。先用内填丝法焊至 7 点左右，这时，视孔（指 5 点到 7 点处间隙）越来越小，从间隙观察焊缝成形很困难，同时焊丝角度也不能适应要求，应逐渐由内填丝过渡到外填丝，直至与第一段的焊缝在 5 点位置处接头封口。

③、④段的操作要领与①、②段基本相同。焊工 2 位于管子上方，俯视焊口，由于 12 点处有一段点固焊缝，对于焊丝放置角度和视线都有障碍。因此，焊工 2 要从 3 点处用内填丝法引弧并与焊工 1 焊的①焊缝接好头，然后开始焊接。始焊后不久要立即过渡为外填丝，之后以同样的方法焊接③、④段，

最后在点固焊处收弧。

9.6 GTAW 打底焊技术

9.6.1 操作方法

打底焊是采用手工钨极氩弧焊封底，然后再用焊条电弧焊盖面的焊接方法。板材和管子的打底焊，一般有填丝和不填丝两种方法。这要根据板厚或管子的直径大小来选择。

（1）不填丝法

不填丝法又称为自熔法，常用于管道的打底焊。组装时，对口不留间隙，留有 1～ 1.5mm 的钝边。钝边太大不容易焊透；太小则容易烧穿。焊接时，用电弧熔化母材金属的钝边，形成根层焊缝。基本上不填丝，只在熔池温度过高，即将烧穿，或对口时不规则，出现间隙时才少量填丝。操作时，钨极应始终保持与熔池相垂直，以保证钝边熔透。这种方法焊接速度快，节省填充材料，但存在以下缺点。

① 对口要求严格，稍有错边就容易产生未焊透。操作时，只能凭经验，看熔池温度来判断是否熔透，无法直接观察根部的熔透情况，质量无法得到保证。

② 由于不加焊丝，根部焊缝很薄，填充盖面层焊接时，极容易烧穿；同时在应力集中条件下，尤其是大直径厚壁管打底焊时，容易产生焊缝裂纹。

③ 合金成分比较复杂的管材，特别是含铬较高时，由于铬元素与氧容易结合，如果管内不充气保护，在焊接高温作用下，焊缝背面容易产生氧化或过烧缺陷。

因此，采用不填丝焊法进行根部打底焊时，应注意电流不宜过大，焊速不能过慢，对于合金元素较高的管材，要采用管内充氩保护措施。

（2）填丝法

这种方法一般用于小直径薄壁管子的打底层焊接。

管子对口时，需留有一定的间隙。施焊时从管壁外侧或通过间隙从管壁内侧填加焊丝。与自熔法相比，填丝法具有以下优点。

① 管内不充氩气保护时，从对口间隙中漏入氩气仍有一定的保护作用，可改善背面被氧化的状况。

② 专用的氩弧焊丝均含有一定量的脱氧元素，并且对杂质含量控制很严格，所以焊缝质量较高。同时对口留间隙后，接头的应力状况也得到改善，接头的刚度有所下降，所以裂纹倾向小。

③ 填充焊丝的焊缝比较厚，不但增加了根层焊缝的强度，而在下一层焊接时，背面不容易产生过烧现象。仰焊时不会因温度过高而产生凹陷。

由于填丝法能够可靠地保证根部焊缝质量，所以在管道、压力容器等重要结构中常采用填丝法进行打底焊。

9.6.2 打底焊工艺

（1）焊丝的选择

常用的低碳钢焊丝有H08Mn2SiA、H08MnSiTiRE（TiG-J50）等，这些焊丝都含有锰和少量的硅，能防止熔池沸腾，脱氧效果好。如果焊丝中含锰量太低，焊接时会产生金属飞溅和气孔，不能满足工艺要求。

（2）点固焊

在管道组对时，首先要找平、垫稳，防止焊接时承受外力，焊口不得强行组对；当点固焊缝为整条焊缝的一部分时，应仔细检查点固焊焊缝质量，如发现有缺陷，应将缺陷部分清除掉，重新点固。焊点的两端应加工成缓坡，以利于接头。

中小直径（外径小于或等于 159mm）管子的点固焊，可在坡口内直接点焊；直径小于 57mm 的管子在平焊处点焊一处即可；直径为 60～108mm 的管子，在立焊处对称点固 2 处；直径为 108～159mm 的管子，在平焊、立焊处点焊 3 处。点固焊缝的长度为 15～25mm，高度为 2～3mm。焊点不应焊在有障碍处或操作困难的位置上。

对于大直径（外径大于 159mm）的管子，要采用坡口样板或过桥等方法点固在母材上，如图 9-11 所示。

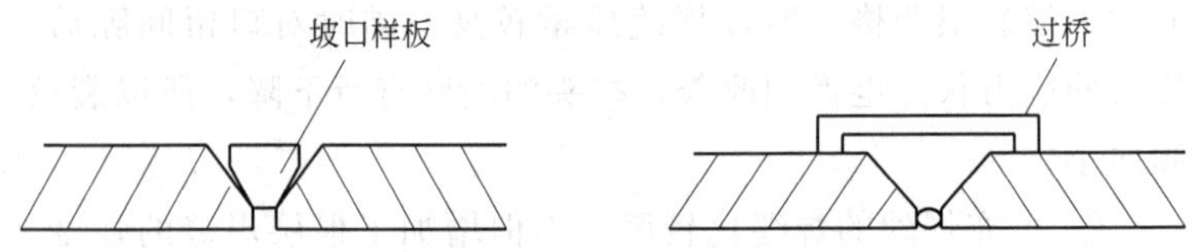

图 9-11 大直径管子的点固焊示意

施焊过程中，碰到点固焊处坡口样板或过桥障碍时，将它们逐个敲掉。待打底层焊完后，应仔细检查点固焊处及其附近是否有裂纹，并要磨去残存的焊疤。有特殊要求的母材，不宜采用过桥进行点固焊。

（3）工艺参数

碳钢管子 GTAW 打底层的工艺参数见表 9-2。

（4）打底层厚度

壁厚小于或等于 10mm 的管道，打底层厚度不小于 2～3mm；壁厚大于 10mm 的管道，打底层厚度不小于 4～5mm。打底层焊缝经检验合格后，应及时进行下一层的焊接，若发现有超标缺陷时，应彻底清除，不允许用重复熔化的办法来消除缺陷。

进行下一层的焊条电弧焊时，应注意不得将打底层烧穿，否则会产生内凹或背面氧化等缺陷。与底层相邻的填充层所用焊条，直径不宜过大，一般为 2.5～3.2mm，电流要小，焊接速度要快。

表 9-2 碳钢管子 GTAW 工艺参数 mm

壁厚 /mm	坡口形式与角度	间隙	钝边	钨极直径	焊丝直径	喷嘴直径	电流 /A	气体流量 /L·min^{-1}	钨极伸出长度
1～3	I形	0～1	—	1.6～2.5	1.6～2.5	8	70～110	5～7	4～6
4～6	V形，70°	1.5～2	1～1.5	2.5	2.5	10	110～170	6～8	6～8
8～16	V形，70°	2～3	1～1.5	2.5～3	2.5	12	170～220	8～10	6～8
12～25	U形，20°～30°，$R5$	2～3	1～1.5	3	2.5～3	14	180～240	10～14	7～9
15～50	双V形，70°～80°	2.5～3.5	1.5～2	3	3	14	190～250	12～16	7～9
ϕ25×4	V形，70°	2～2.5	1.5～2	2.5	2	8	110	5～7	5～7
ϕ89×6	V形，65°	2～2.5	1～1.5	2.5		10	120	8～10	5～7
ϕ57×3	V形，65°	2～2.5	0.5～1	2.5		8	120	8～10	5

9.6.3 打底焊注意事项

(1) 严格控制熔池温度

温度过高会使合金元素烧损，热影响区宽，氧化严重，甚至产生热裂纹等缺陷。温度过低会产生未焊透、熔合不良、气孔和夹杂等缺陷。要从焊接电流、焊炬角度、电弧长度和焊接速度等的调整来控制熔池温度，使它能满足焊接的要求。在确保根部成形和熔透的前提下，焊速应尽量快。

(2) 提高引弧和收弧的技巧

焊接缺陷特别是裂纹和未焊透，容易在引弧和收弧处产生。引弧时，焊接起始温度不高，如果急于运动焊炬，就会造成未焊透或未熔合，如果突然收弧，熔池温度还很高，会因快速冷却收缩，产生弧坑裂纹或缩孔。所以收弧时应逐渐增加焊速，使熔池变小，焊缝变细，降低熔池温度，或稍微多给些焊丝，待填满熔池后将焊炬拉向坡口边缘，快速熄弧。

(3) 内充气保护

焊接直径小于 40mm 的碳钢管子或合金元素含量较高的合金钢管，如铬元素容易氧化，管内应充气保护。管径较小，焊炬角度及焊接速度的变化远不能跟上管周的变化，往往会使熔池温度过高，造成内部氧化严重。所以铬元素超过 5%时，就应充氩气保护。

(4) 两点法和三点法

大直径管子对口间隙不一致的现象是常有的。遇到这种情况应先焊间隙小的地方，由于焊后的冷却收缩，间隙大的地方会变小些。如果间隙太小甚至没有，也可以选用角向磨光机修磨后再焊。焊接小间隙处时，焊炬应稍垂直于工件，电流要大些，焊速则小些，焊丝要少填，直到根部熔透时才能运动焊炬。如果间隙较大可以将焊炬与焊缝表面的夹角缩小到 40°～70°。不同的焊炬角度可以获得不同形状的熔池，直接影响熔透深度和焊缝的双面成形。当然，焊接电流等参数也是很重要的。焊炬角度随间隙的大小而变化，就能形成类似的长条形熔池。温度集中在长条形焊缝上容易掌握，以达到均匀的熔透和成形。长条形熔池的前方为打底预热，中部为熔合和穿透，后部是焊道成形。这种手法既不容易形成焊瘤，也不会烧穿。因为长条形熔池比较窄，温度扩散慢，焊缝的承托力比较强，就不容易产生焊瘤和烧穿。如果把焊炬角度改为 80°～85°，就会形成椭圆形熔池，比较宽，会有较多的热量扩散到焊缝的边缘，从而降低焊缝的承托能力，为达到熔透和根部成形，电弧停留的时间就要长，加上手工的焊速不够均匀，就容易产生焊瘤和烧穿。长条形熔池使焊丝受热较多，其缺点是焊缝中间高，两侧有沟槽或咬边，因而成形不好，所以不能用在最后一层的焊接。

当间隙更大时，应采用两点焊法，如图 9-12 所示。即先在坡口的一侧引弧，形成熔池时即填丝，然后将焊炬移向另一侧坡口，形成熔池即填丝，并与第一个焊点熔合重叠 1/3 左右。这样一侧一点，交替焊接，直至焊完。

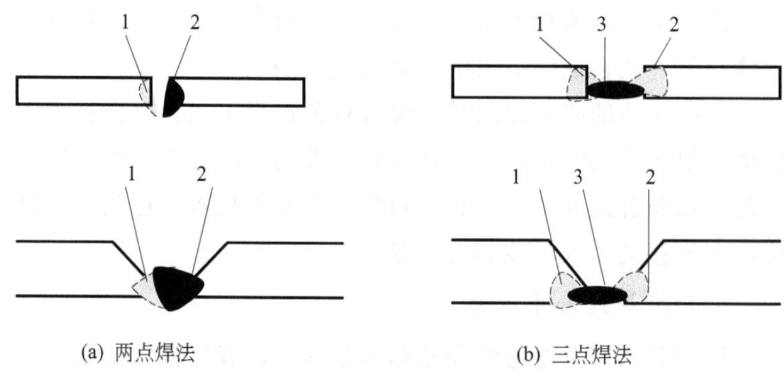

图 9-12 两点焊法和三点焊法示意

1～3—焊道

当间隙再大，两点法无法形成焊缝时，可采用三点焊法，即在焊件两边各焊上一道焊缝，用来减小对接接头的间隙，最后从中间焊接，把两侧熔融在一起，成为一条焊缝。焊接焊道 1、2 时，焊枪要做直线运动，焊丝以续入法或压入法填加。焊道 3 焊接时，焊炬做“之”字形运动，焊丝以点滴法填加。

上述焊法是焊缝间隙太大，不得已时才采用的修补措施。由于两点法和三点法是重复加热，会使某些材料的力学性能改变。因此，在一般情况下，要严格控制组对间隙，不主张按此法进行正常焊接。

9.7 常见焊接缺陷及预防

焊缝中若是存在缺陷，各种性能将显著降低，以致影响使用性和安全。钨极氩弧焊常用于打底焊及重要结构的焊接，故对焊接质量的要求就更严格。常见缺陷的预防和对策如下。

(1) 几何形状不符合要求

焊缝外形尺寸超出规定要求，高低和宽窄不一，焊波脱节，凸凹不平，成形不良，背面凹陷、凸瘤等。其危害是减弱焊缝强度，或造成应力集中，降低动载强度。

造成这些缺陷的原因是：焊接规范选择不当，操作技术不熟练，填丝不均匀，熔池形状和大小控制不准确等。预防的对策是：选择合适的工艺参数，熟练掌握操作技术，送丝及时准确，电弧移动一致，控制熔池温度。

(2) 未焊透和未熔合

焊接时未完全熔透的现象称为未焊透，焊缝金属未透过对口间隙则称为根部未焊透；多层多道焊时，后焊的焊道与先焊的焊道没有完全熔合在一起，则称为层间未焊透。未焊透的危害是减少了焊缝的有效截面积，降低接头的强度和耐蚀性能。这在钨极氩弧焊中是不允许的。

焊接时，焊道与母材之间，未完全熔化结合的部分称为未熔合。未熔合往往与未焊透同时存在，两者的区别在于：未焊透总是有缝隙，而未熔合是一种平面状态的缺陷，其危害犹如裂纹，对承载要求高和塑性差的材料危害更大，所以未熔合是不允许存在的缺陷。

产生未焊透和未熔合的原因：电流过小，焊速过快，间隙小，钝边厚，坡口角度小，电弧过长或电弧偏吹等。另外还有焊前清理不干净，尤其是铝氧化膜的清除；焊丝、焊炬和工件的位置不正确等。预防的对策是：正确地选择焊接规范，选用适当的坡口形式和装配尺寸，熟练掌握操作技术等。

(3) 烧穿

焊接过程中，熔化金属自背面流出，形成的穿孔缺陷称为烧穿。产生的原因与未焊透正好相反。熔池温度过高和焊丝送给不及时是主要原因。烧穿能降低焊缝强度，引起应力集中和裂纹。烧穿是不允许存在的缺陷，必须补焊。预防方法是：选择合适的工艺参数，装配尺寸准确，操作技术熟练。

(4) 裂纹

在焊接应力及其他致脆因素作用下，焊接接头中局部区域的金属原子结合力遭到破坏而形成的缝隙，它具有尖锐的缺口和大的长宽比等特征。裂纹有热裂纹和冷裂纹之分。焊接过程中，焊缝和热影响区金属到固相线附近的高温区产生裂纹。焊接接头冷却到较低温度下（对钢来说在马氏体转变温度以下，大约为230℃）时产生的裂纹叫做冷裂纹。冷却到室温并在以后的一定时间内才出现的冷裂纹又叫延迟裂纹。裂纹不仅能减少金属的有效截面积，降低接头强度，影响结构的使用性能，而且会造成严重的应力集中。在使用过程中裂纹能继续扩展以致发生脆性断裂。所以裂纹是最危险的缺陷，必须完全避免。

热裂纹的产生是冶金因素和焊接应力共同作用的结果。多发生在杂质较多的碳钢、纯奥氏体钢、镍基合金和铝合金的焊缝中。预防的对策比较少，主要是减少母材和焊丝中易形成低熔点共晶的元素，特别是硫和磷。

采取变质处理，即在钢中加入细化晶粒元素钛、钼、钒、铌、铬和稀土等，能细化一次结晶组织，减少高温停留时间和改善焊接应力。

冷裂纹的产生是材料有淬硬倾向、焊缝中扩散氢含量多和焊接应力三要素作用的结果。预防的对策比较多，如限制焊缝中的扩散氢含量，降低冷却速度和减少高温停留时间，以改善焊缝和热影响区组织结构；采用合理的焊接顺序，以减少焊接应力；选用合理的焊丝和工艺参数，减少过热和晶粒长大倾向；采用正确的收弧方法，以填满弧坑；严格焊前清理；采用合理的坡口形式以减小熔合比。

(5) 气孔

焊接时，熔池中的气泡在凝固时未能逸出而残留在金属中形成的孔穴，称为气孔。常见的气孔有三种，氢气孔呈喇叭形；一氧化碳气孔呈链状；氮气孔多呈蜂窝状。焊丝、焊件表面有油污、氧化皮、潮气、保护气体不纯或熔池在高温下氧化等，都是产生气孔的原因。

气孔的危害是降低接头强度和致密性，造成应力集中时可能会是裂纹的起源。预防的措施是：焊丝和焊件应清理干净并干燥，保护气应符合标准要求，送丝及时，熔滴的过渡要快而准，焊炬移动平稳，防止熔池过热沸腾，焊炬的摆幅不能过大，焊丝、焊炬和焊件间要保持合适的相对位置和焊速。

（6）夹渣和夹钨

由于焊接冶金产生的，焊后残留在焊缝金属中的非金属杂质如氧化物、硫化物等，称为夹渣。钨极电流过大或与焊丝碰撞而使钨极端头熔化落入熔池中，产生夹钨。

产生夹渣的原因有：焊前清理不彻底，焊丝熔化端严重氧化。预防对策为：保证焊前清理质量，焊丝熔化端始终保持处于气体保护区内。预防打钨的对策：选择合适的钨极及其直径和焊接电流，提高操作技术，正确修磨钨极端部尖角，发生打钨时应重新修磨。

（7）咬边

沿焊趾的母材熔化后，未得到焊缝金属的补充，所留下的沟槽称为咬边。有表面咬边和根部咬边两种。产生咬边的原因：电流过大，焊炬角度错误，填丝过慢或位置不准，焊速过快等。钝边和坡口面熔化过深，使熔化金属难以填充满而产生根部咬边，尤其在横焊的上侧。咬边多产生在立角点焊、横焊上侧和仰焊部位。富有流动性的金属更容易产生咬边。如含镍较高的低温钢、钛金属等。

咬边的危害是降低接头的强度，容易形成应力集中。预防的对策是：选择合适的工艺参数，操作技术要熟练，严格控制熔池形状和大小，熔池应填满，焊速合适，位置准确。

（8）焊道过烧和氧化

焊道内、外表面有严重的氧化物。产生的原因：气体保护效果差，气体不纯，流量小等，熔池温度过高，如电流大，焊速慢，填丝缓慢等；焊前清理不干净，钨极伸出过长，电弧长度过大，钨极及喷嘴不同心等。焊接铬镍奥氏体钢时，内部产生花状氧化物，说明内部充气不足或密封性不好。

焊道过烧会严重降低接头的使用性能，必须找出产生原因，制定预防措施。

（9）偏弧

产生的原因：钨极不直，钨极端部形状不准确，产生打钨后未修磨，焊炬角度或位置不正确，熔池形状或填丝错误。

（10）工艺参数不合适产生的缺陷

电流过大：咬边，焊道表面平而宽，氧化或烧穿。

电流过小：焊道窄而高，与母材过渡不圆滑，熔合不良，未焊透或未熔合。

焊速太快：焊道细小，焊波脱节，未焊透或未熔合，坡口未填满。

焊速太慢：焊道过宽，余高过大，焊瘤或烧穿。

电弧过长：气孔，夹渣，未焊透，氧化。

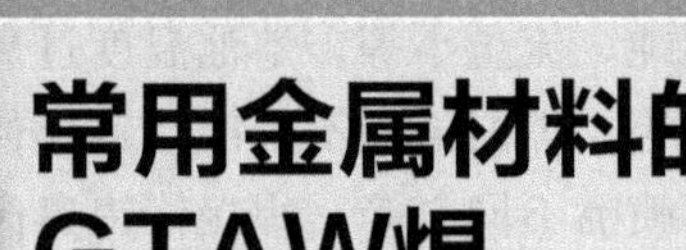

第10章 CHAPTER 10 常用金属材料的GTAW焊

GTAW方法能焊接除了低熔点的锡、锌外的所有金属和合金，如碳钢、低合金钢、不锈钢、耐热、耐蚀合金钢等。由于氩弧温度比其他电弧温度高，可以焊接高熔点的钨及其合金、有色金属铝、镁、铜等；加上较长的长尾拖罩和背面充气保护装置，甚至能焊接活泼性强的金属钛、锆及其合金。此外，还能焊接涂镀金属，如镀锌钢板等。本章只介绍几种常用金属的手工钨极氩弧焊方法和工艺。

10.1 碳钢

碳钢一般较少选用钨极氩弧焊进行焊接。这是因为氩弧焊的成本较高，效率比焊条电弧焊低。所以钨极氩弧焊多用来焊接高精度公差的薄板和要求焊件干净、无焊接缺陷的结构。在要求全焊透的压力容器、压力管道等单面焊双面成形的焊缝中，为保证根部的焊缝质量，大都采用钨极氩弧焊进行封底。虽然氩弧焊能焊接低碳钢，但裂纹的敏感性也会随着碳、硫、磷、氧含量的提高而增加。

10.1.1 低碳钢板对接焊的操作要点

低碳钢板对接平焊，采用手工钨极氩弧焊时，焊缝为水平悬空状态。采用左焊法，可清晰观察到坡口根部的熔化情况，操作方便。但液态金属受重力影响，若坡口根部烧穿时，容易产生下坠，所以必须严格控制熔池温度。电弧熔化坡口根部的速度，应和焊丝的填充速度有较合适的配合。

10.1.2 焊接操作工艺

（1）焊前准备

焊件厚度为6mm的低碳钢板，开成V形坡口，角度为30°±1°，不留钝边。因为手工钨极氩弧焊时，以氩气作为保护气体，保护焊接熔池，但氩气没有脱氧和去氢的能力，当坡口周边存在污物时，极容易产生气孔等缺陷。因此，必须将焊件坡口两侧各20mm范围内的铁锈、油污及其他杂质彻底清除干净，并用角向磨光机打磨至呈现金属光泽。

焊接电源一般可采用WSE-315型交直流两用钨极氩弧焊机或者采用WEM-300型直流钨极氩弧焊机，焊接电源接法是采用正极性。

（2）焊材选择

手工钨极氩弧焊的焊接材料包括焊丝、钨极和氩气，其选择见表10-1。

焊件组装尺寸见表10-2。

表10-1 焊接材料的选择

名称	牌号	规格/mm	要求
焊丝	H08A	ϕ2.5	采用专用焊丝
钨极	WCo20	ϕ2.5	端部磨成30°圆锥形，锥底直径为ϕ0.5～0.6mm
氩气	—	—	纯度（体积分数）≥99.95%

表10-2 焊件组装尺寸 mm

坡口角度	间隙		钝边	错边量
	始焊端	终焊端		
60°±1°	2.5	3.0	0～0.5	≤0.5

（3）定位焊

定位焊缝长度为15～20mm，定位焊缝作为正式焊缝留在焊件中，因此不允许有缺陷。定位焊时，采用的焊丝和焊接参数，要与正式焊接时相同。

手工钨极氩弧焊平焊时的焊接参数见表10-3。

表10-3 手工钨极氩弧焊平焊时的焊接参数 mm

焊接层次	钨极直径	喷嘴直径	钨极伸出长度	氩气流量 /L·min^{-1}	焊丝直径	焊接电流 /A	电弧电压 /V
1	2.5	10～14	6～8	8～10	2.5	90～100	14～16
2	2.5	10～14	6～8	8～10	2.5	90～100	15～17
3	2.5	10～14	6～8	8～10	2.5	100～110	15～17

10.1.3 焊接

（1）引弧

预先将喷嘴斜靠在坡口表面，使钨极端部与母材相隔2～3mm，打开焊炬上的开关，电弧在高频作用下引燃。

电弧引燃后，将焊炬轻轻抬起，使电弧长度保持在2～3mm之间，先对坡口根部两侧预热，待钝边熔化后，即可填充焊丝进行焊接。

（2）打底层焊接

打底层焊接时，焊炬与工件和焊丝之间的夹角如图10-1所示。

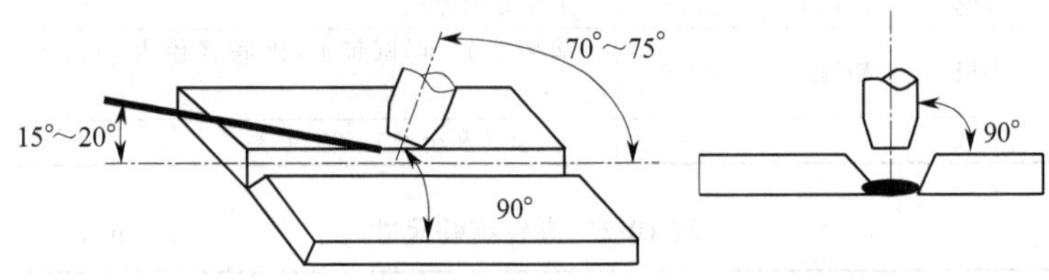

(a) 焊炬与焊丝、焊件之间夹角　　(b) 焊炬与焊件两端夹角

图10-1 焊炬与工件和焊丝之间的夹角示意

焊炬采用横向锯齿形或月牙形摆动，电弧交替加热坡口根部两侧和焊丝端头，使电弧均匀熔化坡口每侧0.5～0.8mm。左手握焊丝向熔池送进（见图10-2）。

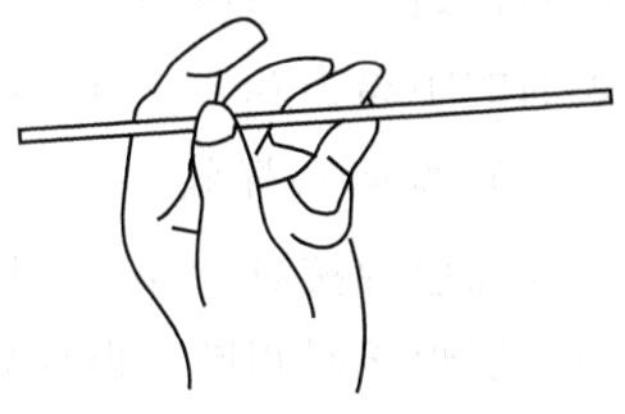

图10-2 握焊丝方法示意

焊丝主要靠食指的推动作用，送丝时，要使焊丝端部始终处于氩气保护之中，焊丝端部要始终距熔池中心1/3处，并且随熔池中心的移动而移动。焊接过程中，注意保持钨极与熔池及焊丝的距离，不使钨极与焊丝、焊件相接触，防止产生夹钨缺陷，或使钨极烧损。打底层完成后，焊缝的厚度一般为2～3mm。

（3）收弧

收弧前将焊丝速度稍稍加快，并把电弧向坡口任意一侧转移，填满弧坑即可。但要注意滞后停气，待熔池冷却呈暗红色后，再将焊炬移开，以免空气进入熔池产生气孔。

（4）接头

接头前，首先将熔池表面的氧化物清理干净。在熔池一侧引弧，引弧后要在熔池下坡处进行横向摆动预热，当熔孔周围熔化后，开始送进焊丝。

从以上焊接过程分析可知，低碳钢手工钨极氩弧焊，对接焊缝的单面焊双面成形操作要点是：打底焊时，注意焊炬的角度和填丝位置，焊接方向自右向左，焊接过程中，保证焊丝与坡口根部共同熔化。焊接时，注意控制熔孔尺寸，保持熔孔大小一致，以获得均匀一致的焊缝成形。

（5）填充层焊接

填充层焊接时，焊炬角度与打底焊时一致，焊炬在坡口内的摆动幅度要大些，注意在坡口两侧的停留时间，使之熔合良好。送丝速度要视焊缝表面距坡口的距离和焊接速度而定，保证熔滴均匀落入焊接熔池。填充层焊接完成后，焊缝表面距焊件表面的距离为0.5～1mm，并不得烧损坡口边缘棱角。

（6）盖面层焊接

盖面层焊接时，焊炬角度及填充焊丝角度应与前述打底层和填充层焊接时相同，但焊炬摆动幅度可进一步加大，焊炬摆动到坡口边缘时，要适当放慢，并保持熔池深入坡口边缘每侧0.5～1mm。填丝要均匀，熔池要填满，以免产生咬边等缺陷。

10.2 低合金钢

合金元素小于5%的钢，属于低合金钢，用于焊接结构的低合金钢主要有高强度钢、耐蚀钢、低温钢和耐热钢四种。

焊接低合金钢时，主要问题是预防产生冷裂纹。其主要措施如下。

① 选择合适的焊接材料和低氢工艺，选用低氢型焊条并按要求进行烘干、保管和使用。母材和焊丝应清理干净并无潮气。

② 确保合理的预热与层间温度，适当的焊接热输入，以获得合适的冷却速度，避免产生淬硬组织，降低热影响区的硬度。

③ 采取合理的装配顺序和焊接顺序，尽量采用多层多道焊工艺，以减小焊接应力。

④ 焊后及时进行热处理，消除焊接残余应力，使扩散氢能有效地逸出，以改善接头的组织和性能。如不能及时进行热处理，必要时可立即进行300～350℃、保温6h、后热缓冷的消氢处理。

10.2.1 低合金高强度钢的焊接

低合金高强度钢的主要特点是强度高、塑性和韧性好，广泛用于压力容器、车辆、船舶和桥梁等各种结构。低合金高强度钢也是以屈服强度等级来分级的：300～400MPa 级的有 12Mn、Q345R 等，一般是热轧状态或正火状态供货，基体组织为铁素体加珠光体；450～550MPa 级的有 18MnMoVB 等，一般是经正火或正火＋回火处理，基体组织为细晶粒铁素体加珠光体或贝氏体；600～800MPa 级的有 12Ni3CrMoV、14MnMoNbB 等，均为调质钢，基体组织为贝氏体或低碳回火马氏体。

低合金高强度钢的冷裂纹倾向，是随着强度的提高而加剧的，且多发生在厚壁结构中。强度等级较低的 12Mn、Q345R 等，可以采用较大的焊接热输入，以减缓冷却速度，但对于晶粒长大倾向敏感的细晶粒高强钢、调质钢，焊接热输入应选择适当。过大虽然有利于防止冷裂纹，但能降低热影响区的韧性；过小则产生淬硬组织。焊接热输入的大致范围为 15～45kJ/cm，这要与预热和环境温度等因素综合考虑。其最佳预热温度和焊接热输入，都应通过工艺性能试验来确定，不能随便设想。几种低合金高强度钢的焊前准备和工艺参数见表 10-4 和表 10-5。

表 10-4 低合金高强度钢的焊前准备 mm

钢号及规格	坡口形状及角度	钝边	间隙	焊接方法	焊丝牌号	焊条牌号
A53B，$\phi168\times7$	V 形，65°	0.5～1.0	3～4	GTAW SMAW	ER70S-3	 E7018
Q345，$\phi89\times6$	V 形，60°	0.5～1.0	2.5～3	GTAW SMAW	TIG-J50	 J506
Q345，$\delta=8$	V 形，65°	1.0～1.5	2～2.5	GTAW SMAW	TGS-50	 J507

表 10-5 低合金高强度钢的焊接工艺参数

焊位号	层(道)数	焊材	规格/mm	电流/A	电压/V	钨极直径/mm	喷嘴直径/mm	流量/L·min^{-1}	焊接热输入/kJ·cm^{-1}
1 2G	1(1)	ER70S-3	2	115	15	2.5	8	8	28.4
	2(2)	E7018	3.2	100	23				17
	3(3)	E7018	3.2	100	23				22.3
1 5G	1(1)	ER70S-3	2	115	16	3	10	10	36.7
	2(1)	E7018	3.2	115	24				39.4
	3(1)	E7018	3.2	115	24				34.5
2 2G	1(1)	TIG-J50	2.5	130	18	2.5	10	8	30.1
	2(1)	J506	3.2	110	24				11.3
	3(2)	J506	3.2	110	24				15.3
2 1G	1(1)	TGS-50	2.5	115	15	2.5	10	8	13.3
	2(1)	J507	3.2	100	23				13.2
	3(1)	J507	4.0	170	23				15.6

10.2.2 低合金耐蚀钢的焊接

低合金耐蚀钢主要有化工石油用耐蚀钢和耐海水腐蚀钢两大类。化工石油用耐蚀钢主要是含有铝的低合金钢，含有铝小于1%时，以热轧状态供货；含铝2%～3%时，以正火状态供货。

耐海水腐蚀钢主要是含铜、磷、钛和铌等合金元素的低碳钢。铜在钢中会引起热裂纹；磷在钢中具有冷脆性，对焊接都不利。但由于铜、磷含量控制在一定的范围内，含碳量又较低，碳与磷的总和小于0.25%，在冶炼过程中采用铝、钛等元素脱氧，细化了晶粒，改善了钢的综合性能，所以焊接性仍然是良好的。

焊接时，焊丝选用H10Mn2和H08Mn2Si；焊条宜选择J507Cu和J507CuP等。

含铝大于1%的化工石油用耐蚀钢，经焊接后沿熔合线的母材侧，会形成程度不同的晶粒粗大的铁素体带，且铁素体内有较小的脆性相，使熔合线处的塑性和韧性变坏。为了减小这种影响，应采用小焊接热输入的焊接工艺，不宜预热。当含铝量大于2%时，焊后应进行650℃以上的消除应力退火处理，以改善接头的组织和性能。

铝是极容易氧化的活泼性金属，在电弧高温下的烧损严重，不易向焊缝中过渡。目前焊接含铝量大于2%的耐蚀钢，多采用铬钼、铬铝钼或Cr25Ni13奥氏体焊接材料。

表10-6是10MoWVNb钢的焊接工艺参数。

表10-6　10MoWVNb钢的焊接工艺参数

<table>
<tr><th>位置</th><th>层(道)数</th><th>焊材牌号</th><th>焊材规格/mm</th><th>电流/A</th><th>电压/V</th><th>钨极直径/mm</th><th>喷嘴直径/mm</th><th>氩气流量/L·min^{-1}</th><th>焊接热输入/kJ·cm^{-1}</th></tr>
<tr><td rowspan="7">水平固定5G</td><td>1(1)</td><td rowspan="2">TIG-R317</td><td>2.5</td><td>85</td><td>14</td><td rowspan="2">3</td><td rowspan="2">10</td><td rowspan="2">8</td><td>12.1</td></tr>
<tr><td>2(1)</td><td>2.5</td><td>120</td><td>14</td><td>17.6</td></tr>
<tr><td>3(1)</td><td rowspan="5">J507MoWNb</td><td>3.2</td><td>120</td><td>24</td><td rowspan="5">—</td><td rowspan="5">—</td><td rowspan="5">—</td><td>28.8</td></tr>
<tr><td>4(1)</td><td>3.2</td><td>120</td><td>24</td><td>27.9</td></tr>
<tr><td>5(1)</td><td>4.0</td><td>150</td><td>26</td><td>34.7</td></tr>
<tr><td>6～7(1)</td><td>4.0</td><td>150</td><td>26</td><td>39～43</td></tr>
<tr><td>8(1)</td><td>4.0</td><td>150</td><td>26</td><td>34.9</td></tr>
</table>

上述焊件管道的使用温度为400℃；管内压力32MPa；所用焊材分别为TIG-R317、J507MoWNb和R317；母材钢管规格是ϕ159mm×28mm，采用双V形坡口，下V形角为80°，上V形角为30°，下V形坡口高度是12mm，钝边0.5～1.0mm，间隙2.5～3.2mm，在5G位置焊接。焊前，管子采用氧-乙炔火焰预热到200～250℃，层间温度保持在200℃，焊后消除应力退火处理，规范为730～750℃，恒温1.5h，然后缓冷。

10.2.3　低温钢的焊接

通常，低温钢是指工作温度在－10～－196℃之间的钢。一般，要求低温钢具有良好的断裂韧性，而对强度要求则不是主要指标。所以焊缝的强度不能太高，以保证接头的可靠性和抗低温断裂的能力。

(1) 低温钢的种类和性质

低温钢按化学成分分类，主要有铝镇静钢和含镍钢两类。

其成分和性质如表 10-7 所示。

表 10-7 低温钢的成分和性质 %

钢种	钢号	C	Si	Mn	Ni	状态	温度/℃	组织
铝镇静钢	A333-6	≤0.30	≥0.10	0.3～0.1	—	热轧	−46	铁素体
3.5 镍钢	A333-3	≤0.18	0.1～0.35	0.3～0.6	3.2～3.8	正火+回火	−100	铁素体 珠光体
9 镍钢	A553	≤0.13	0.15～0.30	≤0.90	8.5～9.5	正火+回火或调质	−196	铁素体 马氏体

A333-6（美）钢，即为铝脱氧的细晶粒低温钢，可在−46℃以上条件下使用，与我国的 16MnDR（−40℃）相近。A333-3 即 3.5 镍钢，在−100℃以上使用。A553 为 9 镍钢，在−196℃以上使用。

凡是能促进晶粒细化的合金元素，如铝、钛、铌等，都可以起到改善韧性的作用，锰和硅的比例合适时，具有良好的脱氧作用。氢、氧、氮、碳、硫是低温钢中的有害元素。

镍是一种非碳化物形成元素，能完全溶解于碳钢中，起到抑制粗大的铁素体先行析出的作用，能降低钢的脆性转变温度和马氏体转变点 M_s，减轻焊接时的裂纹倾向。镍的熔点（1445℃）高，塑性好，又是强烈促使珠光体细化的合金，所以含镍钢在低温下具有良好的韧性和强度。

（2）低温钢的焊接特点

焊接低温钢最严重的问题是熔合线和热影响区的脆化，所以要保证接头具有符合要求的韧性。

① 选择焊材时，要限制有害成分的含量，在含镍钢中，氮特别有害。含镍焊材强度低、屈强比则偏高，只有镍基合金才有较低的屈强比，当接头不能热处理时，可以选用高铬镍的奥氏体焊材，但并不理想，选用镍基合金成本则偏高。

② 镍对韧性的影响：焊态下，含镍大于 2.5% 对韧性是不利的，因为焊缝中会出现粗大的板条状贝氏体和马氏体，含碳

量越高韧性下降量越大，只有焊后热处理，使焊缝具有细化的铁素体组织，韧性才会随含镍量的增加而提高。所以焊后不能热处理时，焊材含镍量不能大于2.5%。

③ 3.5Ni钢用钛细化晶粒，尽量降低含碳量。但含有镍大于4%时，回火脆性及热裂倾向较大。9Ni钢用同材质的焊材时，焊缝脆性较大，对杂质很敏感，采用奥氏体焊材也不妥，因为线胀系数差异较大，且熔合区容易形成马氏体。

(3) 焊接工艺控制要点

① 层间（含预热）温度和焊接热输入大小应合适，以防止出现粗大的铁素体和马氏体。

② 采用多层多道焊工艺，焊接后续焊道，对前焊道起退火作用，但不宜采用多层单道焊。

③ 采用直线形运条，不宜做横向摆动，必须摆动时，摆幅应小于焊材直径的3倍。

④ 避免过热，应注意层间温度，以防止应力集中；应在坡口外引弧和防止产生咬边，并应限制返修次数。

⑤ 焊后及时进行热处理，含镍钢有回火脆性，应空冷而不宜炉冷。热处理有困难的管道工程，可用手工钨极氩弧焊重熔或在焊趾处焊整形焊道，然后打磨掉，以代替热处理。

⑥ 宜采用表面退火焊道。

⑦ 尽量减少母材对焊缝的稀释，宜用大坡口、小规范和多层多道焊，如能采用预堆焊，则是一种较好的方法。

⑧ 可以采用热切割加工坡口，但必须打磨掉5mm左右的过热区。

⑨ 必须在自由状态下焊接，不允许焊前设有拘束力。

氩弧焊打底焊后，应立即进行填充层焊接和盖面层焊接，否则可能使打底层开裂，底层焊缝厚度应大于3mm。

低氢型焊条应经350℃烘烤2h，随用随取，直流反接，短弧操作。

(4) 铝镇静钢的焊接

① 焊材　焊材的选用应考虑接头的工作温度和韧性、供货状态和焊后热处理等，如表 10-8 所示。

表 10-8　铝镇静钢的焊材选用

温度/℃	焊丝牌号	焊条牌号	16MnDR 焊丝	16MnD 焊条
−35 以上	ER70S-1	E7016	H08Mn2Si	J507GR
−35 以下	ER80S-Ni1	E8016	—	—

② 预热和层间温度　一般不预热，当壁厚大于 25mm 或环境温度低于 5℃时，应预热至 50～100℃，层间温度不高于 150℃。

③ 焊接热输入控制　为避免过热，防止出现粗晶铁素体或马氏体组织，焊接热输入不宜过大，但太小结晶过快，容易造成偏析，增加脆性，对韧性产生不利影响。焊接经验证明，焊接热输入控制在 15kJ/cm 左右，氩弧焊打底最好选用含镍 1.5%～2.5% 的焊丝，焊接热输入可适当增大至 20～25kJ/cm。

④ 焊前装配　应适当加大坡口角度，以减少母材的稀释，改善柱晶方向，避免杂质偏析，并能增加焊道数，增加退火次数，从而改善焊缝韧性。壁厚小于 10mm 时，V 形坡口角度可为 75°～85°，间隙为 2～3mm。

⑤ 焊后热处理规范　630℃ 恒温最少 1h，300℃以上的升温速度为 200℃/h。

⑥ 氩弧焊打底和焊条电弧焊盖面的组合焊工艺参数　见表 10-9。

表 10-9　铝镇静钢工艺参数

<table>
<tr><th>位置</th><th>层(道)数</th><th colspan="2">焊材/mm</th><th>电流/A</th><th>电压/V</th><th>钨极/mm</th><th>喷嘴径/mm</th><th>流量/$L \cdot min^{-1}$</th><th>层温/℃</th><th>热输入/$kJ \cdot cm^{-1}$</th></tr>
<tr><td rowspan="3">5G</td><td>1</td><td colspan="2">E80S-Ni1, 2.5</td><td>95～110</td><td>12～14</td><td>3</td><td>8</td><td>8</td><td>—</td><td>≤25</td></tr>
<tr><td rowspan="2">2</td><td rowspan="2">8018-C3</td><td>3.2</td><td>110～130</td><td>22～24</td><td rowspan="2">—</td><td rowspan="2">—</td><td rowspan="2">—</td><td rowspan="2">≤150</td><td rowspan="2">≤25</td></tr>
<tr><td>4.0</td><td>130～150</td><td>24～26</td></tr>
</table>

(5) 3.5Ni 钢的焊接

① 焊材选用 见表 10-10。

表 10-10 3.5Ni 钢焊接时的焊材选用

焊材	A333-3（美国）	STPL46（日本）	10Ni14（德国）	3.5Ni（中国）
焊丝	E310[①] ER80S-Ni3	TGS-3N2.4	—	—
焊条	E310-15[①] S8016-C2 3.2	NB-3N 3.2	FOX2.5Ni 3.2	W907Ni

① 选用奥氏体或镍基焊材可以省去焊后热处理。

② 预热和层间温度 一般不预热，当环境温度低于 0℃或湿度高于 80%时，应预热到 80～100℃，温度低于－5℃时，最好不要焊接。层间温度应保持在 100～150℃之间。

③ 焊接热输入 焊接热输入控制在 15～20kJ/cm 之间。

④ 组对间隙 间隙不大于 3mm。

⑤ 焊后热处理规范 650℃，恒温时间最少 2h，300℃以上的升温速度不大于 200℃/h。恒温后在空气中冷却。

⑥ 手工钨极氩弧焊重熔可代替热处理，但应满足以下条件：

a. 气温不低于 5℃，湿度不大于 90%；

b. 重熔前，焊道必须清理干净；

c. 短弧操作，熔深不宜过大，沿焊道宽度方向的摆动速度应适中，参数见表 10-11；

d. 焊机上必须装有电流表和电压表，以便准确控制参数的大小。

(6) 9Ni 钢的焊接

① 9Ni 钢的焊接材料成分 见表 10-12。

Incoweld “A” 焊条较好，强度略低于母材。Inconel112 焊条与母材等强度，Inconel182 焊条具有良好的工艺性能，适于全位置焊接。

表 10-11 组合焊的重熔工艺参数

位置	方法及层(道)数	电流/A	电压/V	流量/L·min^{-1}	焊速/cm·min^{-1}	预热/℃	层间/℃	焊接热输入/kJ·cm^{-1}
2G	GTAW 1-(1)	110～120	12～14	12	9～12	100	—	<15
	SMAW 2-(2)	110～120	22～24	—	12～14	—	100～150	
	SMAW 3-(3)	110～120	22～24	—	12～14	—	100～150	
	GTAW 重熔	120～130	12～14	15～20	8～11	—	100～150	
5G	GTAW 1	110～120	12～14	12	9～12	100	—	<20
	SMAW 2	90～110	22～24	—	10～14	—	100～150	
	SMAW 3	90～110	22～24	—	10～14	—	100～150	
	GTAW 重熔	120～130	12～14	15～20	8～11	—	100～150	

注：括号内数字表示焊道数。

表 10-12 9Ni 钢焊接时的焊接材料成分（镍基） %

焊材牌号	Ni	Cr	Mo	Mn	Fe	C	Nb+Ta	Ti	备注
ERNiCrFe-5	70	14～17	—	1.0	6～10	0.08	1.5～3.0	—	焊丝
ERNiCrFe-6	67	14～17	—	2.0～2.7	8.0	0.08	—	2.5～3.5	
Incoweld“A” ENiCrFe-3	70	15	1.5	2.0	0.03	0.03	2.0	—	焊条
Inconel182	67	14	—	0.75	0.05	0.05	1.75	0.40	
Inconel112	61	21	9.0	0.3	0.05	0.05	3.6	—	

② 预热和层间温度 100～150℃。

③ 焊条电弧焊工艺要点

a. 低氢型焊条，焊前应严格烘干。

b. 焊接采用小规范，小直径焊条，电流适中，不做横向摆动，焊速稍快，采用多层多道焊，控制熔池尺寸。

c. 熄弧时不要太快，应缓慢离开熔池，将熔池填满或将电弧回引向焊缝，同时加快焊速，使熔池变小，在焊缝上熄灭电弧。

d. 接头引弧采用倒回法，即在熔池前方引弧，然后返回熔池后端，再进行焊接。

低温钢焊材及工艺参数见表 10-13。

表 10-13 低温钢焊材及工艺参数

温度/℃	钢号及状态	组织	焊丝	焊条及规格		电流/A
－40	16MnD(热轧)	铁素体＋少量珠光体	H08Mn2SiA	J507GR		
－70	09Mn2V(正火) 09MnTiCuXt(正火) 06MnVAl(正火)		—	W707,3.2mm		90～120
				W707Ni,4.0mm		140～180
－90	06MnNb(正火)		—	W907Ni,4.0mm		140～180
－120	06AlCuNbN(正火)		—	W107Ni,4.0mm		140～180
－196	20Mn23Al(热轧)	单相奥氏体	铁锰铝焊丝	铁锰铝焊条	3.2mm	80～110
－235	15Mn26Al14(固溶)				4.0mm	110～140

10.3 珠光体耐热钢

10.3.1 对耐热钢的要求

① 有足够的稳定性，即在高温下有足够的蠕变强度和持久强度。

② 一定的热稳定性，即在高温下有在一定的抗球化、石墨化和合金元素重新分配能力。

③ 有抗高温氧化和耐蚀性能。

④ 良好的焊接性，珠光体和贝氏体耐热钢的含碳量应小于0.18%，马氏体耐热钢，由于铬、钼、钨、钒、铌含量较多，容易出现铁素体，造成晶粒粗大，使韧性下降，为抵消以上元素缩小奥氏体的作用，含铬12%型的马氏体钢的含碳量可略高，一般在2%左右。耐热钢材的简况见表10-14。

表10-14 耐热钢材的简况

钢 号	分类	使用温度/℃	主要用途	存在问题
16Mo 12CrMo 15CrMo (13CrMo44) 12Cr1MoV 12Cr2Mo (10CrMo910) 1Cr5Mo	珠光体	350～600	废热锅炉 电站锅炉 加热炉管 猪尾管	硫化氢腐蚀、热疲劳
12Cr2MoWVTiB(120) 12Cr3MoVSiTiB 12MoVWBSiXt	贝氏体			
17Cr7Mo 1Cr9Mo1-3 1Cr11Mo X20CrMoWV121(F11) X20CrMoV121(F12)	马氏体	550～650	过热蒸汽管	热疲劳
铬不锈钢	铁素体	600～700	化工、石油	相脆化
铬镍不锈钢	奥氏体	700～800	化工、石油	应力腐蚀
Cr25Ni20(HK40) Cr25Ni35(HT) Cr25Ni35(HP) NA22H	高铬镍铸件	800～1200	软化管	渗碳 应力腐蚀 热疲劳
Incoloy 800 Inconel 600 625	镍基合金	800～900	软化管	硫化 钒腐蚀
S816Supertherm HS25	钴基合金	900～1260	炉管	
Haynes 188 Cb-C 129Y Cb725 TD-Ni-Cr (钍化铬镍合金)		1200～1937	宇宙飞船	

10.3.2 铬钼珠光体耐热钢的化学成分

铬钼珠光体耐热钢的化学成分见表10-15。

表 10-15 铬钼珠光体耐热钢的化学成分 %

钢号	C	Si	Mn	Cr	Mo	V	Ti	B	其他
16Mo	0.08～0.15	0.17～0.37	0.40～0.70	—	0.40～0.55				
12CrMo	0.08～0.15	0.20～0.40	0.40～0.70	0.40～0.70	0.40～0.55				
15CrMo(13CrMo44)	0.12～0.18	0.17～0.37	0.40～0.70	0.80～1.10	0.40～0.55				
20Cr1MoV	0.17～0.24	0.17～0.37	0.40～0.70	0.80～1.10	0.15～0.25				
12Cr1MoV	0.08～0.15	0.17～0.37	0.40～0.70	0.90～1.20	0.25～0.35	0.15～0.30			
12Cr2Mo(10CrMo910)	0.08～0.15	0.17～0.37	0.40～0.70	2.2～2.8	0.45～0.65				
ZG20CrMoV	0.08～0.25	≤0.50	0.40～0.70	0.90～1.20	0.50～0.70	0.20～0.30			
ZG15Cr1Mo1V	0.14～0.20	0.17～0.37	0.40～0.70	1.20～1.70	1.0～1.2	0.15～0.40			
1Cr5Mo	≤0.15	≤0.50	≤0.60	4.0～6.0	0.5～0.6				Ni≤0.6
12Cr2MoWVTiB(钢102)	0.08～0.15	0.45～0.75	0.45～0.65	1.60～2.10	0.5～0.65	0.28～0.42	0.08～0.18	≤0.008	W 0.30～0.55
12Cr3MoVSiTiB(1711)	0.09～0.15	0.6～0.90	0.50～0.80	2.5～3.0	1.0～1.2	0.25～0.30	0.22～0.38	0.005～0.011	W 0.15～0.40
12MoVWBSiXt(无铬8号)	0.08～0.15	0.6～0.90	0.40～0.70	—	0.45～0.65	0.30～0.50	0.06	0.008～0.01	Xt 0.15～0.40

10.3.3 铬钼珠光体耐热钢的焊接特点

① 热影响区特别是熔合线附近，容易淬硬和冷裂，铬、钼元素都有明显的淬硬倾向，不仅使性能恶化而且使内应力增加，扩散氢含量较高，也是冷裂的原因，所以合理地选择焊接材料和确定焊接工艺参数至关重要。

② 峰值温度在 A_{c1} 附近的热影响区软化带，是最薄弱环节。这个软化带与焊前材料状态、焊接规范和焊后热处理等都有关系，焊前的硬度越高，在 A_{c1} 停留的时间越长，软化越严重，所以含铬高于 5% 的材料焊前应退火，合理地确定预热、层间和热处理温度，这与热影响区的淬硬相反，应综合考虑各种性能要求。

③ 焊后热处理或在高温中使用都有再热裂纹倾向，特别是含钒钢，应避免在 600℃左右温度下的长时间停留，尽量减少内应力和改善接头塑性。

10.3.4 铬钼中温钢的焊材选择

铬钼中温钢的焊材选择见表 10-16。

表 10-16 铬钼中温钢的焊材选择

钢 号	焊 丝	焊 条	最高使用温度/℃
16Mo	TIG-R10	R107(SL12)	450
12CrMo	TIG-R30	R207	500
15CrMo、20CrMo、13CrMo44	TIG-R30、H08CrMoA (ER80S-B2)	R307、E8015-B2	540
12Cr1MoV、ZG20CrMoV	TIG-R31、H08CrMoVA	R307、R317	600
12Cr2MoWVTiB(钢 102)	TIG-R40	R347	580
12Cr2Mo(10CrMo910)	TIG-R40	R407	600
13Cr3MoVSiTiB	TIG-R40	R417	650
1Cr5Mo(A335-P5)	H1Cr5Mo(TGS-5CM)	R507	426

10.3.5 铬钼中温钢的焊接工艺要点

① 预热、层间和焊后热处理温度，如表10-17所示。

表10-17 预热、层间和焊后热处理温度

钢 号	预热及层温/℃	热处理温度/℃	热处理规范
16Mo	150～200	600～650	恒温时间按min/mm，但不少于1h 升降温速率300℃以上不大于200℃/h，300℃以下可自然冷却
12CrMo	100～200	680～720	
15CrMo(13CrMo44)	150～250	680～720	
20CrMo	250～300	650～680	
12Cr1MoV	250～300	710～750	
12Cr2Mo(10CrMo910)	250～300	720～780	
ZG20CrMoV	300～350	690～710	
ZG15Cr1Mo1V	350～400	700～720	
1Cr5Mo(A335-P5)	350～400	740～760	

② 连续焊接。焊接中不能间断，如果不得不间断，焊件必须缓慢冷却；再焊前，必须重新预热。

③ 在自由状态下焊接。妨碍焊缝自由收缩的工、卡、夹具尽量避免使用，以免造成过大的拘束度。

④ 湿度大于85%或雨雪天气禁止焊接。制作管口堵板。

⑤ 含铬量较高的Cr5Mo应在退火状态下焊接。其布氏硬度不小于170HB。钨极氩弧焊打底焊接时，背面应充氩保护，打底层焊缝的厚度不小于3mm。

⑥ 焊后缓冷。焊后立即用石棉覆盖焊缝及热影响区，以确保焊后缓冷。

⑦ 焊后及时热处理，否则应立即进行350℃保温6h的后热处理。

⑧ 锤击焊缝，在焊件多层焊时，可对焊缝用圆锤轻击，消除内应力，但锤击焊缝应在300℃以上进行。

焊接工艺参数如表10-18所示。

表 10-18 焊接工艺参数

位号	层(道)数	焊材及规格/mm	电流/A	电压/V	钨极/mm	喷嘴/mm	流量/L·min^{-1}	焊接热输入/kJ·cm^{-1}
2G	1(1)	TIG-R30,2.5	90～110	12～14	2.5	8	8～10	11～14
5G	2(1)	TIG-R30,2.5	100～110	12～14				13～16
2G 5G	1(1)	ER80S-B2,2.4	120～150	12～15	3	15	10～15	10～15
	2(1)	E8015-B2,2.5	80～100	22～24				12～16
	3～4(21)	E8015-B2,3.2	100～140	22～24				13～20
	5～10(31)	E8015-B2,4.0	140～190	24～26				20～24
5G	1(1)	YT-521,2.4	100～125	10～12	2.5	10	8～10	20.1
	1～3(1)	N-2SM,3.2	100～130	22～24				15～20
	4～7(1)	N-2SM,4.0	130～150	24～26				37～45
5G	1(1)	YT-521,2.4	85～100	10～12	2.5	10	8～10	21.4
	2(1)	YT-52,2.4	90～105	10～12				30
2G	1(1)	TIG-R31,2.5	110～130	10～12	2.5	10	8～10	11～13
	2(1)	R317,3.2	100～120	22～24				10～12
	3～7(3～6)	R317,4.0	110～130	24～26				10～14

注：括号内数字表示焊道数。

10.4 马氏体耐热钢

马氏体耐热钢的焊接特点与珠光体钢相似，只是焊接性更差些，对预热和焊接热输入要求更苛刻，焊后热处理更复杂，焊接时需要更小心。马氏体耐热钢的焊材选择，预热、层间和热处理温度见表 10-19。

表 10-19 马氏体耐热钢的焊材选择、预热和热处理温度

钢 号	焊丝	焊条	预热/℃	热处理/℃
1Cr9Mo	TGS-9CM H1Cr9Mo	CM-9Cb R707	350～400	730～750
1Cr11MoV		R807	350～400	730～760
1Cr11MoNiV		R827	350～400	730～760
1Cr11MoNiVW		R817	350～450	730～760
F11	SGCrMoWV12	R817	400～450	750～770
F12	SGCrMoWV12	E12CrMoWVB20 MTS-4(瑞士)	400～450	740～760

10.4.1 马氏体耐热钢的焊接要点

F11 和 F12 的焊接性最差，主要问题是接头的脆性和裂纹。

① 预热温度。在空气中易淬硬，焊接时必须预热。这类钢的马氏体转变点为 260℃，贝氏体形成点为 400℃。当壁厚大于 25mm 时，应预热到 400℃以上，壁厚小于 25mm 时，可预热到 300～350℃。预热温度不能超过 450℃，否则会引起晶粒边界碳化物析出和形成铁素体，从而降低接头韧性。深坡口钨极氩弧焊打底焊时，可视为薄件，在 250～300℃温度下焊接。为保证温度的均匀性，宜用电感应加热，采用热电偶测温。

② 尽量减少填充材料。当壁厚大于 15mm 时，应采用双 V 形坡口。

③ 管道的公称直径大于 200mm 时，应采取两人对称焊法。

④ 要注意引弧、收弧和运条的要领，从坡口内引弧。运条时应注意坡口边缘的熔合，必须防止出现死角。收弧时，熔池要逐渐缩小，慢慢填满弧坑，防止产生弧坑裂纹。焊层宜薄，厚度一般不大于焊条直径。

⑤ 采用钨极氩弧焊焊接打底层时，必须背面充氩保护。用石棉橡胶板作挡板，边缘用石棉绳塞严，焊完后再用钢丝拉出。组对间隙应为 2.5～3.5mm。

⑥ 当采用带肩形可熔衬环时，除了衬环接头外，一般不用加焊丝，靠衬环与钝边自熔。焊接过程在两侧停留时间较长，熔化金属流动正常，说明根部熔合良好。熔化金属变白发亮，表明温度过高；熔化金属停滞或中间有条状黑筋时，说明温度低、焊不透。钨极伸出长度应为 5～7mm，与熔池保持

2～3mm 的距离。

⑦ 填充层及盖面层，应在 400～450℃下进行，推荐多层多道焊工艺，焊条摆动幅度不大于 2 倍直径。焊道排列，水平固定位置应先两侧后中间，垂直固定焊时应先下后上。

10.4.2 马氏体耐热钢的热处理

① 焊后热处理回火必须在焊缝缓冷到 100～150℃恒温 1h 后，才能按不大于 200℃/h 的速度升温，这样能使奥氏体尽可能多地转变为马氏体。如果焊后立即升温，碳化物将沿奥氏体晶界析出，同时奥氏体向珠光体转变，得到的这种组织很脆。但也不允许冷却到室温后升温，这样有产生裂纹的危险。

② 热处理温度要适当，一般为 750～770℃。低了回火效果不好，焊缝容易时效而脆化，但也不是越高越好，一般不能超过 800℃，因为 A_{c1} 线为 840℃，此温度时奥氏体会再次形成，并在随后的冷却过程中重新淬硬。

③ 恒温时间要充裕，焊后状态一般为马氏体＋贝氏体，贝氏体没有充裕的时间是难以完成转变的，一般以每 1mm 厚恒温 8min，总体不小于 2h。

回火后的冷却速度一般不控制，包石棉缓冷即可。预热和回火可用 55kV・A 焊机感应加热。回火后硬度不大于 240HB 为合格。

④ 预热和层间温度的维持极为重要，可在距坡口两侧各 50mm 处加一个保温加热带，温度低于规定值时立即加热，根层焊接时不要停止加热，以使根层焊完达到填充时的 400～450℃。遇特殊情况应立即保温，再焊前应加热至规定温度。表面温度要不低于 100℃左右，加热带宽度为 250mm，厚度为 50mm。

F11、F12 钢焊接热处理规范曲线如图 10-3 所示。

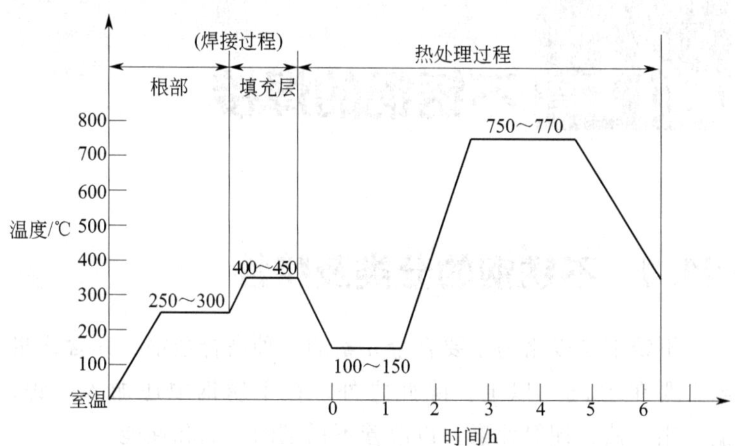

图 10-3 F11、F12 钢焊接热处理规范曲线

CHAPTER 11 第11章 不锈钢的焊接

11.1 不锈钢的分类及特性

不锈钢是以铬为主要合金元素的一种高合金钢，其含铬量至少要在12.5%以上。除此之外，在不锈钢中还加入了镍、锰、钼、钛、铌等元素，以改善不锈钢的组织和性能。

一般统称的“不锈钢”，实际上包括了在大气中抗氧化腐蚀的不锈钢；在某些化学浸蚀介质中能抵抗腐蚀的耐酸钢；在高温下能抗氧化、抗蠕变、抗破断、并能抵抗腐蚀介质的耐热钢。耐酸钢和耐热钢一般都具有不锈和耐热的性能，而不锈钢对耐酸、耐热性能较差。也有些钢既可作为不锈钢，又能作为耐酸钢和耐热钢，例如06Cr19Ni10钢等。

不锈钢由于钢中所含的元素不同，因而组织也不相同，通常，按组织将不锈钢分为马氏体、铁素体和奥氏体三大类，还有马氏体-铁素体、奥氏体-铁素体等双相不锈钢，其中，奥氏体不锈钢的品种最多，应用也最广泛。焊接结构常用的不锈钢牌号见表11-1。

表11-1 常用不锈钢分类及牌号（摘自GB 24511—2009）

类　别	牌　号
奥氏体不锈钢	06Cr19Ni10、022Cr19Ni10、07Cr19Ni10、06Cr25Ni10、06Cr17Ni12Mo2、022Cr17Ni12Mo2、06Cr17Ni12Mo2Ti、015Cr21Ni26Mo5Cu2、06Cr19Ni13Mo3、022Cr19Ni13Mo3、06Cr18Ni11Ti等
铁素体不锈钢	06Cr13Al、019Cr19Mo2NbTi、06Cr13等
奥氏体-铁素体不锈钢	022Cr19Ni5Mo3Si2N、022Cr22Ni5Mo3N、022Cr23Ni5Mo3N等

11.1.1 马氏体不锈钢

马氏体不锈钢的典型钢种有 2Cr13、4Cr13、00Cr13Ni6MoNbTi 和 8Cr17 等。随钢中含碳量的增加，其强度、硬度、耐磨性显著提高，多用来制造要求耐蚀、耐磨损的机械零件、刀具和医疗器械等。

马氏体不锈钢的焊接性比较差，容易发生淬硬现象，裂纹倾向极大，当含碳量较高时，不适于焊接。含碳量决定着焊接工艺，含碳量小于 0.1%时，焊接不需要预热和焊后热处理；含碳 0.1%～0.2%时，应预热至 250℃，焊接中维持这一温度，焊后缓冷；含碳 0.2%～0.4%时，应预热至 300℃，层间温度保持在 260℃以上，焊后退火；含碳大于 0.4%时，应预热至 300℃以上，采用大焊接热输入，大电流、慢焊速，适当进行横向摆动，焊后退火，典型的退火规范为：焊后缓冷至 150～200℃，然后加热至 840～890℃，每 1mm 恒温 1.5min，但不少于 30min，然后以 55℃/h 的速度缓冷至 595℃空冷。

马氏体时效不锈钢的最佳热处理工艺为：920℃×1h+600℃×4h。焊后状态呈粗大组织，经过固溶+时效处理后，晶粒细化。

马氏体不锈钢对于氢致裂纹是敏感的，所以必须采用严格的低氢工艺。可选用奥氏体（不热处理）或含碳极低的马氏体焊接材料，如表 11-2 所示。

表 11-2 马氏体不锈钢的焊材选用

钢 号	2Cr13	3Cr13	4Cr13	00Cr13Ni6NbTi
马氏体型焊材	Cr217			F0-13-5Mo-××
奥氏体型焊材	A602、A402、A407 和 A412 均可			

11.1.2 铁素体和半铁素体或半马氏体不锈钢

铁素体不锈钢含铬大于 16%和含微量的碳，有时也加入其他元素。其主要钢号有 Cr17、Cr17Mo2Ti、Cr25、Cr25Mo3Ti 和

Cr28 等。这类钢能抗氧化性腐蚀，主要用于硝酸设备。

铁素体不锈钢在常温时塑性和韧性较差，若焊接接头的刚性大，容易产生裂纹。并在熔合线附近热影响区产生粗晶，使钢变脆。含铬量越高，在高温停留时间越长，脆化越严重。因此，焊前应预热至 100～150℃。因为 δ 铁素体组织在加热和冷却过程中没有奥氏体转变，所以不能通过热处理使晶粒细化。为防止过热，焊接时应采用小焊接热输入，即小电流、快焊速、直线形运条，以得到窄焊道。如 3.2mm 和 4.0mm 直径的焊条，焊接电流分别为 80A 和 120A，焊速分别为 24cm/min 和 30cm/min。多层焊时，控制层温不高于 150℃，以减少过热。这对防止脆化、裂纹和耐蚀性都有好处。

铁素体不锈钢的另一个问题是 σ 相析出和 475℃脆化。高 Cr 钢在 550～800℃长期加热会析出 σ 相，导致钢材变脆。σ 相是铁铬间金属化合物，极其硬而脆。σ 相可经 930～980℃加热后快冷而消除。铁素体不锈钢在 400～600℃停留时会使强度升高，塑性和韧性急剧下降，尤其在 475℃时更甚，所以称为 475℃脆性。经 600℃以上短时加热空冷，可使钢恢复原有性能。

焊接选用同材质焊材时，焊后需进行 750～780℃回火处理，缓冷至 200℃后空冷。也可选用奥氏体焊材，焊后不需热处理，焊材选用如表 11-3 所示。

表 11-3 铁素体和半铁素体或半马氏体不锈钢焊材选用

钢号	0Cr13 1Cr13	Cr17、Cr17Ti Cr17Ni2	Cr17Mo2Ti	Cr25Mo3Ti
同材质焊材	G202、G207	G302、G307	—	—
奥氏体焊材	A402、A407		A207	A412

半铁素体或半马氏体钢在淬火温度下为双相组织，冷却时不能全部转变为马氏体，组织中仍保留一部分铁素体。这种钢的典型钢号有：0Cr13、1Cr13、Cr17Ni2 等。这类钢在正确热处理条件下，有良好的塑性和韧性，由于含碳量较低，有良好

的耐蚀性能。其焊接材料的选择可按表 11-3。

11.1.3 奥氏体和奥氏体-铁素体不锈钢

在高铬不锈钢中增添适量的镍，就会形成纯奥氏体不锈钢。有时，在钢中还添加碳、硅、锰、钼等元素，它们都会影响钢的组织。将形成铁素体和奥氏体的元素分别归纳成铬当量，绘制为状态图来精确地估算钢的组织，常用来调整成分，以控制铁素体含量和供异种钢焊接选用焊材参考。

按碳量将奥氏体不锈钢分成高碳（含碳量大于 0.08%）、低碳（含碳量小于 0.08%）和超低碳（含碳量小于 0.03%）三种。在高碳不锈钢中，常加入稳定元素钛和铌，用来提高耐晶间腐蚀性能。

奥氏体不锈钢具有以下特性。

（1）独特的物理性能

① 热导率小，只有碳钢的 1/3，所以钢材的导热性差。焊后散热慢，使焊接接头过热，导致晶粒长大，降低塑性和耐蚀性能。防止过热的方法有：采用水冷式铜垫板或用水浸湿等，加速冷却，采用小规范、直线焊和控制层间温度。

② 线胀系数大，它是碳钢的 1.5 倍。这将导致产生和残留较大的应力和变形，容易形成热裂纹及应力腐蚀。防止的方法也是采用小规范和加快散热，改善冷却条件。

③ 电阻系数大，是碳钢的 5 倍。这将导致过大的电阻热，使焊条药皮发红甚至脱落，所以不锈钢焊条应适当减短，并要使用小电流焊接。

（2）良好的耐蚀性能

不锈钢不但在大气中光亮不锈，更重要的是具有耐氧化性介质腐蚀，如硝酸、化纤中间产品等。其耐蚀机理是铬镍的电极电位高，表面有一层致密的保护膜和具有单一均匀的奥氏体相，这些均取决于钢中化学成分的均匀分布。

（3）可靠的热稳定性

不锈钢在高温条件下能持久使用而不氧化起皮，不受介质侵蚀，所以又称为高温抗氧化性。其主要抗氧、氢、氮、二氧化硫和硫化氢气体腐蚀，这些都取决于铬和镍的含量。

（4）较高的热强性

即在高温下仍有较高的强度，而不发生大的变形或破坏性能。例如18-8Ti、18-8Nb、25-20型钢等，在600℃均有较高的强度。因而，这类钢不仅能作为耐蚀材料，也作为耐热材料广泛应用。

（5）理想的低温性能

在低温时韧性略有所下降，强度反而提高，常用来作为低温材料，钢中若有铁素体或经敏化处理后，钢的低温韧性有所下降。18-8最低的典型使用温度，是在液氢或液氮储罐中，其低温分别是－253℃和－256℃。

将18-8钢中的铬含量提高或加入其他铁素体形成元素，便可使钢具有奥氏体-铁素体双相组织。主要钢号有：022Cr19Ni5Mo3Si2N、022Cr22Ni5Mo3N和022Cr23Ni5Mo3N等。其优点是有更好的耐蚀性、焊接性和力学性能。

11.2 奥氏体不锈钢的焊接性

奥氏体不锈钢虽然种类繁多，但其焊接性能相似，影响焊接接头性能的主要问题是晶间腐蚀、刀状腐蚀、应力腐蚀、热裂纹、热脆化、变形和合金元素烧损等。

11.2.1 晶间腐蚀

焊接时，焊缝及热影响区处于450～850℃范围时，在奥氏体晶粒边界上生成大量的碳化铬（$Cr_{23}C_6$），从奥氏体固溶体中析出，使晶界上形成贫铬现象，当与腐蚀性介质接触时，就容易被侵蚀，并迅速向纵深发展。晶粒间的联系和结合被破坏，致使晶粒脱落、焊缝破坏。

预防的措施是选用超低碳或加入稳定化元素的焊接材料；减少在450～850℃的停留时间。

11.2.2 刀状腐蚀

在含钛、铌或钽等稳定元素的奥氏体不锈钢中，碳与钛铌形成的化学物，在焊接时，当靠近熔合线附近的母材一侧被加热到1300℃时，钛或铌的碳化物便会发生溶解，并单独固溶在奥氏体中。在高温下，碳的扩散速度比钛、铌快得多，在冷却过程中，过饱和的碳迅速向晶粒边界聚集，而钛与铌来不及向晶界扩散，当冷却下来后，形成晶粒内部含钛或铌较高，而晶粒边界上含碳高的偏析状态。如果焊接接头再次被加热到450～850℃时，处于晶界高浓度的碳，除了与周围少量的钛、铌化合外，还会与铬形成化合物，而晶粒内的钛或铌由于原子半径较大，扩散速度满足不了大量碳的要求，结果在熔合线附近，在晶界上形成了一条贫铬带。当与腐蚀介质接触时，就发生了刀状腐蚀。

刀状腐蚀也是晶间腐蚀的一种特例，预防的措施与晶间腐蚀相似。

(1) 改善焊接工艺措施

① 选用热源集中的焊接方法，如电弧焊，而不能用气焊。焊条电弧焊选用直流反接等。

② 焊接时尽量采用小规范，小电流、快焊速、窄焊道，以减小焊接热输入。

③ 焊接时采用强制冷却手段，用铜垫板或水散热，严格控制层间温度不高于150℃，以减少在敏化温度的停留时间。

④ 双面焊时，最后焊接与介质接触的焊道，以免受到重

复加热。

⑤ 适当调整焊缝形状及焊缝的布置，不应有异种金属焊接。

（2）冶金措施

① 在母材及焊材中添加稳定化元素钛、铌和钽。钛容易烧损，所以一般只加在母材中，加入量应大于碳的5倍。焊材中多加入铌和钽，加入量应大于碳的8倍。但含铌量应不大于1.5％，这是因为铌有热裂纹倾向。加入量不足时，可能发生刀状腐蚀。

② 采用低碳材料，常温下，碳在奥氏体不锈钢中的最大溶解度是0.03％，当碳含量小于0.04％时，就可以避免晶体间腐蚀。降低含碳量及提高钛或铌的含量，以减少碳向晶界的偏析，以及有足够多的钛或铌结合，避免二次加热时产生贫铬区，即可避免刀状腐蚀。

③ 采用双相组织的18-8型不锈钢，利用铁素体相阻止刀状腐蚀的深入发展，铁素体能显著提高耐晶间腐蚀能力。因为铬在铁素体中的浓度比在奥氏体中的大，而碳在奥氏体中的浓度，要比在铁素体中的大，铬和碳在铁素体中的扩散速度，比在奥氏体中的大。当在敏化温度停留时，奥氏体中的碳和铁素体中的铬都向浓度低的相中扩散，于是，奥氏体中的碳极容易进入铁素体相与铬化合成碳化铬，铁素体中的铬也很容易从晶粒内部向边界扩散补充，因为铁素体是沿奥氏体晶界断续分布的，所以在奥氏体和铁素体相间，都不会形成贫铬区，这样就能耐晶间腐蚀。铁素体含量不宜过多，一般控制在5％～8％之间。过多的铁素体会引起热脆化，反而使耐晶间腐蚀能力降低。

（3）焊后热处理

当焊件经试验确认有晶间或刀状腐蚀倾向时，可采用热处理来消除。

① 固溶处理，即高温淬火。将工件加热至1050～1150℃，恒温1h，使在晶界析出的碳化铬重新固溶到奥氏体中去，消除了贫铬区，然后水冷。

② 稳定化退火处理，将工件加热至850～950℃，恒温4～8h，使晶粒内的铬及钛或铌，有充裕时间向晶界贫铬区扩散，消除贫铬区，然后水冷。

11.2.3 应力腐蚀

奥氏体不锈钢由于导热性差，线胀系数大，焊接时就会产生较大的变形和残余应力。在腐蚀性介质，特别是氯离子浓度和含氧量较高时，在拉应力作用下就会产生应力腐蚀现象。当然也与材料因素有关。纯金属是不会引起应力腐蚀的，在金属中添加些微量元素成分，就会增加应力腐蚀的敏感性。然而，在奥氏体不锈钢中，铁素体含量的增加，耐应力腐蚀的能力也增加。

预防措施，除了降低介质中氯离子浓度和氧含量外，一切降低焊接残余应力的措施都是有效的，但必须注意，利用热处理来消除残余应力时，有晶间腐蚀的危险。

11.2.4 热裂纹

热裂纹在18-8型钢焊接时，是很少见的，但在焊接25-20时，就成了严重问题。

(1) 影响热裂纹倾向的因素

① 焊接残余应力大。

② 奥氏体不锈钢的结晶特点是呈树枝状，使低熔点夹杂物和共晶体容易在焊缝中心区的晶粒边界聚集，尤其含硫、磷较高的钢材，产生热裂纹的倾向更大。实践证明，纯奥氏体单相组织焊缝的热裂倾向比双相组织大得多。

铁素体能细化奥氏体组织，并打乱了树枝状结晶的方向，从而增强了抗热裂的能力。铁素体形成元素铬、钛、钒、钼、钽等，都能细化晶粒，提高抗热裂能力。奥氏体形成元素的作用复杂些，如镍能与硫、硅、铌和硼等生成低熔点化合物，聚集在晶界上，增加了热裂倾向。镍是主要元素，所以只能限制其他有害元素。锰能与硫生成硫化锰，可减少硫的有害作用，提高抗裂性。但钢中含铜时，不宜含锰过多，此时铜容易集聚于晶界，形成低熔相，增加热裂倾向。碳对热裂有双重作用，当含碳量小于0.2%时，随含碳量的增加，会使热裂倾向增大，因此在晶界上使钛或铌等低熔相碳化物增多；当含碳量增加至0.3%～0.5%时，反而能抑制热裂纹的产生，因为此时低熔相增多，填补了晶粒间的空隙，降低热裂倾向。尽管如此，在耐蚀钢中，还是不宜增加含碳量，因为碳能大大降低耐蚀性。但是，在高温下工作的25-20钢中，可增加含碳量，例如HK-40钢等。铌在双相不锈钢中能防止裂纹，而在单相奥氏体钢中却能造成严重的热裂纹。

③ 焊缝的形状，特别是根部焊道，间隙小时容易形成窄而厚的焊缝，且应力很大，容易开裂。加大间隙为焊道直径的1.2～1.5倍时，能焊出截面呈圆形的焊缝，应力较小，不易开裂。

（2）预防热裂纹的措施

① 合理设计接头的形式和焊缝布置，注意焊接顺序，以减小接头刚度和焊接应力。

② 控制焊缝的化学成分，保证在18-8型钢中得到双相组织，向焊缝中加入钒、钛、铝等细化晶粒元素，防止偏析和开裂。加入钼、钨等低原子扩散能力的元素，以减少热裂倾向。将有害成分控制在最低限度。

③ 采用低氢工艺，保持焊缝洁净。

④ 采用小规范焊接，即小电流、快焊速、直线形运条，保持小的焊接热输入，改善焊缝散热条件，加快焊缝的冷却速

度。控制层间温度不大于150℃。

⑤ 一般不预热，可向熔池中加入冷焊丝，以加速冷却，减少偏析，细化晶粒，防止热裂。

⑥ 收弧要慢，填满弧坑。

11.2.5 热脆化

热脆化由σ相析出和475℃脆性造成，机理与铁素体不锈钢相似，只是敏化温度不一样，双相钢为800～850℃。为防止热脆化，应严格控制双相钢焊缝中的铁素体含量，当使用温度在350℃以上时，其铁素体含量为3%～5%，焊接时，采用小规范及强制冷却措施。

11.2.6 合金元素烧损

铬和钛在焊接时极容易烧损，应选用氧化性低的焊接材料。这有利于向焊缝渗合金，焊材中添加的稳定元素多为铌和钼，而母材中则多用钛。

还应该指出，不同类型不锈钢焊接的主要问题、防止产生缺陷的措施和要注意的事项，是需要灵活掌握的，要根据具体情况进行具体分析。对于不锈钢管子的氩弧焊接，其背面也需要采用充氩气保护。一般，在管子内部充氩时，为了节省氩气，也可预先在管子内部贴上水溶性纸，如图11-1所示。这样，只需要在水溶性纸范围内充氩气就可以了，焊后也不必拆除，而在水压试验时，会被注入的自来水冲走。

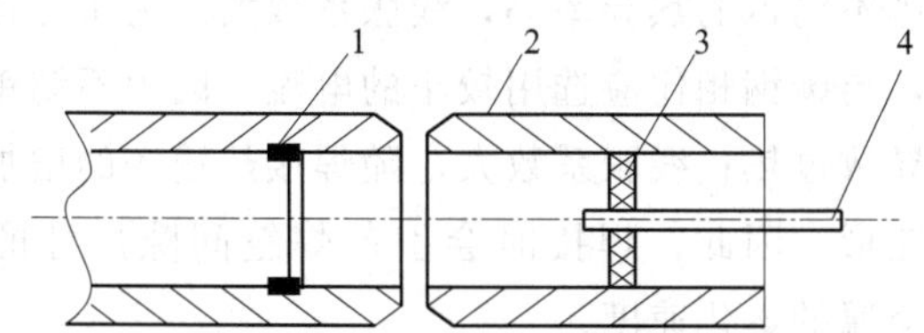

图11-1 管内充氩时水溶纸粘贴示意

1—水溶性纸；2—不锈钢管；3—胶板密封圈；4—充氩进气管

11.3 奥氏体不锈钢的焊材选用

奥氏体不锈钢焊接的焊材选用见表 11-4。

表 11-4 常用奥氏体不锈钢的焊材选用

钢 号	工作条件	焊条	焊 丝
06Cr19Ni10	300℃以下耐酸蚀	A107	H00Cr21Ni10
022Cr19Ni10	300℃以下耐酸蚀	A002	H00Cr21Ni10
07Cr19Ni10	300℃以下耐酸蚀	A137	H0Cr21Ni10
06Cr25Ni20	耐热、耐蚀	A402、A407	H1Cr26Ni21
06Cr17Ni12Mo2	耐热、耐尿素	A022	H00Cr19Ni12Mo2
022Cr17Ni12Mo2	耐热、耐尿素	A022	H00Cr19Ni12Mo2
06Cr17Ni12Mo2Ti	耐热、耐尿素	A202	H0Cr19Ni12Mo2
015Cr21Ni26Mo5Cu2	硫酸	A032	0Cr21Ni26Mo5Cu2
06Cr19Ni13Mo3	有机酸	A242	H0Cr20Ni14Mo3
022Cr19Ni13Mo3	有机酸	A242	H0Cr20Ni14Mo3
06Cr18Ni11Ti	硫酸	A222	H00Cr19Ni12

11.4 奥氏体不锈钢的焊接工艺

采用钨极氩弧焊方法焊接不锈钢是很容易的，因为焊缝金属不需通过电极去与母材相熔合。

奥氏体不锈钢的热导率小，线胀系数大。为了保持低的焊接热输入，与碳钢相比应选用较小的电流，因为不锈钢传热较差，容易导致过热；线胀系数大，随焊接热输入的增加，会导致更大的变形。因此，焊接时会引起焊缝间隙尺寸的较大变化，增大金属的熔化速度。

当奥氏体不锈钢平板对接打底焊时，坡口根部容易迅速熔化导致产生液态金属下淌，影响单面焊双面成形的质量。因此要在焊缝背面形成氩气保护层，以防止空气污染焊缝。

11.4.1 焊前准备

① 焊件坡口加工 焊件为06Cr19Ni10不锈钢板，厚度为5mm，加工坡口角度为30°±1°，不留钝边。

② 焊件清理 焊前将坡口正、反面两侧20mm范围内的铁锈、油污等清理干净，并用丙酮溶液清洗干净。然后用锉刀锉出合适的钝边。

③ 焊接电源及焊接材料的选择 焊接电源采用WSMA-300型专用直流氩弧焊机，采用直流反极性。焊接材料的选择见表11-5。

表11-5 焊接材料的选择

名称	牌号	规格/mm	要求
焊丝	H0Cr21Ni10	ϕ1.6～2.5	焊件专用,使用前用丙酮清洗
钨极	WCe20	ϕ2～3.2	端部磨成30°圆锥形,锥端直径0.5～1.0mm
氩气	工业纯氩	—	纯度(体积分数)大于99.95%

一般，氩弧焊的焊接电极选用铈钨极，它能使电弧稳定，许用电流大。为了得到好的保护效果，大都选用氩气保护，只有厚工件时，才选用氦+氩的混合气体。

11.4.2 焊件组装与定位

板对接平焊时的组对尺寸按表11-6。

表11-6 板对接平焊时的组对尺寸 mm

坡口角度	间隙		钝边	错边量
	始焊端	终焊端		
60°±1°	2.5	3.5	0.5～1	≤0.5

定位焊缝长度为15～20mm。定位焊缝时所选择的焊接材料和焊接参数应与正式焊缝相同，定位焊缝焊后，不允许有超标缺陷存在。

11.4.3 焊接

将组装好的焊件放于工作台上，反面设置凹槽，凹槽尺寸要尽量窄一些，底部为 U 形，凹槽两端要封堵，以便在焊缝反面形成均匀的氩气保护层。焊件坡口间隙要正对下面的凹槽，如图 11-2 所示。焊接采用左焊法，焊炬自左向右行走，焊炬、焊丝与焊件之间的夹角如图 11-3 所示。

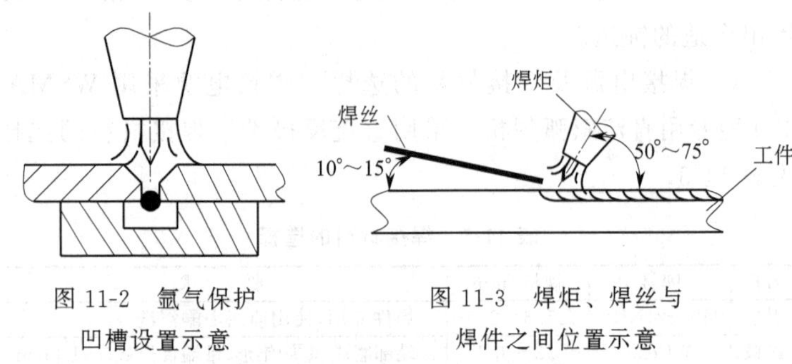

图 11-2 氩气保护凹槽设置示意

图 11-3 焊炬、焊丝与焊件之间位置示意

① 引弧　先在焊件背面的凹槽内充进氩气，焊炬贴近定位焊缝表面引弧，电弧引燃后，将焊炬轻轻抬起，在定位焊缝根部进行预热，待金属接近熔化时，压低电弧，坡口根部形成新的熔孔即可填丝焊接。

② 打底层焊接　打底层焊接时，焊炬移动方法为月牙形。为保证焊缝的背面成形，应将熔孔深入母材根部每侧 0.5～1mm，焊丝的填充方向应始终在电弧的运动方向上，熔孔未达到要求的尺寸时，不得急于填丝，否则会产生未焊透。焊丝的速度要根据熔孔的大小而定，熔孔大，填丝速度要快，否则会产生反面焊缝太高或焊瘤。焊接过程中，在不妨碍观察视线的情况下，应尽量压低电弧，以加强氩气保护效果，使电弧集中，从而有利于减小熔池尺寸，控制背面焊缝成形。焊接过程中，熔池随熔滴的过渡变化不断变化，影响到背面焊缝成形。因此，焊丝的送入要均匀平稳，紧贴熔池表面，并始终处于电弧的包围之中。

③ 收弧和接头 当电弧运至距终焊端3～5mm时，焊炬划圈，把定位焊点根部熔化，然后填充两三滴液态金属，封口后继续向前施焊10mm左右停弧。停弧后不要立即移开焊炬，以免空气进入高温熔池，产生冷缩孔。背面的氩气保护要在焊炬移开后再停止供气。

④ 填充层焊接 填充层焊接的焊炬与母材表面夹角为70°～80°，焊丝与母材表面的夹角与打底焊时相同。焊接时，注意电弧在坡口两侧作适当的停留，以避免出现焊缝中间高、两侧凹的现象。填充层焊完后，焊缝表面距母材表面以0.5～1mm为宜。填充层焊接时不得烧损边缘的棱角，以免影响盖面层焊接的视线。接头时，要先对接头处进行预热，使接头处呈熔化状态，然后再填丝焊接，以免出现凸起现象。

⑤ 盖面层焊接 盖面层焊接时，焊炬角度、填丝角度和填充焊层焊接时相同。但焊炬横向摆动幅度要稍加大。焊炬运行至坡口边缘时，要适当压低电弧，并放慢填丝速度，以使焊缝表面圆滑过渡。为保证焊缝与母材熔合良好，电弧要深入坡口边缘每侧0.5～1mm，电弧回摆时，速度要放慢，以防止出现咬边现象。

几种不锈钢对接接头手工钨极氩弧焊的焊接工艺参数见表11-7。

表11-7 几种不锈钢对接接头手工钨极氩弧焊的焊接工艺参数

mm

板厚	接头形式	焊接位置	焊接层次	焊接电流/A	焊接速度/$mm \cdot min^{-1}$	钨极直径	焊丝直径	氩气流量/$L \cdot min^{-1}$
1	间隙=0	平	1	50～80	100～120	1.6	1	4～6
		立	1	50～80	80～100	1.6	1	4～6
2.4	间隙=0～1	平	1	80～120	100～120	1.6	1～2	6～10
		立	1	80～120	80～100	1.6	1～2	6～10

续表

板厚	接头形式	焊接位置	焊接层次	焊接电流/A	焊接速度/mm·min^{-1}	钨极直径	焊丝直径	氩气流量/L·min^{-1}
3.2	间隙=0～2	平	2	105～150	100～120	2.4	2～3.2	6～10
		立	2	105～150	80～120	2.4	2～3.2	6～10
4	间隙=0～2	平	2	150～200	100～150	2.4	3.2～4	6～10
		立	2	150～200	80～120	2.4	3.2～4	6～10
6	间隙=0～2	平	2	150～200	100～150	2.4	3.2～4	6～10
		立	2	150～200	80～120	2.4	3.2～4	6～10
	间隙=0～2	平	3	180～230	100～150	2.4	3.2～4	6～10
		立	3	150～200	100～150	2.4	3.2～4	6～10

11.5 奥氏体不锈钢的焊后热处理

热处理是改善接头性能和使焊接过程顺利进行的一种重要措施。由于奥氏体不锈钢有产生晶间腐蚀和热裂纹的倾向，为防止奥氏体不锈钢在使用中产生晶间腐蚀和焊接过程中的热裂纹，焊件可根据具体情况进行不同的热处理。

① 消除应力处理　经冲压和拉伸的焊件，焊前应进行高温热处理，以消除冷加工过程中的硬化应力。消除应力处理的温度不低于850℃，通常，要加热到1050～1100℃，然后迅速冷却。

② 固溶处理　焊后将焊件加热到1050～1100℃，用水急冷，可使焊接时析出的碳化铬在高温下重新溶入固相中。经固溶处理后，消除了贫铬区，能使钢达到一定的稳定状态。例

如，采用 H0Cr21Ni10 焊丝焊接，为了获得单相奥氏体组织的焊缝，就要进行固溶处理。固溶处理需要均匀地整体加热，一般不可局部加热。

③ 稳定化处理　这种方法是让溶解到奥氏体中的大部分碳，以碳化钛或碳化铌的形式析出，从而提高耐晶间腐蚀性能。稳定化处理是把钢加热到 850～950℃（06Cr19Ni10 钢的温度是 860～880℃），然后保温 6h，空冷。由于这个温度既高于碳化铬的溶解温度，又低于碳化钛、碳化铌的溶解温度，所以能消除贫铬现象，达到二次稳定状态，也减少了焊接残余应力。

第12章 铝及铝合金的焊接

CHAPTER 12

铝及铝合金密度小、耐蚀，具有优良的低温性能，因而在航天、航空和化学工业中得到广泛的应用。由于铝及铝合金材料的物理性能和力学性能与钢铁材料有很大差异，故焊接性能相对钢材有很大的不同。只有对铝及铝合金材料的性能有一定的了解，才能合理地选择焊接方法、制定合适的焊接工艺、掌握正确的操作技术。

12.1 铝及铝合金材料的分类及牌号

12.1.1 铝及铝合金材料的分类

铝及铝合金材料根据化学成分和制造工艺的不同，可按图 12-1所示品种分类。

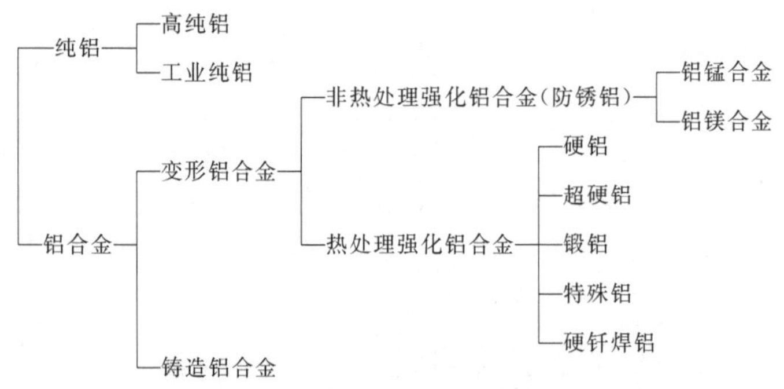

图 12-1 铝及铝合金材料的分类

(1) 纯铝

高纯铝的含铝量不小于99.999%。主要供电子工业的导电元件和激光材料等使用。

工业纯铝的含铝量不小于99%，其中主要杂质是铁和硅，可制作电缆、电容器、铝箔等，常用作垫片材料，很少直接用于受力元件。

(2) 铝合金

在纯铝中加入各种合金元素冶炼出来的材料称为铝合金。铝合金按工艺性能特点，可分为变形铝合金和铸造铝合金两大类。

① 变形铝合金（又称为加工铝合金） 变形铝合金是单相固溶体组织，它的变形能力较好，适于锻造和压延。变形铝合金又可分为非热处理强化铝合金和热处理强化铝合金。

a. 非热处理强化铝合金。主要有铝-锰合金和铝-镁合金等。此类铝合金都具有优良的耐蚀性能，故又称为防锈铝合金。

它主要是通过加入锰、镁等元素的固溶强化及加工硬化来提高力学性能，不能通过热处理来提高其强度。

这种铝合金的特点是强度中等，具有很好的塑性和压延加工性。在铝合金材料中焊接性最好，所以是目前铝合金焊接结构中应用最广泛的一类铝合金材料。

b. 热处理强化铝合金。热处理强化铝合金主要分为硬铝、超硬铝和锻铝。

这类铝合金主要是通过固溶、淬火、时效等工艺来提高力学性能。

硬铝主要成分是铝、铜、镁；超硬铝成分则在硬铝基础上又增添了锌。这些元素可有限地固溶于铝中，形成铝基固溶体，多余元素与铝形成一系列金属间化合物。通过淬火-时效热处理，可有效地控制合金元素在铝中的固溶度和化合物的弥散度，实现力学性能的提高。硬铝和超硬铝具有较高强度的同时，还具有较高的塑性。主要缺点是耐蚀性较差，焊接性也随强度的提高而变差，特别是在熔化焊时，产生焊接热裂纹的倾向较大。若在合金中含锌量较多，则晶间腐蚀与焊接热裂纹的倾向较大。所以，这种铝合金目前在焊接结构中用得不多。近年，我国研制出多种热处理强化铝合金，其焊接性有了很大的改善。

锻铝可以进行淬火-时效强化。在高温下具有良好的塑性，适用于制造锻件及冲压件。铝-镁-硅锻铝，强度不高，但有优良的耐蚀性，没有晶间腐蚀倾向，焊接性能良好。

② 铸造铝合金　铸造铝合金分铝-硅合金、铝-铜合金、铝-镁合金和铝-锌合金四类，其中铝-硅合金用得最多。

铸造铝合金中存在共晶组织，流动性好。所以这类合金与变形铝合金相比，最大的优点是铸造性能优良，且有足够的强度，并有良好的耐晶间腐蚀性和耐热性，机械加工性能良好，焊接性也好。但塑性差，不宜进行压力加工。

铸造铝合金常用来制造发动机、内燃机零件等。

12.1.2　铝及铝合金材料的牌号（代号）表示方法

（1）纯铝及变形铝合金牌号

国家标准（GB/T 3190—2008）按合金系列建立了由数字与字母组成的 4 位牌号体系。将纯铝及变形铝合金，按主要合金元素的种类分为 8 个系列。各系列的主要用途如下。

① 1×××系（工业纯铝）　具有优良的可加工性、耐蚀性、表面处理性和导电性，但强度较低。主要用于对强度要求

不高的家庭用品、电气产品等。例如 1070A、1060 等。

② 2×××系（铝-铜） 具有很高的强度，但耐蚀性较差，用于腐蚀环境时，需进行防腐蚀处理，多用于飞机结构。例如 2014、2A20 等。

③ 3×××系（铝-锰） 热处理不可强化，可加工性、耐蚀性与纯铝相当，而强度有较大的提高，焊接性良好，广泛用于日用品、建筑材料等方面。例如 3003、3103 等。

④ 4×××系（铝-硅） 具有熔点低、流动性好、耐蚀性好等优点，可用作焊接材料。例如 4A01、4043 等。

⑤ 5×××系（铝-镁） 热处理不可强化，耐蚀性强，焊接性优良。通过控制 Mg 的含量，可以获得不同强度级别的合金。含镁量少的铝合金主要用作装饰材料和制作高级器械件；含镁中等的铝合金主要用于船舶、车辆、建筑材料；含镁量高的主要用于船舶、车辆、化工用的焊接件。例如 5A05、5B05 等。

⑥ 6×××系（铝-镁-硅） 热处理可强化，耐蚀性良好，强度较高，且热加工性优良，主要用于结构件、建筑材料等。例如 6061、6A02 等。

⑦ 7×××系（铝-锌、镁、铜） 包括铝-锌-镁-铜，高强度铝合金和铝-锌-镁-铜焊接结构件用铝合金两大类。前者如 7075、后者如 7003 等。7075 在铝合金中强度最高，主要用于飞机与体育用品。7003 具有强度高、焊接性和淬火性优良等优点，主要用于铁道车辆的焊接结构材料，同属一类的还有 7A04、7050 等。

⑧ 8×××系（其他铝合金） 8090 是典型的 8×××系列挤压铝合金，其最大特点是密度低、刚性高、强度高。

铝合金按供货状态又分为软态（R，如 5000R）和硬态（Y，5006Y）两类。

部分铝和铝合金新、旧牌号对照如表 12-1 所示。

表 12-1　部分铝和铝合金新、旧牌号对照

新牌号	旧牌号	新牌号	旧牌号	新牌号	旧牌号	新牌号	旧牌号	新牌号	旧牌号	新牌号	旧牌号
1035	代 L4	1060	代 L2	1080	—	1145	—	1350	—	1A50	—
1050	—	1070	—	1080A	—	1200	代 L5	1370	—	1A85	原 LG1
1050A	代 L3	1070A	代 L1	1100	代 L5-1	1235	—	1A30	原 L4-1	1A90	原 LG2
1A93	原 LG3	2A10	LY10	3004	—	5083	原 LF4	5A41	原 LT41	7005	—
1A95	—	2A11	原 LY11	3005	—	5086	—	5A43	原 LF43	7020	—
1A97	原 LG4	2A12	原 LY12	3103	—	5154	—	5A66	原 LT66	7022	—
1A99	原 LG5	2A13	原 LY13	3105	—	5154A	—	5B05	原 LF10	7050	—
2004	—	2A14	原 LC10	3A21	原 LF21	5182	—	5B06	原 LD14	7075	—
2011	—	2A16	原 LY16	4004	—	5183	—	6005	—	7475	—
2014	—	2A17	—	4032	—	5251	—	6005A	—	7A01	原 LB1
2014A	—	2A20	原 LY20	4043	—	5356	—	6060	—	7A03	原 LC1
2017	—	2A21	曾用 214	4043A	—	5454	—	6061	原 LD30	7A04	原 LC4
2017A	—	2A25	曾用 225	4047	—	5456	—	6063	原 LD31	7A05	曾用 705
2024	—	2A49	曾用 149	4047A	—	5554	—	6063 A	—	7A09	原 LC9
2117	—	2A50	曾用 LD5	4A01	原 LT1	5754	—	6070	原 LD2-2	7A10	原 LC10
2124	—	2A70	原 LD7	4A11	原 LT11	5A01	曾用 LF15	6082	—	7A15	曾用 DC15
2214	—	2A80	原 LD8	4A13	原 LT13	5A02	原 LF2	6101	—	7A19	曾用 LC19
2218	—	2A90	原 LD9	4A17	原 LT17	5A03	原 LF3	6101A	—	7A31	曾用 L83-1
2219	曾用 LY19	2B11	原 LY8	5005	—	5A05	原 LF5	6181	—	7A33	曾用 L733
2618	—	2B12	原 LY9	5019	—	5A06	原 LF6	6351	—	7A52	曾用 LC52
2A01	原 LY1	2B16	曾用 LY16-1	5050	—	5A12	原 LF12	6A02	原 LD2	8011	曾用 LT98
2A02	原 LY2	2B50	原 LD6	5052	—	5A13	原 LF13	6A51	曾用 651	8090	—
2A04	原 LY4	2B70	曾用 LD7	5056	原 LF5-1	5A30	原 LF16	6B02	原 LD2-1	8A06	原 L6
2A06	原 LY6	3003	—	5082	—	5A33	原 LF33	7003	原 LC12	—	—

注：1. “原”是指与新牌号的化学成分等同，且都符合 GB/T 3190—82 规定的旧牌号。

2. “代”是指与新牌号的化学成分相近似，且符合 GB/T 3190—82 规定的旧牌号。

3. “曾用”是指已经鉴定，工业生产中曾经用过但未收入 GB/T 3190—82 的旧牌号。

(2) 铸造铝合金牌号

按国家标准（GB/T 1173—2013）规定，铸造铝合金牌号表示方法如下。

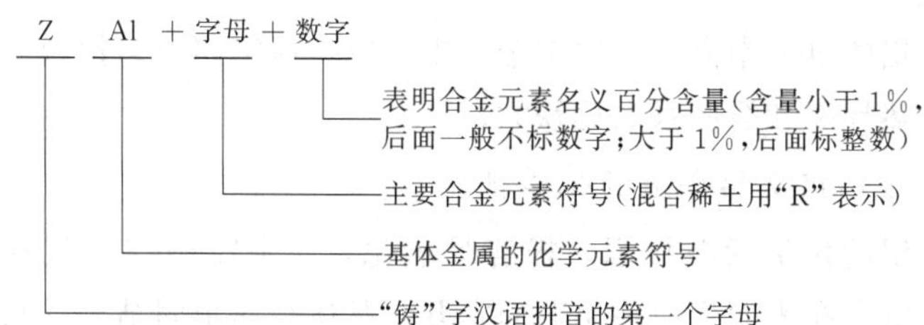

注：杂质低、性能高的优质合金，在其牌号后面加字母“A”。例如：

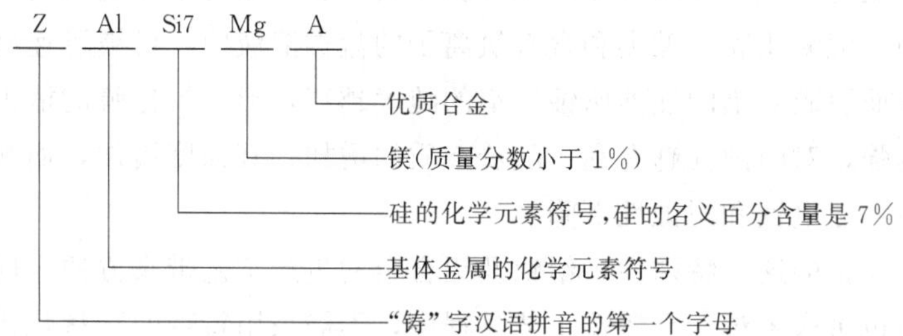

12.2 铝及铝合金的性能

12.2.1 铝及铝合金性能及应用特点

(1) 铝及铝合金的物理性能

纯铝是银白色的轻金属，密度约为铁的1/3。铝合金加入的各种合金元素，对密度的影响不大，铝合金的密度一般在2.5～2.88g/cm^{3}之间。

铝的熔点约为658℃，熔点与其纯度有关，随着铝纯度的提高而升高。当铝纯度为99.996%时，熔点为660.24℃。合金元素的加入使铝的熔点降低，加热熔化时无明显颜色变化。

铝的电导率高，仅次于金、银、铜，居第四位。铝及铝合金的热导率和线胀系数比铁大。

(2) 铝及铝合金的化学性能

铝的化学活泼性强，极容易氧化，在室温中与空气接触时，就会在表面生成一层薄而密并与基体金属牢固结合的氧化膜——氧化铝（Al_2O_3）薄膜，这层氧化膜对金属起保护作用，使铝及铝合金具有耐蚀的性能，阻止氧向金属内部扩散，防止金属进一步被氧化，也可防止硝酸及醋酸对基体金属的腐蚀。但氧化膜在碱类和含有氯离子的盐类溶液中，可被迅速破坏而引起对铝的强烈腐蚀。铝的纯度越高，形成氧化膜的能力越强，对耐蚀性越有利。随着杂质的增加，其强度增加，而塑性、导电性和耐蚀性下降。

铝的这一特殊性，给铝及铝合金的生产工艺带来方便，同时也带来困难。在铸造工艺过程中，不需采用特殊的防氧化措施，就可获得满意的质量，但又使铝及铝合金的焊接生产工艺过程难以进行，焊接时，要采取很多措施来清除这层氧化膜，以保证焊接质量。

(3) 铝及铝合金的力学性能

纯铝的塑性和冷、热压力加工性能都较好，但机械强度低，不能制成承受较大载荷的结构或零件。为此，可在纯铝中加入不同种类和不同数量的合金元素（如镁、锰、铜、锌、硅及稀土等）以改变其组织结构，从而提高强度并获得所需性能的铝合金，使之适宜制作各种承载结构和零件。一般，随着合金元素的增加，铝合金的强度也增加，而塑性则下降。

冷压加工和热处理可在很宽的范围内改变铝及铝合金的力学性能，通常用于焊接的铝及铝合金，都是经过冷压加工或热处理的。焊接时的高温，会对铝及铝合金的力学性能有所影响，对热处理的铝合金，这种影响与合金元素在铝中的存在状态有关。

加入的合金元素，主要是通过以下几个途径，来提高铝的力学性能的。

① 固溶强化　由于高温时合金元素在铝中有较大的固溶度，且随着温度的降低而急剧减小，故铝合金经加热至某一温度淬火后，可以得到过饱和的铝基固溶体。纯铝通过加入合金元素形成铝基固溶体使其强度升高，称为固溶强化。铝-镁（Al-Mg）合金和铝-锰（Al-Mn）合金就是靠固溶强化来提高强度的。

② 时效强化　铝合金经固溶处理后，获得过饱和固溶体。在随后的室温放置或低温加热保温时，和第二相从过饱和固溶体中缓慢析出，引起强度、硬度的提高以及物理、化学性能的显著变化，称为时效强化。室温放置过程中使合金产生强化的效应称为自然时效；低温加热过程中合金产生强化的时效称为人工时效。

铝合金的时效强化主要是过饱和铝基固溶体不稳定，有自发分解的倾向，当给予一定的温度与时间条件时，就要发生分解，产生析出相，强化铝合金。

焊接的高温对经时效强化的铝合金力学性能的影响很大。用于焊接的这类铝合金主要有铝-镁-硅（Al-Mg-Si）、铝-铜-锰（Al-Cu-Mn）、铝-镁-钼（Al-Mg-Mo）、铝-锌-镁（Al-Zn-Mg）等。

(4) 铝及铝合金的应用特点

铝及铝合金具有高的强重比，铝及铝合金的强重比约为

$(118\sim214)\times10^{-4}$ cm，而优质钢的强重比只有$(38\sim101)\times10^{-4}$ cm，合金结构钢也只有$(51\sim160)\times10^{-4}$ cm，由此可见，在同样条件下，用铝及铝合金制作构件的质量就小得多。

铝及铝合金更突出的方面是其相对比刚度大，超过了钢铁材料，铝合金的相对比刚度约为 8.5，而钢铁材料为 1。对质量相同的构件，采用铝合金制作，可以保证得到最大的刚度。

铝及铝合金的上述特性，使其在交通运输工业得到了越来越广泛的应用。

对于许多构件，如机车的车体外壳等，结构的失稳破坏原因不是强度不够，而是刚度不够。为发挥铝及铝合金相对比刚度高的优势，需要把铝及铝合金加工成不同横截面的空心型材，以供后续加工使用。

铝及铝合金的型材主要是采用轧制或挤压的方法生产。挤压型材占主导地位。

12.2.2 铝及铝合金的焊接性

焊接性是指金属材料焊接加工的适应性。主要指在一定焊接工艺条件下，获得优质焊接接头的难易程度。由于铝及铝合金所具有的独特物理性能，对它们的焊接存在一系列的困难。因此，必须了解其焊接特点及可能出现的问题，以便采用合适的焊接方法和相应的工艺措施，以保证获得优良的焊接质量。

铝及铝合金的焊接特点具体有以下几点。

(1) 极容易被氧化

铝和氧的化学结合力很强，常温下表面就能被氧化，另外铝合金中所含有的一些合金元素也极易氧化，在焊接高温条件下，氧化更加激烈，氧化生成一层极薄（厚度为$0.1\sim0.2\mu m$）的氧化膜（主要成分是三氧化二铝 Al_2O_3）。氧化铝的熔点高达2050℃，远远超过了铝及铝合金的熔点（约660℃），而且致密，它覆盖在熔池表面妨碍焊接过程的正常进行，妨碍金属之间的良好结合，容易产生未焊透缺陷。

氧化膜的密度比铝及铝合金的密度大（约为铝合金的1.4倍），不易从熔池中浮出，容易在焊缝中形成夹渣。

氧化膜还会吸附水分，焊接时会促使焊缝生成气孔。此外，氧化膜的电子逸出功低，容易发射电子，使电弧飘移不定。

因此，焊前必须严格清除焊件焊接区表面的氧化膜，焊接过程中要有效地保护好处于液化状态的金属，防止处于高温的金属进一步氧化，并且要不断地破除熔池表面或新生的氧化膜，这是铝及铝合金焊接的一个重要特点。

（2）容易产生气孔

铝及铝合金熔化焊时，气孔是焊缝中另一种最常见的焊接缺陷，尤其是纯铝熔化焊时更容易产生。

实践证明，氢是铝及铝合金熔化焊时产生气孔的主要因素，即铝合金焊接时产生的主要是氢气孔。这是因为氮不溶于液态铝，铝又不含碳，因此不会产生氮气孔和一氧化碳气孔；氧与铝有很大的亲和力，它们结合后以三氧化二铝形式存在，所以也不会产生氧气孔。

常温下，氢几乎不溶于固态铝，但在高温时能大量地溶于液态铝，所以在凝固点时其溶解发生突变，原来溶于液体中的氢几乎全部析出，其析出过程是：形成气泡→气泡长大→上浮→逸出。

如果形成的气泡已经长大而来不及逸出，便形成气孔，此外，铝及铝合金的相对密度较小，气泡在溶池里的浮升速度很慢，且铝的导热性很强，凝固快，不利于气泡逸出，故铝及铝合金焊接时容易产生气孔。

（3）热裂纹倾向大

铝及铝合金焊接时，一般不会产生冷裂纹。实践证明，纯铝及非热处理强化铝合金焊接时，很少产生热裂纹；热处理强化铝合金和高强度铝合金焊接时，热裂纹倾向较大。热裂纹往往出现在焊缝金属和近缝区上。在焊缝金属中称为结晶裂纹，在近缝区则称为液化裂纹。

由于铝的线胀系数比钢将近大 1 倍，凝固时的结晶收缩又比钢大（体积收缩率达 6.5%左右），因此，焊接时铝及铝合金焊件中会产生较大的热应力。另一方面，铝及铝合金高温时强度低、塑性很差（如纯铝在 375℃左右时的强度不超过 9.8MPa；在 650℃左右的伸长率小于 0.69%），当焊接内应力较大时，很容易使某些铝合金在脆性温度区间内产生热裂纹。

此外，当铝合金成分中的杂质超过规定范围时，在熔池中将形成较多的低熔点共晶。两者共同作用的结果，是焊缝中容易出现热裂纹。因此，热裂纹是铝合金尤其是高强铝合金焊接时，最常见的严重缺陷之一。

（4）需用强热源焊接

铝及铝合金的热导率、热容量都很大，在焊接过程中，大量热被迅速传导到基体金属内部，因此焊接时比钢的热损耗大，需要消耗更多的热量，若要达到与钢相同的焊接速度，则焊接热输入约为钢的 2～4 倍。

因此，为了获得高质量的焊接接头，必须采用能量集中、功率大的强热电源进行焊接。

（5）易烧穿和塌陷

由于铝及铝合金由固态转变为液态时，没有明显的颜色变化，焊接过程中，操作者不容易判断熔池的温度和确定接缝的坡口是否熔化。另外，其高温强度低，焊接时常因温度过高引起熔池金属塌陷或下漏烧穿。

（6）易变形

铝及铝合金的导热性强而热容量大，线胀系数大，焊接时容易产生变形。

（7）合金元素容易蒸发和烧损

铝合金中含有低沸点合金元素，如镁、锌、锰等，在焊接电弧高温的作用下，极容易蒸发和烧损，从而改变焊缝金属的化学成分和性能。

（8）焊接热对基体金属强度的影响

铝及铝合金焊接后，基体金属受焊接热的影响，接头的强度和塑性会比母材差，这种现象称为接头不等强性。接头不等强性的表现，说明焊接接头发生了某种程度的软化或存在某一性能上的薄弱环节。接头性能上的薄弱环节，可能发生在三个部位：焊缝、熔合区及热影响区。

就焊缝而言，由于是铸造组织，即使在退火状态以及焊缝成分与母材基本相同的条件下，焊缝塑性一般仍不如母材。若焊缝成分不同于母材，焊缝性能将主要取决于所选用的焊接材料。当然，焊后热处理以及焊接工艺也有一定的影响。另外，多层焊时，后一层焊道会使前一层焊道重熔一部分，由于没有同素异构转变，不仅看不到钢材多层焊时的层间晶粒细化现象，性能也并未得到改善，还可能发生缺陷的积累，特别是在层间温度较高时，甚至可能促使层间出现热裂纹。一般，焊接热输入越大，焊缝性能下降的趋势也越大。

对于熔合区，非热处理强化铝合金的主要问题是晶粒粗化而降低塑性；热处理强化铝合金除晶粒粗化外，还可能因晶界液体而产生显微裂纹。所以，熔合区的变化主要是恶化塑性。

对于热影响区，主要表现为强化效果的损失，即软化。

为说明不同铝合金焊后的接头性能不等强性，在表12-2中列出了一些铝合金焊接接头和母材的常温力学性能数据。

表 12-2 铝合金焊接接头和母材的常温力学性能数据

合金	母材(最小值)				接头(焊缝堆高削薄)				
	状态	σ_b /MPa	σ_s /MPa	δ_{10} /%	焊丝	焊后热处理	σ_b /MPa	σ_s /MPa	δ_{10} /%
Al-Mg (5052)	退火	173	66	20	Al-5%Mg	—	200	96	18
	冷作	234	173	6	Al-5%Mg	—	193	82.3	18
Al-Mg-Si (6061)	退火	152	82.5	16	Al-5%Si	—	124	61.6	32
	固熔+时效	207	109	16	Al-5%Si	—	176	—	7.6
	固熔+人工时效	289	241	10	Al-5%Si	—	186	124	8.5
					Al-5%Si	人工时效	304	275	2
					Al-5%Mg		297	211	1
Al-Cu-Mg (2024)	退火	220	109	16	Al-5%Si	—	207	109	15
					Al-5%Mg	—	207	109	15
	固熔+人工时效	427	275	15	Al-5%Si	—	280	201	3.1
					Al-5%Mg	—	295	194	3.9
					同母材	—	289	275	4
					同母材	自然时效1个月	371	—	4
Al-Cu-Mn (2219)	退火	220	109	12	同母材	—	386	275	7
	固溶+人工时效	372	248	6	同母材	—	248	134	4
Al-Zn-Mg-Cu(7075)	固熔+人工时效	536	482	7	Al-5%Si	人工时效	309	200	3.7
Al-Zn-Mg (7005)	固熔+自然时效	352	225	18	X5180 Al-4%Mg -2%Xn -0.15%Zn	自然时效1个月	316	214	7.3
	固熔+人工时效	352	304	15			312	214	6.2

12.3 焊前准备

12.3.1 接头形式和焊接坡口

氩弧焊原则上可按产品结构要求采用任何形式的接头，如对接接头、搭接接头、角接接头、T 形接头等，如图 12-2 所示。

对接接头可分为开坡口和不开坡口两种，一般板厚为 1～5mm 时不开坡口，单面焊双面成形；板厚在 6mm 以上时，开坡口，并多采用 V 形坡口，如图 12-3 所示。

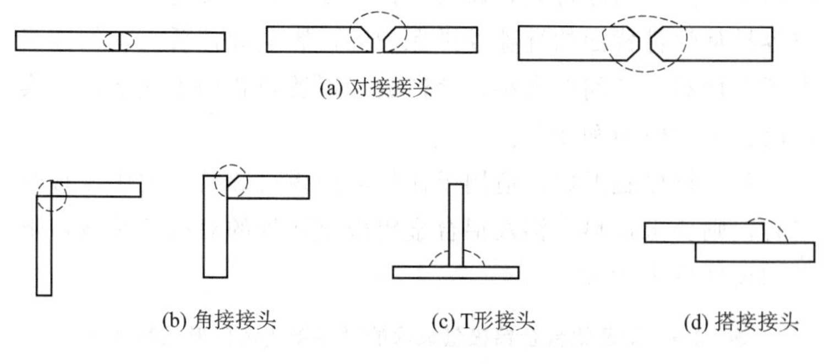

图 12-2 基本接头形式

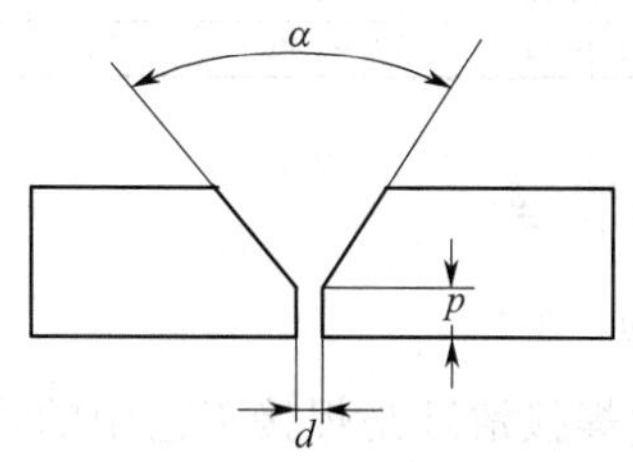

图 12-3 V 形坡口示意

V 形坡口各部分尺寸对焊接质量的影响如下。

① 坡口角度 α 小于 60°时，电弧不易到达底部，不能击穿氧化膜，故不容易焊透。坡口角度若过大，焊缝会很宽，焊接速度慢，变形也较大。

② 钝边 p 存在的意义是保证焊接时金属不易下塌，又可焊透。但钝边过大，背面成形不好，可能产生未焊透等缺陷。如果两面焊，背面铲除焊根的工作量就要增加。钝边过小，容易形成焊肉下塌或烧穿等缺陷。

③ 间隙是指工件在组对时所留的缝隙，组对时应考虑点固焊收缩量的大小来留间隙。由于收缩的原因，所留间隙经点固后，应基本上收缩消失，这种间隙才是合理的，也有利于焊接。焊接时不应有缝隙（因焊缝受热膨胀），否则会影响氩气

的保护作用。间隙过大，氩气保护不好，在焊接过程中，空气很容易从焊件背面的缝隙卷进保护区，影响焊接质量，间隙过大还会烧穿。若间隙太小，会造成焊不透及背面不成形，并会造成较大的应力和变形。

手工钨极氩弧焊，适用于比较薄的板材焊接，而中厚板焊接时，则要求预热。铝及铝合金钨极氩弧焊的对接接头坡口形式和尺寸见表 12-3。

表 12-3 铝及铝合金钨极氩弧焊的对接接头坡口形式和尺寸

板厚/mm	坡口形式	坡口角度/(°)	钝边/mm	间隙/mm
1.5～3	不开坡口	—	—	0～3
4.5～7.5	单 V 形坡口	60～100	0～3	0～4.5
≥7.5	双 V 形坡口	60～100	1.5～3	0～4.5

12.3.2 焊前清理

(1) 焊前清理

铝及铝合金的焊接清理是焊接工艺中的重要环节，其目的是去除焊件表面的氧化膜和油污。焊前清理是防止产生气孔的重要措施。氩弧焊时，对材料的表面质量要求很高，焊前必须严格清除填充焊丝和坡口以及坡口两侧至少 20mm 范围内的油污、氧化膜、水分、金属污染物和灰尘等。如果焊丝、坡口清理得不好，会出现焊道表面不光亮并有灰黑色薄膜。在焊接过程中，将影响电弧的稳定性，恶化焊缝成形，导致气孔、夹杂、未熔合等缺陷，直接影响焊接质量。

在采用任何一种方法清理时，都必须对不容易清理到的死角，如整体填料的根部等，严格加以检查并确保清理干净。

不仅焊件要焊前清理，而且焊接的夹具清理也必须充分重视。焊前清理还包括保护气垫板、供气通道、管道的接头等部位；焊接过程中，要随时清除有可能侵入焊接区域的油、水等；每焊完一个焊件，准备装配下一个焊件之前，都应对焊接夹具进行一定的清理；清理后的焊件，应尽快进行焊接，因为金属一旦暴露在大气中，就会立即生成氧化物，影响焊接接头的质量。

清理的方法，通常要视污染的类型而定。常用的清理方法有以下几种。

① 去除油污、灰尘　可采用有机溶剂（汽油、丙酮、三氯乙烯、四氯化碳等）擦洗，也可配制专用化学溶液清洗，表 12-4列出了铝及铝合金清洗去油溶液配方及清洗规范。

表 12-4　铝及铝合金清洗去油溶液配方及清洗规范

去油污			冲洗时间/min	
溶液成分/g·L^{-1}	溶液温度/℃	去油时间/min	热水(50～60℃)	流动冷水
工业磷酸三钠 40～50	60～70	5～8	2	2
碳酸钠 40～50				
水玻璃 20～30				
水				

② 除氧化膜　一般，去除氧化膜的方法有机械清除和化学清洗两种。

机械清除是用不锈钢丝轮或铜丝轮，将坡口两侧氧化膜清除。由于铝及铝合金材质较软，使用刮刀清理也是有效的，可刮去一层氧化膜至露出金属光泽。但机械清理效率低，去除氧化膜不彻底，所以一般只用于尺寸大、生产周期长或化学清洗后又局部污染的工件。

化学清洗是采用溶液或用清洗剂进行清洗。铝及铝合金的化学清理方法见表 12-5。

表 12-5　铝及铝合金的化学清理方法

材料	碱洗			冲洗	中和光化			冲洗	干燥
	溶液	温度/℃	时间/min		溶液	温度/℃	时间/min		
纯铝	NaOH 6%～10%	40～50	≤20	清水	HNO_3 30%	室温	1～3	清水	风干或低温干燥
铝-镁、铝-锰	NaOH 6%～10%	40～50	≤7	清水	HNO_3 30%	室温	1～3	清水	

注：清理后至焊接前的储存时间一般不得超过 24h。

(2) 焊接过程中清理

多层焊时，除第一层外，每层焊前均应用机械法清除前一层焊缝上的氧化膜。由于加热会促使氧化膜重新生长，在焊接过程中，应随时注意焊缝熔池情况。长焊缝也可以分段清理，以缩短焊接的间隔时间。

(3) 焊后清理

由于氩弧焊焊铝材时不用焊剂，所以焊后只需要清理飞溅、污物等，并使焊缝圆滑过渡。

12.3.3 装配

焊前的装配质量，对焊缝质量有较大的影响。如果对接焊的装配错边量或间隙过大，当不加焊丝焊接薄板时，焊缝就会烧穿；当加焊丝焊接厚板时，会产生较大的变形。

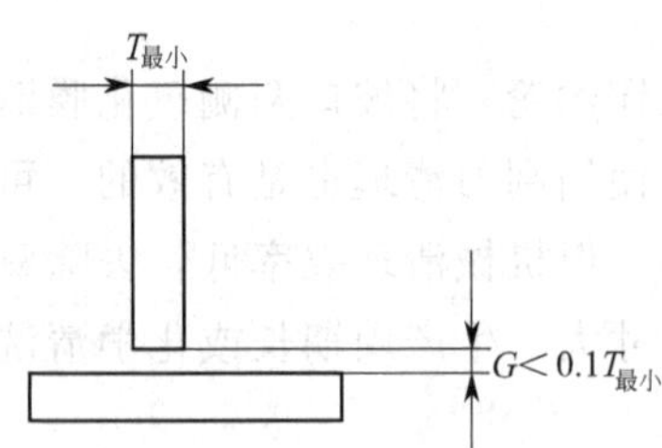

图 12-4 角接头装配要求

焊前装配质量应符合以下规定。

① 角接头的表面间隙（宽度值为 G）应小于最小板厚（$T_{最小}$）的 10%，如图 12-4所示。

② 对接接头在加丝焊时，接缝边缘的间隙应小于或等于板厚的 30%，且不大于 3mm。

12.4 焊接材料

(1) 氩气

氩气是用空气分离法制氧时的副产品，氩的沸点为 −186℃，在氮气和氧气之间。它在空气中的含量很少，按体积计算为 0.8325%，按质量计算为 1.2862%。

氩气的保护作用是：在电弧周围形成惰性气体层，把金属熔池和空气隔开。氩气不与焊缝金属起化学反应，对焊接质量没有任何影响。在高温时，不分解，没有吸热作用，电弧温度变化小而集中，因而对电弧的温度无影响。手工钨极氩弧焊时，氩气的纯度不得低于99.9%。

(2) 电极

氩弧焊时对非熔化电极的要求是：熔点高，电阻小，电子发射能力强。

一般采用钨作为电极，钨的熔点（3410℃）及沸点（5900℃）都很高，适合作为非熔化电极，常用的钨极有三种：纯钨电极（EWP）、钍钨电极（EWTh）和铈钨电极（EWCe）。其种类、化学成分及特点见表12-6。

钨极的产品长度规格有：75mm、150mm、175mm和305mm几种。在三种钨极中，纯钨极的电子发射能力差，钍钨极是在钨中加入了1%～2%的二氧化钍（ThO_2），提高了电子发射能力，并具有熔点更高的优点。但钍钨极也有缺点，钍是放射性物质，虽然剂量很小，但终究是有污染，所以近年已经不用。铈钨极是近年研制的一种钨电极材料，其熔点与钍钨极差不多，可以避免放射性的危害。

表12-6 钨极的种类、化学成分及特点

钨极牌号		化学成分/%							特点
		W	ThO_2	CeO_2	SiO_2	Fe_2O_3	Mo	CaO	
纯钨极	W1	>99.92	—	—	0.03	0.03	0.01	0.01	熔点和沸点都很高，但要求空载电压高，承载电流能力较小
	W2	>99.85	—	—	含量不大于0.15				
钍钨极	WTh-10	余量	1.0～1.49	—	0.06	0.02	0.01	0.01	加入氧化钍可降低空载电压，改善引弧性，增大电流使用范围，但有放射性
	WTh-15	余量	1.5～2.0	—	0.06	0.02	0.01	0.01	
铈钨极	WCe-20	余量	—	2.0	0.06	0.02	0.01	0.01	比钍钨极更容易引弧，消耗小，放射性低得多，推荐使用

电极主要是按照所用的焊接电流种类、极性和焊接电流的大小来选择。不同钨极直径的许用电流范围如表 12-7 所示。不同钨极直径与焊接电流大小的关系如表 12-8 所示。

表 12-7 不同钨极直径的许用电流范围 A

钨极直径/mm	直流/A				交流	
	正接(电极－)		反接(电极＋)		纯钨	钍钨、铈钨
	纯钨	钍钨、铈钨	纯钨	钍钨、铈钨		
0.5	2～20	2～20	—	—	2～15	2～15
1.0	10～75	10～75	—	—	15～55	15～70
1.6	40～130	60～150	10～20	10～20	45～90	60～125
2.0	75～180	100～200	15～25	15～25	65～125	85～160
2.5	130～230	160～250	17～30	17～30	80～140	120～210
3.2	160～310	225～330	20～35	20～35	150～190	150～250
4.0	275～450	350～480	35～50	35～50	180～260	240～350
5.0	400～625	500～675	50～70	50～70	240～350	330～460
6.3	550～675	650～950	65～100	65～100	300～450	430～575
8.0	—	—	—	—	—	650～830

表 12-8 钨极直径与焊接电流大小的关系

钨极直径/mm	1.0	1.6	2.4	3.2	4.0	5.0
焊接电流/A	20～60	60～120	100～180	160～250	200～320	290～390

(3) 焊丝

铝及铝合金焊接时，焊缝金属的组织成分决定着焊缝的强度、塑性、抗裂性、耐蚀性等。因此，合理选择焊丝及填充材料是十分重要的。一般，根据焊件材质选用所需的焊丝。

焊接纯铝时，选用不低于母材纯度的纯铝焊丝。而焊接铝合金时，所选的焊丝合金元素含量最好稍高于母材。如焊铝-镁合金时，为补偿镁的烧损，常采用含有镁量比母材高的铝-镁合金焊丝（常用 LF6 焊接 LF5 铝-镁合金）。

在铝及铝合金焊接中，铝-硅焊丝是一种通用焊丝，这种焊丝的特点是：液态金属流动性好，特别是凝固时的收缩率小，焊缝金属具有较高的抗热裂性能，并能保证一定的力学性能，一般常用于焊接除铝-镁合金以外的各种铝合金。

采用铝-硅焊丝焊接硬铝、超硬铝、锻铝等高强度铝合金时，焊缝具有一定的抗裂性，但接头强度只有基体金属的50%～60%。对于高强度铝合金焊接，通常采用与母材合金成分不完全相同，但与母材有较好相溶性的焊丝，使之既有较好的抗裂性，又有较高的接头强度性能。此外，焊丝中的一些微量元素及其含量，在焊丝与母材的匹配中也起着重要作用。

焊接铝-镁合金时，可用铝-镁焊丝。

焊接铝-锰合金时，可用铝-锰焊丝或铝-硅焊丝。当焊接变形铝和铸铝合金时，可采用铸铝同牌号的合金焊丝或用铝-硅焊丝。

铝-硅焊丝简单的区别方法有两种：将焊丝在火焰中烧一下，马上取出，其表面应有黑色斑点；从颜色上区别，铝-硅焊丝颜色灰白，没有其他牌号的焊丝亮。

熔化焊时，常用焊丝与母材匹配关系见表12-9。异种铝及铝合金焊接时推荐选用的焊丝见表12-10。

表 12-9 常用焊丝与母材匹配关系

基体金属	L1	L2	L3～L5	L6	LF2	LF3	LF5	LF6	LF12	ZL10	ZL12	LY11
焊丝	L1	L1 或 SAl-2	L3 SAl-2 SAl-3	SAl-2 SAl-3	LF2 LF3	LF3 LF5 SAlMg5	LF5 LF6 SAlMg5	LF6 LF14	LF21 SAlMn1 SAlSi5	ZL10	ZL12	LY11

注：LF14是在LF6中加入合金元素钛（0.13%～0.24%）的焊丝。

表 12-10 异种铝及铝合金焊接用焊丝

基体金属	焊丝	基体金属	焊丝
(L1～L2)与LF21	LF21 或 SAlSi5	LF3与LF5、LF11	LF5、ZL7 或 SAlMg5
LF21与LF2	LF3 或 SAlMn1、SAlMg5	LF21与ZL10	ZL10 或 SAlMg5
LF21与LF3	LF5 或 SAlMg5	LF21与ZL21	ZL12 或 SAlMg5
LF6与LF11、LF5	LF6	(L2～L6)与LF2、LF3	SAlMg5 或与母材相同

手工钨极氩弧焊常用的铝及铝合金焊丝牌号及化学成分见表12-11。

表 12-11 铝及铝合金焊丝牌号及化学成分

类别	名称	牌号	化学成分/%									
			主要成分						杂质(不大于)			
			Mg	Mn	Fe	Si	Ti	Al	Zn	Cu	其他杂质	杂质总和
纯铝	2 号纯铝焊丝	SAl-2	—	—	0.25	0.20	—	99.6	—	0.01	0.01	0.4
	3 号纯铝焊丝	SAl-3	—	—	0.30	0.30	—	99.5	—	0.015	0.01	0.5
	4 号纯铝焊丝	SAl-4	—	—	0.30	0.35	—	99.3	—	0.05	0.01	0.7
铝镁	铝-镁 2 焊丝	SAlMg2	2.20～2.8	或 Cr 0.15～0.4	0.40	0.40	—	余量	0.1	0.01	0.01	0.8
	铝-镁 3 焊丝	SAlMg3	3.2～3.8	0.3～0.6	0.50	0.50	—	余量	0.2	0.05	0.01	0.85
	铝-镁 4 焊丝	SAlMg4Mn	4.3～5.2	0.5～1.0	0.40	0.40	0.15	余量	0.25	0.01	0.01	1.0
	铝-镁 5 焊丝	SAlMg5	4.7～5.7	0.2～0.6	0.40	0.40	—	余量	—	0.02	0.01	1.1
	铝-镁 5Ti 焊丝	SAlMg5Ti	4.8～5.5	0.3～0.6	0.50	0.50	0.02～0.20	余量	0.2	0.05	0.01	1.35
铝锰	铝-锰 1 焊丝	SAlMn1	—	1.0～1.6	—	—	—	余量	0.2	0.2	0.01	1.75
铝硅	铝-硅 5 焊丝	SAlSi5	—	—	—	0.45～0.6	—	余量	—	—	0.013	0.9

12.5 手工钨极氩弧焊工艺

钨极氩弧焊分为手工和自动两种。手工钨极氩弧焊可进行全方位的焊接，其特点是操作灵活方便，焊缝成形美观，变形小，特别是在焊接尺寸较精密的小零件时，更为合适。缺点是电流不能太大，所以焊缝熔深受到限制。当母材厚度在6mm以上时，需要开坡口，采用多层焊，所以生产效率不高，一般只适用于薄板的焊接。

12.5.1 预热

预热，在铝及铝合金焊接中具有重要意义。由于铝的比热容比钢约大1倍，热导率约为钢的2～4倍。所以，为防止焊缝区热量的流失，手工钨极氩弧焊时，焊前应对焊件进行预热。预热可使被焊工件温度升高，减少变形和开裂，促使焊接速度加快，减少熔池在高温下的停留时间，从而减少合金元素的烧损，同时又增加熔池的熔合能力，有利于熔池中气体的排出，防止气孔产生，保证焊接质量。

厚铝板焊接时，如不采用预热，焊接过程中，电流需要加大较多，焊接速度慢，熔池长时间处于高温状态，使接头过热，晶粒粗大，塑性和耐蚀性下降。另外，如不预热，焊缝冷却速度快，使焊件局部应力增加，容易产生裂纹，对排除气孔也不利。一般，在板厚为10mm时，应进行预热。此外，如果焊件不等厚时，也需在厚的一侧进行预热。总之，手工钨极氩弧焊时，厚铝板采用焊前预热有以下好处。

① 可加快焊接速度。

② 对消除气孔有重要作用。

③ 焊接电流可适当减小。

④ 减少熔池在高温下的停留时间，减少合金元素烧损，

提高焊接质量。

⑤ 减小焊接变形。

⑥ 焊缝表面成形美观。

预热温度的选择，应根据工件的大小和冷却速度来决定。对较厚的板，若预热温度过低，熔池黏度会增大，凝固也快，容易产生气孔，甚至引起开裂。但预热温度也不宜过高，否则焊接熔池较大，铝液黏度降低，在交流电弧作用下，液体金属会产生一种特殊的振动，使焊缝成形不良。

铝的预热温度一般在100～300℃之间，不应超过350℃，最好是150～250℃。预热的温度要均匀，最好从焊缝两侧的背面各150mm左右的位置预热，焊接较方便，以免产生过厚的氧化膜。

预热的方法：用氧-乙炔火焰，用中性焰或较弱的碳化焰；用电阻丝加热。推荐的TIG焊预热温度见表12-12。

表12-12 推荐的TIG焊预热温度

厚度/mm	3～6	10	12	18	25	50	75
TIG焊(交流)预热温度/℃	不预热	150～180	150～180	不推荐TIG焊	不推荐TIG焊	不推荐TIG焊	不推荐TIG焊

预热温度的识别方法：铝在高温下没有颜色变化，预热时可在铝工件表面预热处用蓝色粉笔或黑色铅笔画上几条线，加热后粉笔或铅笔的颜色逐渐褪去，当线条颜色与铝相近时，说明温度已经够了。

预热温度也可以用表面温度计或测温笔测量。焊件温度达到要求后，要用火焰控制温度，以防止升高或降低，要保持到焊缝焊完为止。

12.5.2 焊接工艺参数

铝及铝合金手工钨极氩弧焊的工艺参数主要有：焊接电流

种类及极性、焊接电流、保护气流量、钨极直径及端部形状等。正确选择各项工艺参数，是保证焊接质量的基本条件。

(1) 焊接电流

一般根据工件材料选择焊接电流种类。为利用阴极破碎作用，使正离子撞击熔池表面的氧化膜，所以采用交流或直流反接。但采用直流反接时，钨极承载能力降低，电弧稳定性差，熔池浅而宽，生产效率低，所以一般都是采用交流。

焊接电流是基本参数，也是影响焊接质量和生产效率的重要参数之一。焊接电流太大时，焊肉下凹，余高不够，焊接温度过高，容易使焊缝表面产生麻面及咬边，并使焊缝背面焊瘤过多。焊接电流过小时，焊缝根部不容易焊透，焊缝成形不良，容易产生夹杂和气孔。

焊接电流的选择，主要是根据工件材料、工件厚度、接头形式、焊件位置等因素，有时还要考虑焊工的技术水平（手工焊）等。

铝及铝合金手工钨极氩弧焊的焊接工艺参数见表12-13。

表12-13 铝及铝合金手工钨极氩弧焊的焊接工艺参数

板厚/mm	坡口形式	坡口尺寸/mm		钨极直径/mm	焊丝直径/mm	焊接电流/A	氩气流量/L·min^{-1}	喷嘴孔径/mm	焊接层次
		钝边	间隙						
1.2	I形	—	0～1	1.6～2.4	1.6～2.4	45～60	5～8	6～11	1
2	I形	—	0～1	1.6～2.4	1.6～2.4	80～110	6～9	6～11	1
3	I形	—	0～2	2.4～3.2	2.4～4	100～140	7～10	7～12	1
4	I形	—	0～2	3.2～4	2.4～4	180～230	7～10	7～12	1
4	I形	—	0～2	3.2～4	2.4～4	160～210	7～10	7～12	1
6	I形	—	0～3	4～6	3～4	250～300	9～15	9～15	2
6	V形	1～3	0～3	4～6	3～4	220～270	9～15	9～15	—

(2) 钨极直径及形状

钨极直径是根据焊接电流的大小来选择的。电流过大

（钨极太细），钨极容易被烧损，使焊缝夹钨；而电流过小（钨极太粗），电弧不稳定而分散（交流焊接时），会出现偏弧现象，因此，应正确选择钨极直径。不同直径、不同成分的钨极，在交流钨极氩弧焊时选用的焊接电流值范围见表 12-14。

表 12-14 不同直径、不同成分的钨极在交流钨极氩弧焊时选用的焊接电流值范围

钨极直径/mm	允许的焊接电流值范围/A		
	纯钨极	钍钨极	铈钨极
2	70～120	80～140	87～152
3	100～160	140～200	152～216
4	140～220	170～250	184～270
5	220～300	320～375	347～405
6	300～390	340～420	367～454

手工钨极氩弧焊时，除了正确选择钨极直径外，钨极端部形状也是一个重要的参数，应根据所采用的焊接电流种类选择不同的端头形状（见图 12-5）。

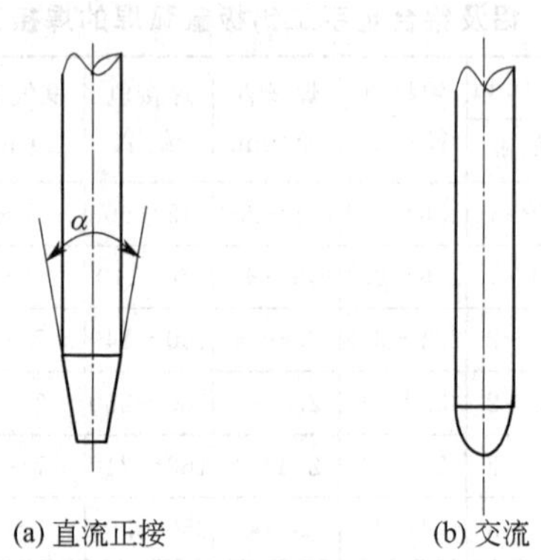

图 12-5 钨极端头形状示意

尖端的角度大小，会影响钨极的许用电流、引弧及稳弧性能。表 12-15 给出了钨极端头尺寸和适用电流范围。

表 12-15 钨极端头尺寸和适用电流范围（直流正接）

钨极直径/mm	尖端直径/mm	尖端角度/(°)	电流/A	
			恒定直流	脉冲电流
1.0	0.125	12	2～15	2～25
	0.25	20	5～30	5～60
1.6	0.5	25	8～50	8～100
	0.8	30	10～70	10～140
2.4	0.8	35	12～90	12～180
	1.1	45	15～150	18～250
3.2	1.1	80	20～200	20～300
	1.5	90	25～250	25～350

手工钨极氩弧焊时，钨极端部形状对焊接的影响见表 12-16。

表 12-16 钨极端部形状对焊接的影响

形状简图				
名称	圆锥形	圆柱形	圆球形	尖锥形
电弧稳定性	稳定	不稳定	不稳定	稳定
焊缝成形	良好	一般、焊缝宽	焊缝不均	焊缝均匀

（3）气体流量和喷嘴直径

① 气体流量 手工钨极氩弧焊时，氩气的主要作用是保护熔池不受外界空气的侵袭，并保护钨极免受烧损氧化。另外，氩气的纯度和消耗量也影响着阴极雾化作用；直流焊接时，氩气的纯度和流量，也影响焊接质量。手工钨极氩弧焊时，一般采用的氩气纯度不低于 99.9%。

选取氩气流量的原则：在节约氩气的前提下，能达到良好的保护效果。如果氩气流量太小，则从喷嘴喷出来的氩气挺度很小，气流轻飘无力，空气很容易冲入氩气保护区，减弱保护作用，影响电弧的稳定燃烧。此时焊出的焊缝有些发黑且无光泽，并有氧化膜生成。焊接过程中，可以发现有氧化膜覆盖熔池现象。

氩气流量过大，除了浪费氩气和冷却速度快外，也容易造成“紊流”现象，把外界空气卷入氩气保护区，破坏保护作用。另外，过大的氩气流量是不利于焊缝成形的，也会使焊接质量下降。

氩气流量取决于焊枪结构及尺寸（喷嘴孔径）、喷嘴到工件的距离、焊接速度、焊接电流、接头形式等。

其中，喷嘴孔径是首要因素。喷嘴孔径大小决定氩气流量的大小，也决定着保护区范围和阴极雾化区的大小。喷嘴孔径增大，氩气流量必须随之增加。如果不增加流量，有效保护区范围将会缩小，保护效果则会变差。如果喷嘴孔径减小，氩气流量也要相应减小，否则达不到最佳保护效果。

手工钨极氩弧焊时，气体流量和喷嘴孔径要有一定的配合。一般喷嘴孔径范围为 5～20mm，流量范围为 5～25L/min。

氩气流量与焊接速度也有很大关系。焊接速度提高，氩气保护层受到空气的阻力也增大，保护层向后偏移，对电弧和熔池的保护减弱，速度过大时，甚至失去保护作用。因此，当焊接速度增加时，必须相应增加气体流量，以增强气体保护层对空气阻力作用的抵抗能力。

手工钨极氩弧焊，焊接铝及铝合金时，可以从焊缝颜色区别氩气的保护效果，如表 12-17 所示。

表 12-17　从焊缝颜色区别氩气保护效果

焊缝颜色	银白有光亮	白色无光亮	灰白	灰黑
保护效果	最好	较好(氩气大)	不好	最坏

② 喷嘴孔径　喷嘴孔径的选择很重要。如喷嘴大时，雾化区大，热扩散大，焊缝宽，浪费氩气，焊接速度也较慢；如果喷嘴过小，雾化区小，氩气保护不好，满足不了焊缝要求，喷嘴也容易烧损，因此要合理选择喷嘴孔径。

喷嘴孔径是根据工件厚度来决定的。在选择喷嘴时，可用简单的方法来计算，即：钨极直径(mm)×2＋4mm＝喷嘴孔径，钨极直径是根据使用的钨极大小，4是常数，例如钨极直径为3mm，因为3×2＋4＝10，所以喷嘴孔径选为10mm比较合适。

(4) 焊接速度

焊接速度主要是根据焊件厚度来选择的。焊接速度和焊接电流、预热温度等配合，可保证获得所需要的熔深和熔宽。在焊接材料、焊接条件和焊接电流等参数不变的情况下，焊接速度越慢，焊接的厚度也越大；从焊接热输入方面看，随着焊接速度的增快，焊接热输入将会降低，可避免金属过热，减小热影响区，从而减小变形。但当焊接材料、焊接条件和焊接电流等参数一定时，一定厚度材料所需的焊接速度也只能在一定范围内变化。如果焊接速度大于这个范围，又会在钨极氩弧焊中引起一系列问题，如图12-6所示。

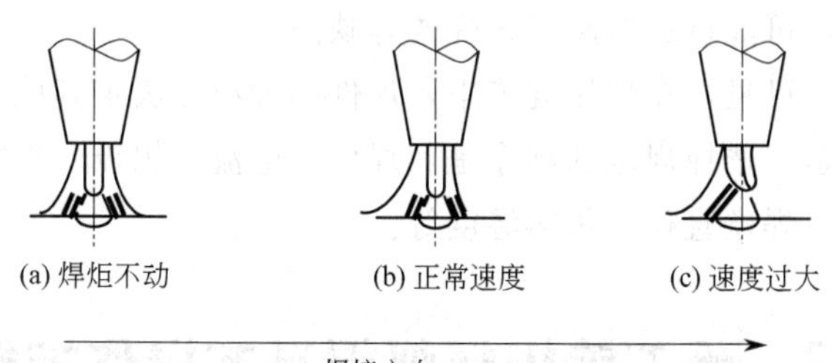

图12-6 焊接速度对氩气保护效果的影响示意

(5) 喷嘴到焊件的距离

喷嘴到工件的距离越小，保护效果越好。当距离大时，保护气流会受外界气流的扰动卷入空气，造成保护效果差；但距离也不能太小，否则会影响视线，且容易使钨极与熔池接触，产生夹钨并破坏层流，使焊缝保护性能变差。一般，喷嘴与焊件的距离在 8～14mm 之间较合适。

(6) 送丝速度与焊丝直径

焊丝的给进速度（送丝速度）与焊丝直径、焊接电流、焊接速度、接头间隙等有关。一般直径大的焊丝，送丝速度慢；焊接电流、焊接速度、接头间隙大时，送丝速度快。

当焊件厚度大、接头间隙较大，焊丝的直径可选得大些。

(7) 电弧长度与电弧电压

电弧电压与弧长（电弧长度）是线性函数关系。当弧长增加时，电弧电压成正比增长，电弧发出的热量也越大。但电弧超过一定范围后，在弧长增加的同时，弧柱截面积也增大，热效率下降，保护变差。

对于钨极氩弧焊，弧长变化时引起的电弧电压变化小。弧长从 1.5mm 增加到 5mm 时，电弧电压（包括电极电压降）仅从 12V 升高到 16.5V。弧长与焊接电流和焊丝直径也有关，一般，电流大或焊丝直径大时，弧长可适当增加，如果弧长选择不当，可能造成短路、未焊透等缺陷。

由此可见，在焊接规范中，焊件的大小是决定其他参数的主要因素，选择规范的顺序是：焊件、电流、钨极、喷嘴、氩气流量、焊丝直径、预热温度等。

12.6 手工钨极氩弧焊基本操作技能

焊接前，首先根据焊件的情况选用合适的钨极和喷嘴，然后检查焊炬、控制系统、冷却水系统以及氩气系统是否正常，如无故障，即可进行焊接。

12.6.1 引弧

在一般情况下，电弧的引燃应在引弧板上进行，当钨极预热后，再到焊缝上引燃就十分容易了。

这主要是因为氩气的电离电位较高，引燃需要很大的能量，冷的钨极端头由常温突然上升到几千摄氏度的高温，很容易引起爆破（交流电焊接时），发生钨极的爆破飞溅，落入熔池中造成焊缝夹钨，夹钨后的焊缝容易被腐蚀，这是工艺上所不允许的。从引弧板上移到焊件上引弧时，一定要对准焊缝，禁止在焊缝的两侧引弧，以免击伤焊件。

钨极氩弧焊，不允许采用接触法引弧。引弧时，钨极端头与工件表面应距离 2～4mm，按下手把上的开关，引燃电弧，待电弧稳定燃烧后，再移到焊件上。

电弧引燃后，焊炬在一定时间内应停留在引弧的位置上不动，以获得一定大小、明亮清净的熔池（5～10s，厚板形成熔池的时间要长些），所需的熔池一经形成，就可以填充焊丝，开始焊接。

12.6.2 运弧及送丝

氩弧焊的运弧与气焊、电弧焊的运弧方法不同。氩弧焊时，一般焊炬、焊丝和焊件有一定的位置关系，钨极端头到熔池表面的距离也有一定的要求。

焊接时，焊炬、焊丝和工件之间必须保持正确的相对位置，如图 12-7 所示。

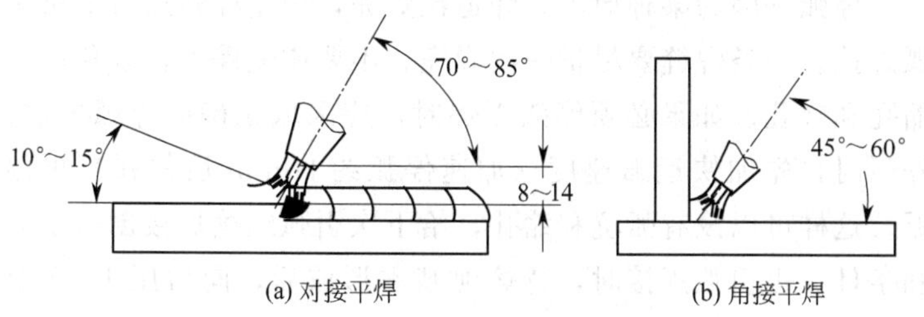

图 12-7 焊炬、焊丝与工件间的相对位置示意

焊接直焊缝时，通常是用左焊法。焊炬与工件角度不宜过大，否则会扰乱电弧和气流的稳定。焊接时，焊炬以一定速度前移，一般情况下，禁止跳动，也尽量不要摆动。焊炬与焊件表面成70°～85°（即焊炬前进角度），焊炬向其移动方向的反方向倾斜。如果填充焊丝，焊丝与工件表面成20°，目的是使填充焊丝熔化后，以滴状过渡到熔池中的途径缩短，以免填充的焊丝过热。填充焊丝可稍偏离接头的中心线（靠近身边），并不断地有规律地在熔池中送进取出。

为了方便观察熔池和焊缝成形，钨极应伸出喷嘴端面2～3mm，钨极与熔池表面也要保持3mm左右，这样不遮挡操作者的视线，焊丝送给方便，避免打钨极，减少焊缝被污染的可能性。

焊接过程中，如果热的钨极被铝污染，会立即破坏电弧的稳定性，发出“劈啪”的响声（直流焊接时虽然没有响声，但会造成大量的气孔和污染焊缝）。这种情况的处理方法是：对被污染的部位，采用机械法清除，直至露出金属光泽；污染过的钨极，应在引弧板上引弧，直到引弧板上被电弧烧得白亮无黑色时，才能到焊缝上重新进行焊接。

12.6.3 停弧

停弧是因为某种原因，焊道没焊完，中途停弧后再继续引弧焊接。一条焊缝要尽量一次焊完，不要中途停弧，以免产生缩孔和气孔。如果必须停弧再焊时，应采取正确的停弧方法。停弧时，先加快运弧速度（加速停弧约20mm后停弧）再停弧。这样可以没有弧坑和缩孔，给下次引弧继续焊接创造了有利条件。再引弧焊接时，待熔池基本形成后，向后压1～2个波纹，接头起点不加或少加焊丝，而后再转入正常焊接，以保证焊缝质量和表面成形整齐美观。

12.6.4 熄弧

焊接终止时，一定要熄弧（收弧），而熄弧的好坏直接影响焊缝的质量和成形美观。一般，熄弧有以下几种方法。

（1）增加焊速法

用增加焊速法收弧，是在焊接终止时，焊炬前移的速度逐渐加快，焊丝的送给量也逐渐减小，直到母材不熔化时为止（停下控制开关、断电、熄弧）。此法最适用于环焊缝，无气孔和缩孔，效果良好。

（2）焊缝增高法

终止时焊接速度减慢，焊炬的后倾角度加大，焊丝的送给量增多，电弧成点焊状态，停下来再起弧，以便于熔池凝固过程中能继续得到补给，否则，熄弧处会有明显的缩孔（弧坑）。这种方法一般是熄弧处增高，焊后要将熄弧处磨平。

（3）焊接电流衰减法

熄弧时，焊接电流逐渐减小，从而减小熔池，直到熔池不能熔化，达到收弧处无缩孔的目的。

（4）熄弧板（收弧板）应用法

平板对接时采用熄弧板，焊后将熄弧板去掉、磨平。

以上四种熄弧方法，第一种熄弧方法最好，因此在焊接过程中，熄弧和中途停弧最好采用此种方法。

熄弧后不能马上把焊炬移开，应停留在熄弧处不动，等6～8s后再移动，以保证高温下的熄弧部位不被氧化。

12.6.5 定位焊

定位焊的特点是：在焊接坡口的背面进行。焊后应将焊点的多余焊肉清除。定位焊所用的焊丝与焊接时相同。引弧板和熄弧板的定位焊位置如图12-8所示。

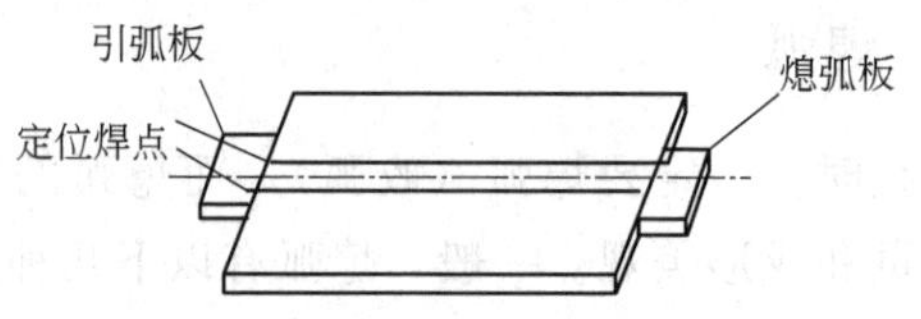

图 12-8 板件定位焊的位置示意

12.7 各种位置的焊接

手工钨极氩弧焊，可焊接各种位置的焊缝，且质量高、没有气孔、夹杂、咬边等缺陷，焊道整齐、光亮美观。

12.7.1 板件的焊接

（1）平焊

平焊是较容易掌握的焊接位置。氩弧焊时，手要稳，钨极与焊件要有 3～4mm 的距离，尽量不要跳动和摆动（走直线），正常情况下是等速向前移动。焊接时，当电弧引燃后，熔池形成并有稍向下沉的趋势，说明已经焊透，焊丝应往前走，整个焊接过程要保持这一状态。

平焊时的注意事项如下。

① 焊接过程中，焊炬、焊丝和工件保持一定的角度，如图 12-9 所示。

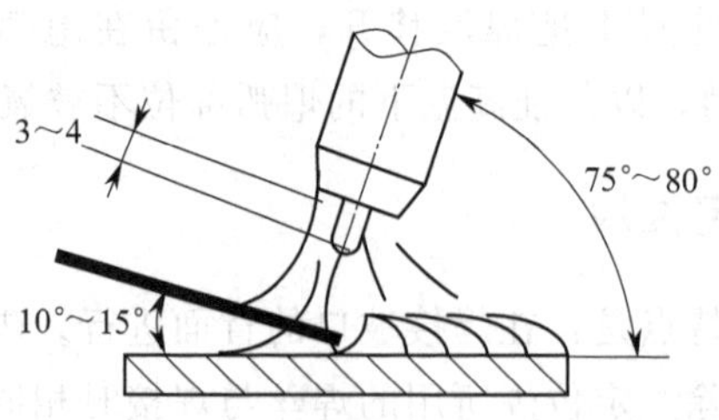

图 12-9 焊丝、焊炬与工件间的关系

② 焊接方向从右向左，如图 12-10(a) 所示。

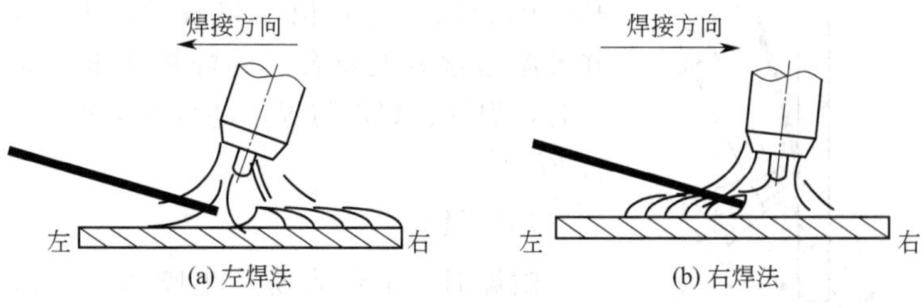

图 12-10 左焊法和右焊法操作示意

③ 在起焊点要停留一段时间，待温度上升熔池形成后，再移动焊炬。

④ 焊丝不可触及钨极，以免造成夹钨。

⑤ 对于单面焊的第一层打底焊道，必须保证焊透。遇到定位焊道处，适当增大预热面积，提高焊炬，加大焊炬与焊件夹角，以保证焊透。

⑥ 当看到有烧穿危险时，要立即停弧，降低熔池温度，然后重新起弧焊接。

⑦ 盖面焊道与前一层打底焊道关系很大，如果前一层焊道有未焊透、凹坑等缺陷会给盖面层带来困难。

⑧ 焊丝的填充有两种方法：一种是左手拿住焊丝的远端，慢慢往下送给；另一种是左手拿焊丝中部，在往下送进焊丝的同时，向上换手拿住焊丝。

⑨ 对于双面焊的焊缝，正面的焊接必须有足够的熔深，使背面的清焊根可以减少些。

⑩ 收弧处要防止出现过深的弧坑和裂纹，有弧坑处应重新补平。

(2) 立焊

立焊的焊接条件比平焊困难，实际应用较少。立焊难度大些，焊接时主要掌握好焊炬角度和电弧长度。焊炬角度倾斜太大或电弧太长，都会使焊缝中间高、两侧咬边，形成凸缝。同

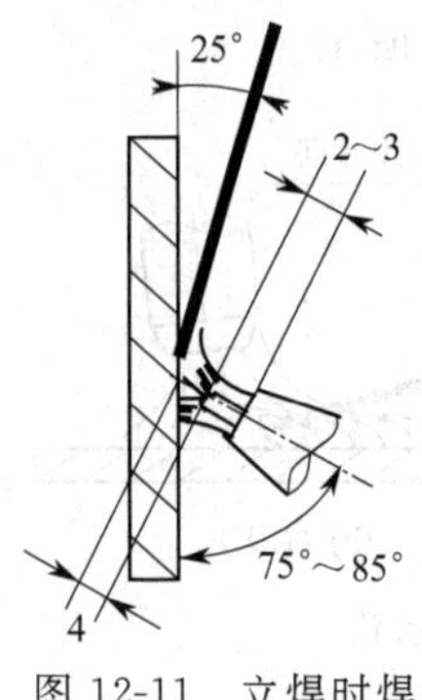

图 12-11 立焊时焊丝、焊炬与焊件位置

时要注意熔池的大小。正确的焊炬角度和电弧长度，应是便于观察熔池状态，并考虑送丝方便及合适的焊接速度。立焊时，焊丝、焊炬与焊件的位置如图 12-11 所示。

(3) 横焊

横焊时，上部容易产生咬边，下部焊肉下坠，容易产生焊瘤缺陷。为防止金属下坠，操作时保持焊炬角度为 100°，这样能获得美观的焊缝。

(4) 仰焊

仰焊时焊炬角度、焊丝送给位置与平焊时相似，但焊接时难度增大。为了便于操作，焊丝可适当靠近身边一些，这样比较省力。

12.7.2 管子的焊接

(1) 转动焊

根据转动管子的壁厚可以是第一层进行打底焊，打底焊后，连续进行盖面焊接。焊接顺序如图 12-12 所示。

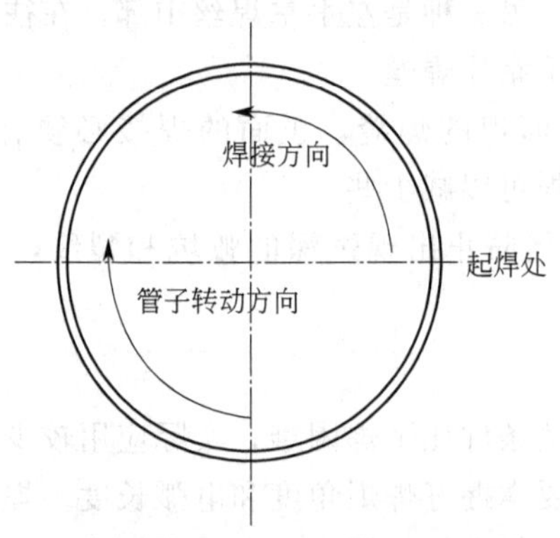

图 12-12 转动管子的焊接示意

(2) 固定管子的焊接

用时钟点数来标记位置，将管子分为左右两半，先焊左半圈，后焊右半圈，由 6 点处仰焊位置起焊，经立焊 3 点和 9 点，在平焊 12 点相接，如图 12-13 所示。

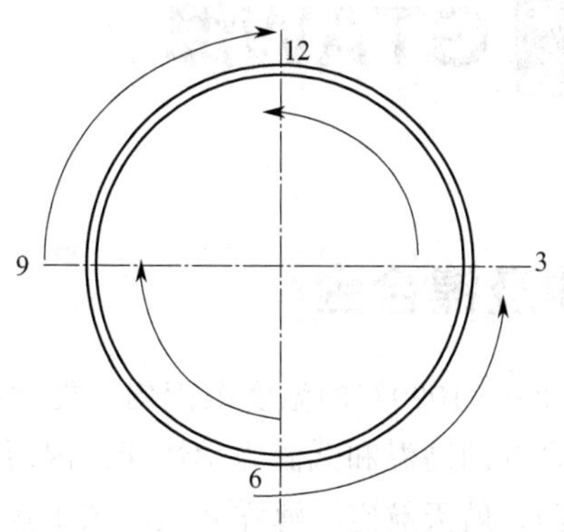

图 12-13 管子固定焊顺序示意

CHAPTER 13

第13章 有色金属的GTAW焊

13.1 镍及镍合金

镍合金在200～1090℃的温度范围内，能耐各种介质的腐蚀，而且具有良好的高温和低温力学性能。因而，在化工、石油、纺织、医药、航天航空、海洋开发、核工业等诸多领域中得到了广泛应用。

镍合金大多数属于固溶合金，镍中加入的许多合金元素，都是起固溶强化作用的。这些合金的特性很像奥氏体不锈钢，不仅能提高耐蚀性能，还能改善抗氧化性能，但对焊接性却有不利影响。所以，焊接这些合金时，可以采用不锈钢的各种焊接方法。

13.1.1 镍及镍合金的焊接特点

① 镍合金具有较高的热裂纹敏感性。热裂纹有时是宏观裂纹，有时又会是微观裂纹。在通常情况下，采用合理的装配、焊接顺序，选取较小的焊接热输入，并及时填满弧坑等工艺措施，对防止裂纹是有利的。此外，正确选用焊接材料也是防止裂纹的重要前提。

② 焊件要在焊前清除所有杂质，焊缝每侧（包括坡口和钝边）的清理区域应各为50mm。

③ 焊接时，要控制热输入。否则，会促使热影响区的晶粒长大，造成偏析、碳化物沉淀或其他不利的冶金反应。

④ 镍合金焊接时，液态金属的流动性差，熔深浅，不能采用大电流进行焊接。如果超出焊接规范时，不仅会使熔池过热，增加裂纹倾向，而且使金属中的脱氧剂蒸发，会出现气孔等缺陷。

⑤ 预热和后热，镍合金焊接时，一般不需预热。但当焊接的环境温度低于 15℃时，应对接头两侧各 250mm 的区域加热至 15～20℃，以免有湿气冷凝，导致产生气孔。在大多数情况下，预热和层间温度都应该低些，一般不推荐采用焊后热处理，只有在需保证焊缝耐蚀性能时，才进行焊后热处理。

对于沉淀硬化型镍合金，为减小焊接裂纹倾向，预热和焊后热处理是必要的。

13.1.2 镍及镍合金的焊材选用

镍和镍合金所用的焊条和焊丝应分别符合 AWS A5.11 和 AWS A5.4 的技术要求，镍和镍合金的焊材选用见表 13-1。

表 13-1 镍和镍合金的焊材选用

合金牌号	AWS 焊丝牌号	国际镍公司焊丝牌号	AWS 焊条牌号	国际镍公司焊条牌号
Nickel 200	ERNi-1		ENi-1	
Monel 400	ERNiCu-7		ENiCu-7	
Inconel 600	ERNiCr-3	Inconel 82	ENiCrFe-3	Inconel 182
Incolcy 810	ERNiCr-3	Inconel 82	ENiCrFe-2	Incoweld“A”
Hastelloy B12	ERNiMo-7		ENiMo-7	
H30WM		Inconel 617		
GH3030	HG3030(国产)			

由于镍铬铁素体系的焊接材料，线胀系数介于奥氏体不锈钢和碳钢之间，且镍能阻止碳的扩散迁移，所以常用来焊接异种金属材料。

13.1.3 镍及镍合金的焊接工艺

（1）清理

焊前清理极为重要，因为镍合金对硫、铅的污染脆化极为敏感，有产生气孔的倾向。一般要用丙酮、酒精或三氯化碳等有机溶剂擦拭，液体渗透着色剂，则先用氯离子含量小于 3×10^{-5} 的清水冲洗干净，晾干后再擦洗。层间必须清理后才能焊接下一层。

焊后清理也很重要，尤其是高温下工作的焊缝，焊剂的组成物在高温下会侵蚀接头，所以应用角向磨光机或不锈钢丝轮进行打磨，然后再进行钝化处理。

（2）焊接工艺

① 镍及镍合金采用 TIG 氩弧焊方法焊接，特别适合薄板，对背面不能进行焊接的厚板结构，可用氩弧焊打底焊。

② 焊接时背面必须充氩保护，焊前要配置好各种规格的充气保护装置，气体流量为 5～7L/min。

③ 采用小焊接热输入，即小电流，直线窄焊道，短弧和低的层间温度施焊。

④ 为减少应力集中，要避免强力组对，采用对称点固焊，一般不少于 3～5 点，点固焊长度为 10～15mm，厚度 2～4mm 且不大于板厚度的 2/3。起焊点应在两个点固焊点之间。定位焊缝应平滑过渡到母材，两端打磨成斜坡形。

⑤ 底层的焊接尤其重要，必须严格控制焊接参数，掌握熟练的操作技能，将熔滴准确地送到需要的位置上。为获得良好的熔透，焊炬可做轻微的摆动，以保证背面成形良好。一般

背面应凸出0.5mm左右，波纹均匀平滑，无咬边、未焊透和凹坑等缺陷。

⑥ 焊接过程中，应在坡口内部引弧和熄弧，不要擦伤焊件表面。

⑦ 每条焊缝焊完后，应认真清理表面杂物及飞溅物，表面不得有气孔、裂纹、凹陷、咬边等缺陷。焊缝余高为材料厚度的10%+1mm，且不得大于2mm。

镍及镍合金推荐的焊接工艺参数见表13-2。

表13-2 镍及镍合金推荐的焊接工艺参数

板厚/mm	坡口形式及角度	钨极/mm	焊丝/mm	喷嘴/mm	电流/A	电压/V	焊速/cm·min^{-1}	流量/L·min^{-1}	层数
0.6	I形	1.6	—	10	8～10	8	20	8/5	1
1.6	I形	1.6	1.6	10	25～45	8	20	8/5	1
2.5	I形	2.4	2.4	12	55～95	9～12	20	8/5	1
3.2	I形	3.2	2.4	12	125～175	9～12	28	12/7	1
4～6	V形,75°	3.2	3.2	12	95～130	10～12	20	12/7	2～3
≥6	V形,75°	3.2		12	125～175	10～13	20	12/7	3～4

注：1. 平焊位置为直流正接，难焊位置可降低电流10%～20%。

2. “流量”栏中，分子为焊炬喷嘴流量，分母为背面流量。

13.2 镁及镁合金

采用TIG焊接镁及镁合金，能高精度地控制热输入量。与铝一样，镁是活泼性强的金属，镁能在氧气中燃烧，表面总是覆盖着一层氧化物，导热性强，线胀系数大，熔点低(651℃)。因而，焊接时必须高精度地控制热输入量。焊接时，要采用短弧，在熔池的前沿加入焊丝，一般是采用全惰性气体保护，以防止氧化。采用纯氩气保护是最普遍的方法。

焊接较厚的工件时，可选用25%的氩气与75%的氦气混合气体，正、背面都必须用氩气保护，并在正面加拖罩保护高温的过热区域，直至冷却到固溶温度为止。

由于纯镁强度低，在工业上很少应用，所以常以合金状态使用。镁合金分为变形镁合金（MB）和铸造镁合金（ZM）。镁锰合金，如MB8，具有良好的焊接性，其结晶区间较小；镁铝合金，如MB2等，随着铝、锌含量的增加，结晶区明显增大，共晶体增多，有产生裂纹和晶粒间过烧的倾向。淬火热处理能显著提高力学性能，对防止裂纹有利，也能使共晶体进入固溶体，所以一般要在热处理后焊接。对容易产生裂纹的部位还应预热。正确选择焊接工艺参数，提高操作熟练程度，有利于保证焊接质量。

镁锌锆合金，例如MB15等，热裂倾向大，由三元低熔点（451℃）共晶体引起。若配制含有稀土元素的合金焊丝，采用高温预热，热裂纹倾向显著减小，加入稀土后焊接性良好。

镁及镁合金的氩弧焊工艺参数见表13-3。

表13-3 镁及镁合金的氩弧焊工艺参数

厚度 /mm	坡口形式	焊丝 /mm	钨极 /mm	喷嘴 /mm	气体流量 /L·min^{-1}	电流 /A	层数	焊速 /cm·min^{-1}
1	I形	2.4	1.6	6.4	7	25～40	1	50
1.6	I形	2.4	1.6	6.4	7	45～60	1	50
2	I形	2.4	1.6	6.4	7	60～75	1	43
2.8	I形	3.2	2.4	8	7	80～100	1	43
3.2	I形	3.2	2.4	8	12	95～115	1	43
4.8	V形	3.2	3.2	9.5	12	95～115	2	66
6.4	V形	4.8	3.2	12.7	12	110～130	2	60
9.5	V形	4.8	3.2	12.7	14	135～165	2	50

注：难焊位置可降低电流10%～20%；使用垫板时，增加电流。

13.3 铜及铜合金

根据铜中加入的合金元素含量不同，铜和铜合金可分为纯铜、黄铜、青铜和白铜。纯铜也称为紫铜，具有很高的导电性、导热性、耐蚀性和良好的塑性。

工业纯铜按所含杂质的多少分为3级，以“T”为首，后面附以级别的数字。

黄铜为铜锌合金，黄铜牌号以“H”为首，后面的数字表示铜的平均含量，后面如标有其他元素，表示特殊黄铜，例如，HSi80-3，则表示硅黄铜，铜含量为80%，硅含量为3%。

青铜的种类很多，牌号以“Q”为首，其后标有主要合金元素的化学元素符号和所加入元素的平均含量，余量为铜。

白铜为铜镍合金，白铜牌号以“B”为首，其后的元素符号和数字表示镍和某元素的含量。

13.3.1 铜及铜合金的焊接特点

（1）容易产生裂纹

这是由材料本身的物理性能和化学成分特性决定的。

线胀系数和收缩率较大，焊接加热区较宽，故焊接接头承受较大的收缩拉应力，焊后变形大。

铜合金中的氧、磷、铅、硫等杂质都会给焊接带来困难。铜在液态时很容易生成氧化亚铜（Cu_2O），与铜形成低熔点共晶物。铅本身熔点低（273℃），与铜形成熔点更低的共晶物。在熔池金属凝固后期或在热影响区，以液膜形式分布在铜的晶粒边界，显著地降低铜的高温强度和塑性。由于焊缝被杂质污染和合金化，导致接头物理性能下降，因此必须控制有害物质的含量。选用脱氧铜，彻底进行焊前清理，以减少氧的来源。

（2）容易产生未焊透和未熔合

铜的导热性为碳钢的8倍，热容量大，所以母材熔化困难，必须采用能量比较集中的强热源，才能避免未熔合及未焊透。

（3）容易产生气孔

产生气孔的主要因素是氢气。铜在液态时能溶解大量的氢，而在凝固时氢来不及逸出，就在焊缝中形成氢气孔。另外，熔池金属氧化生成的氧化亚铜，被氢气或一氧化碳还原生成水蒸气或二氧化碳，也会形成气孔。防止气孔的主要途径是预防氢的溶解和铜的氧化，减少氢、氧的来源和降低熔池的冷却速度。

(4) 合金元素的氧化与蒸发

防止铜的氧化，应在焊前彻底清理坡口，除去氧化物及材料表面吸附的水分，以减少氧的来源。另外，焊接过程中，应对熔池脱氧。一般，母材要选用脱氧铜，焊材可加入脱氧剂。

(5) 接头的物理、化学特性

接头的物理特性如力学性能、导电性、耐蚀性等，均低于母材，尤其是塑性和韧性。这是因为铜及铜合金在焊接时无相变，容易产生过热和晶粒长大，在晶界有脆性共晶存在，合金元素烧损，焊缝被杂质污染并存在焊接缺陷等。

13.3.2 紫铜的焊接

采用TIG焊接紫铜，可以获得高质量的焊缝。因为氩气对熔池的保护效果好，焊缝成形美观。氩弧焊的温度高、热量集中，因而焊接热影响区窄，焊件变形小。但电流过大会烧损钨极，所以多用于薄件（小于3mm）和打底层焊道的焊接。

(1) 焊前准备

根据母材的板厚制备坡口，厚度小于或等于3mm时，可不开坡口，不留间隙；4～10mm时开V形坡口，坡口间隙为0～2mm；大于10mm开成X形坡口，坡口间隙为1～3mm。

组装前，应仔细清除焊丝表面和工件坡口两侧各20～30mm范围内的氧化膜、油污等污物。经清理的焊道应及时施焊。

熔池中铜液的流动性很好，为防止铜液从坡口背面流失，需要在背面加上垫板，垫板上开出成形槽，保证背面成形。垫板截面（厚×宽）(3.0～5.0) mm×(30～40) mm，成形槽尺寸：(2.0～2.5) mm×(20～25) mm。

由于铜的导热性很强，焊前工件需预热。当焊件厚度小于3mm时，预热温度为150～300℃；焊件厚度大于3mm时，预热温度为350～500℃。

正确地选择焊丝，是获得优质焊缝的必要条件。紫铜氩弧焊用的焊丝有两种。

① 含有脱氧元素的焊丝，如HS201（特制紫铜焊丝）和QSn4-0.3（锡磷青铜丝）、QSn3-1（硅锰青铜丝）等。

② 不含脱氧元素的紫铜焊丝，如T1、T2。用这种焊丝焊接含氧铜时，焊缝金属力学性能很低，容易产生气孔。因此，应使用铜焊焊剂（CJ301），用无水酒精将焊剂调成糊状，刷在坡口上。如果焊丝也涂上焊剂，在焊接过程中，焊丝稍接近喷嘴，焊剂就会粘到喷嘴上，引起偏弧，破坏气体保护效果，影响焊接质量。

(2) 焊接工艺

① 装配时，根据焊接方法、接头形式和坡口尺寸，留出接头间隙。为控制背面焊缝的成形，可采用衬垫或封底后清根、双面同步焊等措施。

② TIG焊时，通常采用直流正接法，即钨极接负极，工件接正极。采用氩气作为保护气体。

③ 填加焊丝时要配合焊炬的动作，在焊接坡口处尚未达到熔化温度时，焊丝处于熔池前的氩气保护区内，当熔池加热到一定温度后，从熔池边缘送入焊丝，并将电弧适当拉长。

④ 紫铜焊接时，严禁“打钨”（即钨极与焊丝或熔池接触）。打钨会产生大量的金属烟尘，落入熔池后，焊道上会产生蜂窝状气孔和裂纹。

⑤ 开始焊接时，焊速要适当慢些，待母材得到一定预热后再提高焊速。当开始焊 20～30mm 后稍停，使焊缝稍加冷却，再继续焊接；或者把焊缝的起始处留出一小段，待最后向相反方向焊接起始段。

⑥ 厚板多层焊时，打底层要保证熔合良好，并要有一定的厚度，防止焊缝产生气孔和裂纹。以后各层以窄焊道施焊，焊炬不做横向摆动，使焊缝得到良好的保护，层间温度应不低于预热温度。焊下一层前，要用钢丝刷子清理焊缝表面的氧化物。

⑦ 钨极直径可由焊接电流的种类和大小来决定。准确地选择工艺参数是较困难的，应参照一些典型的工艺来确定，见表 13-4。

⑧ 推荐采用双面同步氩弧焊法，这样可以提高生产效率，改善劳动条件，甚至不用清除焊根。工件薄时，可将工件倾斜一些施焊，由另外一名焊工在背面预热。其工艺参数见表 13-5。

表 13-4 紫铜氩弧焊工艺参数

厚度/mm	坡口形式	钨极/mm	焊丝/mm	氩气流量/L·min^{-1}	喷嘴直径/mm	焊接电流/A	预热温度/℃	间隙/mm
3	V形	3	2.4	8～10	8	190～240	—	0
4		4	3.2	8～10	10	220～270	300～350	0
5	V形	4	3.2	9～11	10	260～310	350～400	1～1.5
6		4～5	4	10～14	10	300～350	350～400	
7		5	4	12～14	12	300～400	400～450	
8		5	4	14～16	12	320～400	450～500	
10	X形	5	4	16～20	16～18	320～400	450～500	1～1.5
12		6	4	20～23	16～18	360～420	500～550	
14		6	4	22～24	18～20	400～550	550～600	

表 13-5 双面同步氩弧焊工艺参数

厚度/mm	坡口形式	间隙/mm	焊接位置	焊接电流/A	氩气流量/L·min^{-1}
2	直边对接	0	45°坡焊,背面用乙炔火焰预热	100	7
3		0		120	7
4		1		140	7
4	直边对接	3	双面同步焊	150	7
6		3～4		220	8
8		4.5		260	8
10	V形,30°	4.5		280	8
12		4.5		320	9

13.3.3 黄铜的焊接

(1) 黄铜的焊接特点

黄铜的焊接工艺与紫铜相似，由于黄铜的导热性和熔点都比紫铜低，且含有易蒸发的元素锌，所以仍有些不同的要求。

锌的沸点低（907℃），在焊接过程中很容易蒸发，使焊缝产生气孔，并能降低力学性能和耐蚀性。蒸发的锌在空气中立即被氧化成白色的氧化锌烟雾，不仅给操作者带来困难，也影响焊工的健康，因此应加强通风等防护措施。

由于锌是强脱氧剂，所以焊接黄铜时氢的溶解和熔池金属的氧化不是主要问题。

黄铜的导热性随着含锌量的增加而降低，所以焊前预热温度比紫铜要低得多，但在焊接或补焊厚度大于 10mm 的工件时，为了加快焊速和减少锌的蒸发，仍然需要预热到 150～250℃，预热还能延缓熔池的冷却，有利于防止气孔。

黄铜的线胀系数大，装配时应尽量减小工件的刚度或拘束度。

(2) 焊接工艺

氩弧焊可以焊接黄铜结构，也可以进行黄铜铸件缺陷的补焊。焊接选用标准的黄铜焊丝 HS221、HS222 和 HS224，也可用与母材成分相同的焊丝。如采用 QSi3-1 青铜作填充焊丝，也能得到满意的焊缝。

焊接时，一般用直流正接，为减少锌的蒸发，也可以用交流。由于锌的蒸发能破坏氩气的保护效果，所以焊接时要采用较大的喷嘴和氩气流量。通常与焊接同样厚度的铝合金相比，喷嘴孔径要大 2～6mm，氩气流量大 4～8L/min。宜用较大的焊接电流和高的焊接速度。

为了减少锌的蒸发，焊接时可将焊丝与焊件短接，在焊丝上引弧和保持电弧，尽可能避免电弧直接作用在母材上。母材主要靠熔池金属的传热来熔化。厚度小于 5mm 的接头最好一次焊完。

(3) 黄铜铸件的补焊

补焊前应彻底清除缺陷。补焊裂纹时，先在两端钻出止裂孔，根据铸件厚度选择 6～15mm 的孔径，然后清除到无裂纹为止。侧面加工成 60°～90°的斜坡，底部加工成圆弧。补焊缩孔时，应清理成斜坡盘状，底部圆滑无尖角。去除边缘的毛刺后，用钢丝刷子和丙酮清洗焊接区的油污和氧化膜，直至露出金属光泽。

结构复杂、壁厚较大的铸件，补焊前要进行局部或整体预热至 200～300℃，升温速度不宜太快。应先补焊小裂纹，再补焊大裂纹。分段补焊长裂纹，每段 60～70mm，补焊方向是从中间向两端。

补焊时，根据缺陷位置和厚度选择焊接参数。采用多层焊，层间密点锤击，并清除氧化物，使焊缝金属致密，并能减小应力。

13.3.4 青铜的焊接

(1) 焊接特点

青铜焊接主要用于铸件缺陷和损坏机件的补焊，焊前准备与黄铜基本相似。由于青铜种类繁多，成分和性能差别较大，所以它们的焊接特点也各不相同。

① 锡青铜　锡青铜具有较宽的凝固温度范围，因而偏析严重，容易生成粗大而脆弱的树枝状晶粒组织，具有较大的热脆性，容易产生热裂纹。为此，应在平焊位置施焊，不冲撞和搬动工件，并要适当预热，但预热和层间温度不超过200℃。焊后加热至480℃，然后快冷至室温，以降低应力。

② 铝青铜　主要困难是铝的氧化。焊接时，铝与氧生成致密而难熔的三氧化二铝，阻碍母材与熔滴金属的熔合，并使熔渣变黏，产生气孔和夹杂，恶化焊缝的成形，通常不用于焊接结构。含铝较高的青铜可用各种焊接方法焊接。预热、层间温度和焊后冷却极为重要：含铝10%的青铜不应超过150℃，焊后空冷；含铝10%～13%的青铜，为260℃，焊后快冷。

③ 硅青铜的焊接　硅青铜的导热性很低，焊前不用预热，流动性较差，具有良好的脱氧作用，它是唯一可全位置焊接的铜合金，也是最容易焊接的铜合金。硅青铜在815～955℃温度区间具有热脆性，所以层间温度不要超过100℃。

(2) 焊接工艺

① 锡青铜的焊接　锡青铜补焊，焊前清理缺陷，除去油污和氧化物。开出90°坡口。用母材相同成分的焊丝，并进行酸洗，干燥待用。

焊件在炉中预热至200℃（小件也可用氧-乙炔火焰预热），预热后的工件严禁敲击，防止受振动。

焊接时，操作技术和一般氩弧焊相同。采用直流反接，其焊接工艺参数如表13-6所示。

表 13-6 锡青铜的焊接工艺参数

缺陷深度/mm	钨极直径/mm	焊丝直径/mm	氩气流量/L·min^{-1}	焊接电流/A	备 注
3	2.5	3	2～4	80～150	焊 1 层
5	3	4	4～4.5	100～200	焊 1 层
6.5	3	5	4～5	150～250	焊 1 层
12.5	3.5	6	4.5～5	150～300	焊 2 层
19	4	6	4.5～6	250～400	焊 3～4 层
25.5	5	6	4.5～6	300～500	焊 4 ～6 层

每焊完一层后，必须用钢丝刷子仔细清刷焊道。焊后将工件在 200℃左右的炉中缓冷。

② 铝青铜的焊接 焊接铝青铜时，采用 SCuAl 或与母材相同的材料作填充焊丝。板厚小于 2mm 时，不预热；板厚大于 2mm 时，预热至 150～300℃。板厚小于 4mm 时，不开坡口；板厚为 4～19mm 时，开 60°～70°的 V 形坡口。

焊前应仔细清理焊丝和焊接坡口。铝青铜手工 TIG 焊工艺参数如表 13-7 所示。

表 13-7 铝青铜手工 TIG 焊工艺参数

厚度/mm	钨极直径/mm	焊丝直径/mm	喷嘴/mm	氩气流量/L·min^{-1}	电流/A
1.5	3(1.5)	3(1.5)	7～8	8～10	100～120(25～80)
3	3(2.5)	3(3)	8～10	10～12	180～220(100～130)
6	4(4.5)	3(4)	10～12	16～20	220～280(150～300)
9	4(4.5)	4(4.5)	12～4	22～28	300～350(210～330)
12	5(4.5)	4.5(4.5)	14～6	22～28	360～420(250～325)

③ 硅青铜的焊接 硅青铜采用氩弧焊焊接可获得优良的致密焊道。坡口的制备与钢相似，厚度小于 4mm 时，不开坡口；厚板开 60°V 形或 X 形坡口。

焊接采用硅青铜焊丝 SCuSi 或铝青铜 SCuAl 焊丝。采用直流正接或交流电源。不预热，层间温度不高于 100℃。焊接时，要保持小熔池。多层焊时注意逐层清理焊缝表面的氧化物。其焊接工艺参数可参见表 13-8。

表 13-8 硅青铜手工 TIG 焊工艺参数

厚度 /mm	钨极直径 /mm	焊丝直径 /mm	喷嘴 /mm	氩气流量 /L·min^{-1}	电流/A
1.5	3	2	10～12	8～10	100～130
3	3	2～3	10～12	12～16	130～160
5～6	3～4	2～3	12～18	16～20	180～250
9	4	3～4	12～18	20～24	250～300
12	4	4	12～18	20～24	270～330

13.4 钛及钛合金

钛及钛合金具有良好的耐蚀性能，比强度大，而且具有较好的韧性和焊接性能，得到广泛应用。钛及钛合金的焊接性有以下特点。

① 焊接时，氧、氮、氢、碳等均能污染焊缝，引起脆化。为此，焊接过程必须加强清理和对熔池的保护，并要采用高纯度氩气（Ar≥99.99%）或在真空条件下保护焊接区。

② 由于钛的比热容及热导率小，熔点高，因而在焊接时，热影响区在高温停留时间长，容易使β相晶粒过热粗化，接头的塑性降低。因此，焊接时应尽量减少热输入量，以减少金属过热。但冷却速度过快，也可能出现亚稳定组织，使焊缝粗化。此外，对不同合金，应选用不同的焊后热处理制度，以调整接头组织和力学性能。

③ 钛和钛合金含杂质少，结晶温度区窄，凝固收缩小。正常情况下，一般不容易出现热裂纹。但如果保护不好或β相稳定元素较多时，也会出现热裂纹。为此，焊接时应选择低氢材料，并要注意焊前清理。必要时，焊后进行真空脱氢处理或焊后及时进行消除应力处理。

④ 焊接前，焊丝和坡口清洁度不够时，往往容易产生气孔缺陷。

钛及钛合金的最佳焊接方法，是采用钨极氩弧焊进行全位置气体保护焊接，其焊接材料的选用见表 13-9。

表 13-9 钛材钨极 TIG 焊的焊材选用

类别	牌号	化学成分/%	焊接材料		简要说明
			保护气体	焊丝	
α钛合金	TA1	工业纯钛	Ar 或 Ar＋He，当厚度大于 5mm 时，一般应加保护拖罩和背面保护装置；Ar 的纯度为 99.99%	TA1	一般采用氩气保护，有时可用 Ar＋He，混合氩纯度为 99.99% 焊丝一般采用同质量的材料，但 α＋β 钛合金不宜用钛合金焊丝 焊接时最常见的缺陷是气孔和保护不良，应注意。为改善接头塑性，减少过热和粗晶，减少变形等，可采用脉冲焊 TA4 焊接时，宜采用较大的热输入 TB2 为国产研制的高强度（σ_b 高达到 320MPa）亚稳定β钛合金，焊接性良好，采用同质焊丝
	TA2	工业纯钛		TA2	
	TA3	工业纯钛		TA3	
	TA5	Al 4，B 0.005，Ti 余量		TA5	
	TA6	Al 5，Ti 余量		TA5 或 TA6	
	TA7	Al 5，Sn 2.5，Ti 余量		TA7	
β钛合金	TB2	Mo 5，V 5，Cr 3，Al 3，Ti 余量		TB2	
α＋β钛合金	TC1	Al 2，Mn 1.5，Ti 余量		TC1	
	TC2	Al 3，Mn 1.5，Ti 余量		TC1 或 TC2	
	TC3	Al 5，V 4，Ti 余量		TC3	
	TC4	Al 6，V 4，Ti 余量		TC3	
	TC10	Al 6，V 6，Sn 2.5，Cu 0.5，Fe 0.5，Ti 余量		TC4 或 TC10	

钛及钛合金的焊接，要选用小规范，快速焊。由于焊接区有氩气的保护作用，电流也不宜太小，一般比同样条件件的不锈钢小10%～20%。其焊接工艺参数见表13-10。

表13-10 钛及钛合金手工TIG焊工艺参数

厚度/mm	坡口形式	焊接层数	钨极/mm	焊丝/mm	电流/A	氩气流量/L·min^{-1}			喷嘴/mm
						焊炬	拖罩	背面	
1.0	I形	1	1.5	1～2	40～60	8～10	14～16	6～8	10
1.5			2.0	1～2	60～80	10～12	14～16	8～10	12
2.0			2～3	1～2	80～110	12～14	16～20	10～12	14
2.5			2～3	2	110～120	12～14	16～20	10～12	14
3.0	V形	1～2	3.0	2～3	120～140	12～14	16～20	10～12	18
3.5		1～2	3～4	2～3	120～140	12～14	16～20	10～12	18
4.0		2	3～4	2～3	130～150	14～16	20～25	12～14	20
4.5		2	3～4	2～3	200	14～16	20～25	12～14	20
5.0		2～3	4	3	130～150	14～16	20～25	12～14	20
6.0		2～3	4	3	140～180	14～16	22～28	12～14	22
8.0		3～4	4	3～4	140～180	14～16	22～28	12～14	22
10	X形	4～6	4	3～4	160～200	14～16	25～28	12～14	22
13		6～8	4	3～4	220～240	14～16	25～28	12～14	22
20		12	4	4	220～240	12～14	20	10～12	18
22		15	4	4	230～250	15～18	18～22	18～20	20
25		16	4	4	230～250	16～18	26～30	20～26	22
30		18	4	4	200～220	16～18	26～30	20～26	22

13.5 锆及锆合金

锆的焊接性比钛好，线胀系数小，焊接变形小，弹性模量小，因此焊接残余应力小，焊接裂纹敏感性低，熔池流动性好，比较容易得到优质的焊接接头。

锆及锆合金焊接时，由于间隙较小，填丝量不大，可采用滴入法填丝。多层焊时，可采用水冷法代替氩气保护。焊接要连续焊完，尽量少停弧。方便时，可采用铜制卡具和垫板散热，改善和稳定结晶组织，以获得最佳的物理性能。

锆及锆合金焊接的焊接工艺参数见表 13-11。

表 13-11 锆及锆合金手工 TIG 焊工艺参数

厚度 /mm	焊丝 /mm	钨极 /mm	氩气流量/L·min^{-1}		电流 /A	焊速 /cm·min^{-1}
			喷嘴	背面		
1.0	—	2.4	6.3	12	50	60
1.6	1.3	3.2	7.2	12	80	60
2.5	2.0	3.2	7.2	12	60	60
3.0	2.0	3.2	7.2	12	90	60
4.0	2.0	3.2	7.2	12	140	60
4.7	2.0	4.0	7.2	12	160	68

CHAPTER 14 第14章 GTAW应用实例

14.1 管道安装手工 GTAW 打底焊

当前，电站锅炉、石油化工管道的各种类型管子对接，焊缝质量要求极高，且管道空间位置、两管的间距狭窄等，造成焊接难度大，操作技术要求较高。一般焊条电弧焊接很难满足质量要求。由于氩弧焊是明弧焊接，焊接电弧清晰可见，焊接熔池小，液体金属凝固快，容易实现单面焊双面成形，不但提高了质量，生产效率也非常高，特别是直径 ϕ57～60mm 的小管，每道焊缝只需 3～5min；对于直径大一些的如 ϕ635mm×54mm 管子，一层打底焊道也只需要 30min 左右。另外对氩弧焊工的培训也较容易，从熟练的气焊工或电焊工中，培训氩弧焊工，仅需 10～15 天即可上岗进行焊接。

手工 GTAW 打底焊的工艺方法很多，但以坡口形式的不同，可分为两类：一类是坡口不留间隙的打底焊工艺；另一类则是有预留间隙的打底焊工艺。

(1) 坡口不留间隙的打底焊工艺

这种焊法国内应用较普遍。不但适用于各种直径的管子，并可焊接各种不同材料的钢管。其坡口形式决定于管子的壁厚，如图 14-1 所示。

板厚小于 16mm 时，开 V 形坡口，留 2mm 钝边；板厚大于 16mm 时，开成 U 形坡口。留 3mm 钝边；坡口两侧应仔细清理；焊接耐热合金钢及不锈钢时，管内应充氩气以防止氧

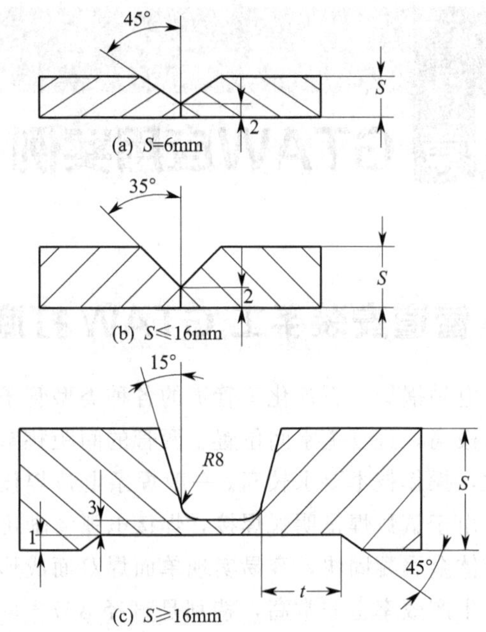

t 值：$S=28\text{mm}$ 时，$t=15\text{mm}$；$S=30\text{mm}$ 时，$t=20\text{mm}$；
$S=40\text{mm}$ 时，$t=25\text{mm}$；$S=50\text{mm}$ 时，$t=30\text{mm}$

图 14-1 手工 GTAW 打底时不留间隙的坡口形式示意

化。焊接操作时应注意以下几点。

① 点固焊：对于小直径或低碳钢壁厚的管子都不需点固焊；而合金钢或较大直径管子，在平焊处及两侧立焊位置共点固焊 3 处，其长度分别为 20mm。

② 打底焊时，焊接规范应严格控制，只需将钝边熔化即可。如果对接处有间隙，则应填充少量的焊丝。通常，焊丝直径要尽量选小些，一般为 1.2mm、1.6mm、2.0mm 和 2.5mm。对于大直径的厚壁管子，为防止产生裂纹，有时也应填充焊丝，使焊缝断面积增加。

③ 管子组对时，要以内口为准，组装平齐；对于个别错边处，焊接时钨极应该对准内壁的凸出钝边，以保证焊透。

④ 为了保证焊透均匀，操作者应特别注意熔池的大小。如果发现熔池突然变大，容易造成熔池下陷或形成焊瘤；熔池过小，会造成焊不透。

⑤ 为保证焊缝质量，应采用延时通气保护，同时，电流要逐渐衰减，并将电弧引到坡口边缘后再熄弧。

手工 GTAW 常用焊接规范见表 14-1。

表 14-1 手工 GTAW 常用焊接规范

焊件尺寸/mm	常规氩弧焊规范			脉冲氩弧焊规范		
	焊接电流/A	电弧电压/V	焊接速度/mm·min^{-1}	脉冲电流/A	基值电流/A	焊接速度/mm·min^{-1}
$\phi57\times5$	110	13	165	150	75	165

(2) 坡口有预留间隙打底焊工艺

对于有间隙的打底焊，必须填充焊丝。这时，坡口的准备十分重要。坡口的形状和尺寸决定于管子的壁厚。当壁厚小于13mm 时，可开成单面 V 形坡口，角度为 30°～35°，钝边为 1.5～2mm，坡口间隙为 3～4mm；对于壁厚大于 13mm 的管子，可开成双 V 形坡口，下面开 30°～40°，上面开 8°～13°，钝边为 2mm，坡口间隙为 3～4mm。

另外，坡口两侧各 10～20 mm 范围内的铁锈、油污等，应清理干净。

操作时，有经验的焊工可不用移动位置，采用左手和右手轮换握焊枪，填加焊丝时可用管内送丝或管外送丝方法。

下面以 ϕ63.5mm×6.4mm 的锅炉水冷壁管为例，说明打底层手工氩弧焊的工艺方法。

① 点固焊的位置应视焊接的位置而定，对于全位置焊缝，点固焊在平焊位置处，点固焊长度为 20mm。如果是横焊缝，点固焊应在正面，其长度也是 20mm。

② 焊接时，因为氩弧焊枪比较小巧、轻便，焊工握焊枪时，用食指钩住前枪体，将大拇指按在钨极夹帽上。用其余手

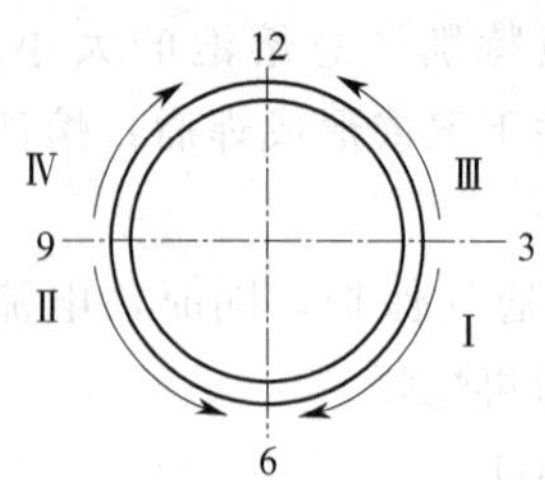

图 14-2 小直径管子的焊接顺序示意

指或小指按到管壁上，并以此为支点，手腕带动焊枪围绕管子移动。焊接的顺序如图 14-2 所示。

③ 先从 3 点位置开始焊接，用右手握焊枪，引弧后，沿坡口自下而上转动。同时，左手悬空，用拇指与食指捏住焊丝，由起焊点对面坡口间隙中穿到管内，到达起焊点的两钝边位置。拇指和食指要不停地捻动焊丝，送入熔池。

④ 到 4～5 点位置后，将电弧引到坡口上熄灭。然后左右手交替，焊接 9 点到 6 点位置。由于 3～5 点位置已经焊完，焊到 7 点左右位置，可将焊丝改为外送丝。焊到 4～5 点位置后，把电弧引到坡口边缘熄灭。接着焊接 3～12 点，也用右手握焊枪，左手送丝，这时焊丝通过坡口间隙送到焊接处，在 12 点处熄弧。最后，左右手交替，完成 9～12 点的 1/4 管子的焊接。

当焊接较大直径管子时，如 ϕ318mm×33mm、ϕ457mm×12mm 等类型的大管道，点固焊要分布在 3 点、9 点和 12 点 3 处，焊缝长度为 25～30mm。

打底焊接时的操作方法类似于小管工艺。例如，右手握焊枪时，以中指、无名指和小指为支点，手腕由仰焊位置（6 点）向立焊位置（3 点或 9 点）移动，左手捻动焊丝送入坡口熔池中。

上述方法也适用于横焊。GTAW 横焊打底层焊接规范见表 14-2。

表 14-2 GTAW 横焊打底层焊接规范

管子规格	钨极直径/mm	钨极伸出长度/mm	焊接电流/A	喷嘴直径/mm	填充焊丝直径/mm	氩气流量/L·min^{-1}
小直径薄壁管	ϕ2.5	5～6	90～110	8	2.4	8～12
大直径厚壁管	ϕ2.5	6～8	110～130	8	2.4	10～15

14.2 15CrMo钢管的全位置GTAW焊

某厂120t/h锅炉过热器排列管，材质为15CrMo钢，直径ϕ38mm×3.5mm，共计有400多个对接焊口。

根据排管直径小和排列密集的特点，焊接采用全位置钨极自动焊。焊机由机头、控制箱和主机（整流电源）、供气系统等组成。其机头质量为4kg，呈卡钳形状。采用气、电导入式气冷喷嘴；送丝系统是先将焊丝埋入机头的埋丝槽内，然后卡在管子上进行焊接，这样有利于实现窄间隙条件下的自动焊接。

全位置自动氩弧焊规范见表14-3。

表14-3 全位置自动氩弧焊规范

层次	脉冲电流/A	基值电流/A	送丝量/mm	脉宽比/%	旋转速度/$r\cdot s^{-1}$	气体流量/$L\cdot min^{-1}$
打底层	140	60～70	270(埋丝)	35～40	1/80	12～16
盖面层	170	40	270(埋丝)+700(送丝)	35～40	1/80	12～16

注：1. 焊丝为H08CrMoV，ϕ1.0mm；钨极直径为ϕ3.0mm。

2. 坡口形式：V形，$\alpha=50°$；$p=2～2.5$mm；$c=0.8～1.4$mm。

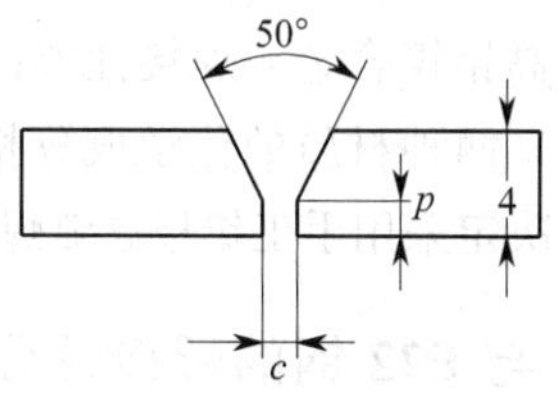

坡口形式示意

上述焊机主要特点是采用“三钢球”送丝机构和前沿带冲刺阶梯的脉冲电流，如图14-3所示，不但可以增加熔深，而且可得到满意的全位置焊缝成形，焊缝背面下塌量小，熔透均匀。

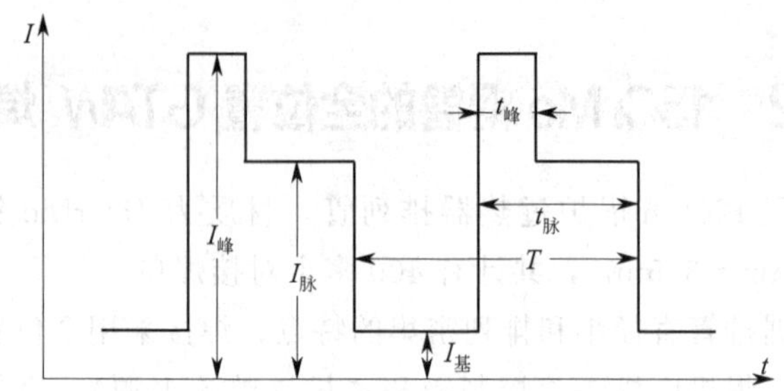

图 14-3 阶梯脉冲电流的波形示意

$I_{峰}$—巅峰脉冲电流；$t_{峰}$—巅峰脉冲时间；$I_{脉}$—主脉冲电流；$I_{基}$—基值电流；$t_{脉}$—主脉冲时间；T—主脉冲周期

14.3 苯乙烯蒸气炉管的手工钨极氩弧焊

在某扩建工程中，苯乙烯装置中的过热蒸气炉（HS201、HSZ19）是全套引进美国贝捷尔公司的设备。安装时采用的是积木式安装方式，即设备的大部分已经预制完成，现场只需要少量的焊接工作。其中，炉管的焊接是在外国专家的监督下，进行焊工考试、焊接工艺评定合格后进行的。其质量要求高，工艺难度大，尤其是对 HK40 与 P22 异种钢的焊接接头，要求更为严格。这是因为 HK40 属于高铬镍合金，焊接性差；而 P22 则属于耐热合金钢，淬硬倾向大，两种材质的化学成分相差悬殊，焊接难度很大。经研究，最终决定采用手工钨极氩弧焊工艺进行焊接。

14.3.1 HK40 与 P22 钢的焊接性分析

（1）碳当量计算

碳当量值是对金属材料的焊接性进行的较准确的估算和判断方法，它对焊接工艺的制定具有一定的指导性意义。根据国际焊接学会（IIW）推荐的碳当量计算公式，计算出 P22 钢的碳当量为 0.91%。

HK40 与 P22 的化学成分及力学性能如表 14-4 所示。

表 14-4 HK40 与 P22 的化学成分及力学性能

材质	化学成分/%								力学性能	
	C	Si	Mn	Cr	Ni	Mo	S	P	σ_b/MPa	δ_5/%
P22	0.15	0.45	0.5	2.3	—	1.1	0.013	0.023	≥420	≥25
HK40	0.4	1.6	1.4	24	20	0.05	0.035	0.035	≥425	≥10

（2）焊接性分析

从 P22 的碳当量可知，P22 钢的碳当量远大于 0.65%，焊接性很差，所以要求采取适当的工艺措施，避免产生焊接裂纹。

HK40 属于高铬镍合金，其化学成分超出了碳当量计算公式的适用范围，故不宜采用碳当量法来衡量 HK40 的焊接性。而 HK40 炉管是离心铸造管，组织不均匀，晶粒粗大，塑性不良；另外，含镍量高，焊接接头成分偏析的可能性很大，焊接性必然很差。

P22 和 HK40 对焊缝金属还有较大的稀释作用，因此，应选择适当的焊接填充材料，以避免焊缝出现不良的金相组织，影响焊接接头的正常使用。

14.3.2 焊接方法及材料的选择

（1）焊接方法的选择

手工 GTAW 的焊接热量集中，焊接区域保护效果好，对合金元素的烧损小，且为明弧操作，焊接接头质量容易得到保证。

（2）焊接材料选择

焊丝是由贝捷尔公司提供，型号为 ERNiCrMo-3，规格 ϕ3.2mm，其化学成分见表 14-5。

表 14-5 ERNiCrMo-3 焊丝的化学成分 %

C	Si	Mn	Cr	Ni	Mo	Cu	Fe	S	P
≤0.1	≤0.5	≤0.5	20～23	≥58	8～10	≤0.5	≤5	0.015	≤0.02

这种焊丝的化学成分和 HK40 及 P22 的化学成分相差很大，其含镍量高、抗裂性、溶碳能力以及抗稀释能力较强，适

合于焊接性较差材料的焊接，尤其适用于异种钢的焊接。

另外，ERNiCrMo-3 焊丝经过前期工程 HK40＋Manaurlte36XS 材料的焊接中使用，效果良好。焊缝金属流动性及焊缝表面成形均较好，具有较优异的焊接性能。因此，选择 ERNiCrMo-3 焊丝是比较理想的。

14.3.3 焊接工艺评定

根据贝捷尔公司提供的焊接方法和数据，拟定出 HK40＋P22 的焊接工艺，进行焊接工艺评定。

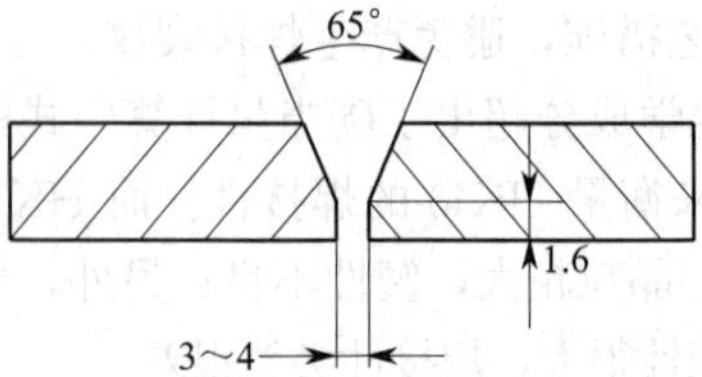

65°
1.6
3～4

图 14-4 坡口形式及尺寸示意

（1）坡口形式及尺寸

焊接工艺评定的试件规格与实际生产的炉管相同，即为 ϕ141.7mm×6.35mm。管子坡口采用机械法制备，其形式和尺寸如图 14-4 所示。焊前，坡口及附近热影响区要除锈、除油。

（2）预热

根据焊接性分析可知，材料 P22 的淬硬性很大，所以，焊接前采用氧-乙炔火焰对接头 P22 一侧进行预热，温度为 170～370℃，为避免近缝区过热，HK40 一侧不能预热。

（3）焊接

试件的焊接位置为水平转动，焊接工艺评定参数如表 14-6 所示。保护气体氩气的纯度为大于或等于 99.9%；为防止背面焊缝产生氧化，管内也应充入氩气保护。电源为直流正接。

表 14-6 焊接工艺评定参数

焊接层次	钨极直径/mm	喷嘴直径/mm	焊接电流/A	电弧电压/V	焊接速度/cm·min^{-1}	氩气流量/L·min^{-1}	层间温度/℃
1	2.4	12	90～100	11～14	3～5	12～14	≥170
2			80～100	11～14	4～6		

(4) 焊后热处理

试件焊后应立即进行热处理，其目的是清除焊接残余应力，改善接头的组织和性能。热处理温度为 (732+25)℃，保温 2h，随炉冷却。

(5) 试件力学性能试验

试件经外观检查和按 GB/T 47013—2015 标准规定进行 100% X 射线探伤检查。合格后进行力学性能试验。由于 HK-40 炉管的塑性很差，不宜做弯曲试验。其试验结果如下：σ_{b1}=427.0MPa，σ_{b2}=438.9MPa，两试件均断在 HK40 母材一侧，试验值符合 HK40 母材的标准值规定。结论：焊接工艺评定工艺参数合格。

14.3.4 焊工考试

贝捷尔公司的专家要求，GTAW 焊接前必须进行焊工操作技能考试。试件的焊接位置为试件轴与水平面呈 45°夹角的固定焊缝，焊工的操作工艺过程要与工艺评定相一致，试件焊完后，经外观检查，然后按我国 JB/T 4730.2—2005 标准规定进行 100% X 射线探伤检查。底片等级在Ⅱ级以上为合格。

14.3.5 炉管的现场焊接

苯乙烯装置过热蒸汽炉安装现场，焊接是工程的重点，按照已经评定合格的工艺评定规程对 HS201 和 HSZ19 炉管进行焊接，取得了良好的效果。管子的所有焊缝（均为横向固定位置）的一次探伤合格率达到了 98%，仅有一处产生了气孔，经返修达到合格。

14.4 磷脱氧铜的 GTAW 焊

磷脱氧铜材料的牌号为 TUP，常用于石油、化工、化纤、海洋工程等设备。TUP 具有极高的导电性、导热性以及优良的可塑性能，其焊接方法可采用气焊、焊条电弧焊、手工钨极氩弧焊、熔化极自动氩弧焊、等离子弧焊和埋弧自动焊等。

某厂制造一台合成纤维塔，根据产品的设计要求、结构形式、材料性能、母材厚度等情况，选取手工氩弧焊方法焊接，下面是该设备采用 TUP 材料的焊接技术。

14.4.1 焊接工艺及性能

磷脱氧铜（TUP）的热导率比碳钢约大 8 倍。焊接时，如果加热能量不足，焊件不容易熔化，且常会产生熔合不良或未焊透等缺陷。另外，铜的线胀系数大，焊后容易产生气孔、裂纹、残余应力变形等缺陷。因此，焊接时必须制定一个合理的焊接工艺，以确保焊接产品的质量。

（1）焊接材料的选取

正确选取焊接的填充金属，是获得优质焊接接头的首要条件。选择焊接材料时，应考虑母材的牌号、化学成分、板材厚度、力学性能、加工工艺性能以及脱氧能力和导电性等。为此，一般应选择脱氧能力较强的 HS201 焊丝作为填充金属。

由于焊接过程是在高温下进行的，熔池金属表面容易生成氧化铜。氧化铜的存在，往往会引起焊缝中产生气孔、裂纹和夹杂等缺陷，所以必须在熔池中加入适当的脱氧焊剂，以及时清除焊缝表面的氧化铜。一般是选用焊剂 301。这种焊剂的主要成分为硼砂和硼酸，先将焊剂用水调成糊状，然后把调匀的焊剂均匀地涂在焊丝表面。在焊接过程中，焊剂会与氧化铜发生反应，生成熔渣，浮于焊缝熔池表面，起到保护焊缝金属的作用。

（2）焊接设备的选择

由于焊件的厚度在 10～30mm 之间，所以焊接时应考虑选用较大功率的直流氩弧焊机。常用的是 ZXG-500 型、WSA-400 型直流焊接电源。焊接采用正接法（焊件接正极、焊枪接负极）；焊枪应采用水冷式，以防止温度过高时损坏。

（3）焊接工艺参数的选择

GTAW 的焊接工艺参数包括：预热温度、焊接电流、焊接速度、钨极直径、氩气流量等参数。

① 预热温度　由于 TUP 脱氧铜的熔点高（1083℃），热导率和线胀系数高，焊前以及焊接过程中，都要采取必要的预热措施，才能进行施焊。预热温度的高低，要取决于焊件的厚度，一般为 550～650℃。当达到预热温度后，还需保持温度 10～30min，然后才能进行焊接。如果预热温度太低，母材很难熔化或母材与填充金属间熔合不良，会出现未焊透等缺陷；但预热温度过高，又会使焊缝和热影响区晶粒度长大和氧化，使焊接接头的力学性能下降。

② 钨极直径　一般，随着焊接电流的增加，钨极直径也应增大。这要根据焊机的电流值和调节范围来选择 ϕ2.5mm、ϕ3.2mm、ϕ4mm、ϕ5mm 等直径的钨极，以适应不同焊件厚度的焊接。

③ 氩气流量　氩气起着保护熔池不被氧化的作用，所以要求氩气的纯度要在 99.9%以上。氩气的流量过小，会失去保护作用；流量越大，抵抗流动空气的能力越强，但氩气流量过大，不但造成浪费，还影响焊缝的成形，所以要适当调节。

④ 焊接速度　由工件厚度、焊接电流和预热温度来确定焊接速度。为消除气孔缺陷，焊接速度宜快些，一般，应为 0.5～2.5mm/s；焊接速度过快，容易产生未焊透、夹渣等缺陷。

根据实际操作经验，GTAW 焊的焊接工艺参数见表 14-7 所示。

表 14-7 GTAW 焊的焊接工艺参数

板厚/mm	预热温度/℃	钨极直径/mm	焊丝直径/mm	焊接电流/A	焊接速度/mm·min^{-1}	氩气流量/L·min^{-1}
<10	550～600	2.5	2	140～160	0.5～1.0	10～12
10～25	550～620	3	3	200～240	1.0～2.0	14～16
>25	600～650	4	3	260～300	2.0～2.5	16～20

14.4.2 焊接缺陷产生原因及防止方法

当焊件焊接完成后，要求对焊缝按 JB/T 4730.2—2005 进行 100% X 射线探伤检查；所有焊缝表面，须按 JB/T 4730.5—2005 进行 100%着色检查。

如果发现焊接缺陷，应分析缺陷产生原因，提出防止方法和修复方案。

(1) 气孔

磷脱氧铜（TUP）的气孔，主要是在焊接过程中产生的氢气引起的，因此，施焊前应仔细清除焊丝和坡口内、外的油污和氧化物，同时采用预热和焊后保温措施，降低焊缝金属的冷却速度，焊接规范应选择上限，这样能防止产生气孔。

(2) 未焊透

未焊透的主要原因是预热温度不够、电流过小、焊接速度过快，使母材与填充金属不能很好地熔合，从而产生未焊透缺陷。

(3) 夹渣

夹渣是指焊缝中存在非金属夹杂物。在 6mm 以上板厚的多层焊时，焊缝表面残留的熔渣和工件表面的氧化物等未能清除干净，或者电流过小、送丝方法不当、焊枪倾角不对等，都会使熔渣不能很好地从熔池中分离出来。熔渣浮不到熔池表面上来，因而造成焊缝夹渣。

施焊时，应注意坡口表面及焊道层间的清理，对于厚板焊接，焊枪尽量不做横向摆动，掌握正确的操作技术，对接平焊时的焊枪倾角要控制在70°～80°之间；角焊缝时，焊枪倾角则在35°～45°之间。

(4) 裂纹

焊缝和热影响区出现的裂纹，是焊接缺陷中最危险的，且有不断延伸和发展的趋势。裂纹产生的主要原因有：焊缝中氧、铅、铋等杂质含量过高；焊接时温度过高，热影响区较宽，而磷脱氧铜（TUP）的线胀系数和收缩率大，如果焊后冷却速度快，在焊缝冷却时就会产生较大的焊接内应力，导致产生裂纹。另外，焊接电流过大，焊缝收尾时弧坑又未填满，冷却后容易产生裂纹。因此，正确选择焊接规范，采用合适的预热温度和焊后保温缓冷措施，是防止产生裂纹的有效方法。

(5) 缺陷的修复

缺陷修复的程序是：采用角向磨光机等方法清除焊缝中的缺陷→然后进行着色探伤检查→局部预热→补焊→保温缓冷→着色探伤。

采用手工钨极氩弧焊方法和上述工艺，对不同厚度的磷脱氧铜（TUP）进行焊接，焊缝经100% X射线探伤检查和100%着色探伤检查后，对于个别缺陷，按以上返修方法进行补焊处理，然后进行水压试验，焊缝质量均能达到产品的技术要求，证明磷脱氧铜（TUP）的焊接工艺是正确的。

14.5 碳钢法兰与紫铜管的氩弧焊

某动力试验中心，在安装液压管路过程中，遇到碳钢法兰与紫铜管的焊接困难，构件的接头形式如图14-5所示。根据紫铜材料的焊接特性以及强度和气密性要求，采用了钨极氩弧焊方法进行焊接。

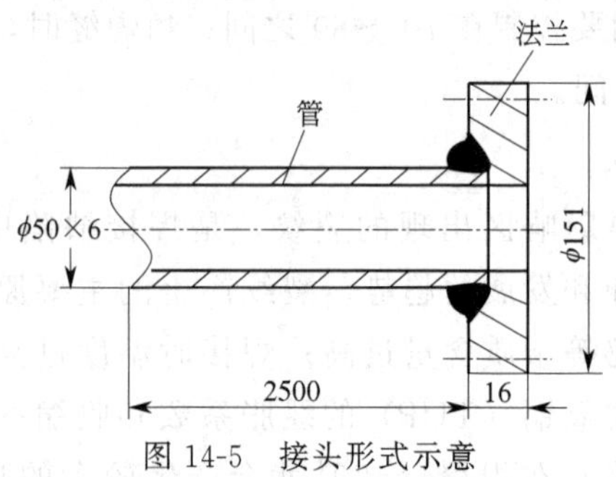

图 14-5 接头形式示意

14.5.1 可焊性分析

碳钢法兰的钢号为45，经机械加工成形，平衡组织是F+P；管则采用工业紫铜，牌号为T3。

（1）碳钢与紫铜的焊接特点

Fe与Cu的原子半径、点阵类型、晶格常数及外层电子数都比较相近，这对碳钢与紫铜的焊接比较有利。但在焊接过程中，还有以下困难。

① 由于焊件尺寸较大，紫铜导热快，热量容易散失，接头处很难被加热熔化，因此，焊接前应进行预热。

② 碳钢与紫铜的物理性质不同，熔点及线胀系数差异较大，这是焊接时的一个不利因素，会在焊接过程产生较大的焊接应力。

③ 在焊缝及近缝区，容易产生热裂纹，影响强度和气密性。由于在碳钢及紫铜中常含有一定量的杂质（如氧、硫、磷等），在焊接过程中，这些杂质元素能形成各种低熔点共晶体和脆性化合物而存在于焊缝晶界处，严重削弱了金属在高温时的晶间结合力，是产生焊接裂纹的根本因素。

此外，焊缝中Fe元素对热裂纹倾向的影响也很大，据资料介绍，当Fe含量（质量分数）为10%～43%时，焊缝具有最高的抗热裂纹性能。

(2) 防止热裂纹的措施

因为碳钢与紫铜焊接的主要问题是热裂纹，所以在焊接工艺上应采取以下措施。

① 合理控制焊接热循环，改善焊接应力状态，消除氧化物、硫化物及低熔点共晶体的有害作用。

② 正确选用填充材料，控制焊缝化学成分，限制有害杂质的含量，并向熔池中加入适量的 Mn、Si、Ti 等元素，以免发生偏析现象。

③ 控制熔合比，以保证焊缝中的 Fe 含量（质量分数）在 10%～43%范围内，使焊缝具有较好的抗裂性能。

④ 采取焊前预热和焊后补充加热，改善接头的工艺性能和抗裂性能。

14.5.2 焊接工艺

为保证焊接接头的质量，焊接采用手工钨极氩弧焊，这种焊接方法的电弧热量集中，熔池体积小、保护可靠，在高温停留时间短，可改善焊缝组织、提高抗热裂纹性能和工艺性能。

(1) 焊接材料选择

焊丝选用牌号为 QSi3-1 的实心焊丝，直径 $\phi3.2$mm。这种焊丝含有一定量的 Si 和 Mn 元素，脱氧效果好，对防止裂纹和气孔比较理想。

(2) 坡口制备及定位焊

由于工件较厚，为了保证焊透，接头必须开坡口。其坡口的形状及尺寸如图 14-6 所示。

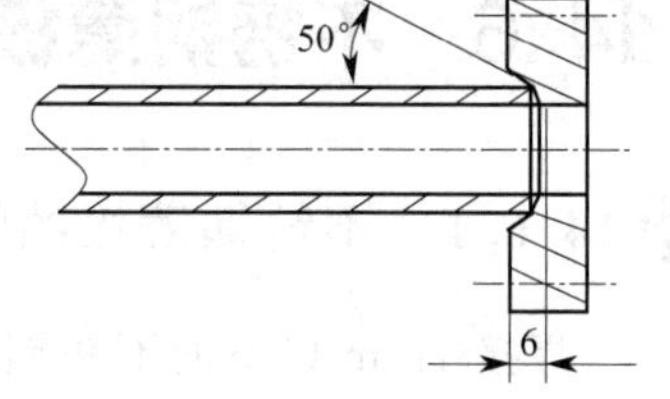

图 14-6 坡口形状及尺寸示意

工件可采用夹具（如台虎钳、卡具等）固定装配，然后沿圆周进行四点定位焊。

(3) 焊前清理与预热

焊前，对焊件表面和焊丝表面

认真清理，方法是采用钢丝轮或砂布打磨，直至露出金属光泽。然后用氧-乙炔火焰对焊接部位进行局部预热，温度为300℃左右。

(4) 焊接

为了降低钨极的烧损，保证基体金属有足够的熔深，应采用直流正接，焊接电流为：320A；氩气流量：9L/min；钨极直径：ϕ5mm。操作采用左焊法，焊枪平稳地做圆弧运动，速度不宜过快，电弧长度应保持为3～5mm。添加焊丝时不要破坏氩气的保护层，收弧要填满弧坑。

14.5.3 焊接接头质量检验

(1) 外观检查

焊缝表面光滑、无缺陷。

(2) 超声波探伤

焊缝按JB/T 4730.3—2005《承压设备无损检测》标准进行超声波探伤，未发现裂纹；有少量气孔，但能符合标准中的I级要求。

(3) 焊缝化学分析

焊件取样进行化学分析，铁素体含量（质量分数）为28%，满足要求。

(4) 强度试验

管子系统用25MPa的水压进行液压试验，强度和致密性达到设计要求。

14.6 不锈钢薄板的GTAW焊

14.6.1 不锈钢薄板的焊接工艺性分析

焊接1mm以下的不锈钢薄板，由于自身拘束度小，热导率小（约为普通钢的1/3），但线胀系数较大。当焊接温度变化较快，产生的热应力比正常温度下时应力大得多，很容易出现烧穿和焊接变形（大多为波浪变形）等缺陷。

防止出现上述缺陷并获得美观的焊缝，成为焊接不锈钢薄板时的重要问题。

（1）焊接熔池受力状况

以平对接焊为例，熔池金属的受力情况如图 14-7 所示。

熔池主要受到的作用力有：电弧的总作用力 P；熔池金属的重力 Q；熔池金属的表面张力 F。当熔池金属体积、质量和熔宽一定时，熔池深度取决于电弧的总作用力 P 的大小，而熔深和电弧力又与焊接电流密切相关，熔宽则由电弧电压决定。随着熔池金属体积的增大，表面张力 F 也随之增大，造成表面张力不能平衡电弧的总作用力 P 和熔池金属的重力 Q，此时，熔池金属下淌，造成熔池烧穿。由此可见，电弧的总作用力 P 和熔池金属的重力 Q，是使熔池烧穿的力，而 F 是阻止熔池下塌或烧穿的力。为使薄板焊接不致烧穿，则必须想办法提高熔池金属的表面张力 F，而要提高 F，就必须控制焊接热输入。

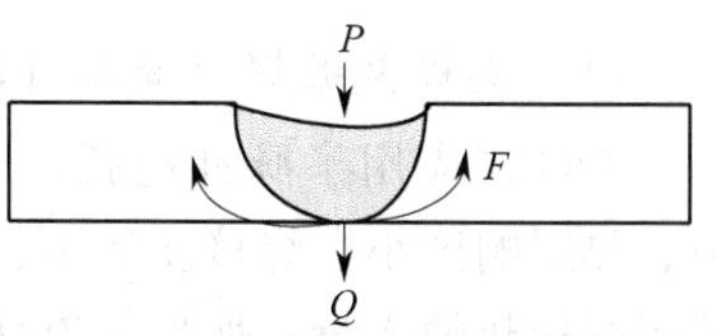

图 14-7 熔池金属的受力示意

（2）工件的焊接变形

不锈钢薄板的拘束度较小，在焊接过程中受到局部的加热、冷却作用，形成了不均匀的加热、冷却状态，这时，焊件会产生不均匀的应力和应变。当焊缝的纵向缩短对薄板边缘的压力超过一定数值时，即会产生较严重的波浪式变形，影响工件的外观质量。

（3）解决不锈钢薄板在焊接时产生的过烧（烧穿）、变形的主要措施

① 严格控制焊接接头的热输入量，选择合适的焊接方法和工艺参数（主要有焊接电流、电弧电压、焊接速度等）。

② 装配尺寸力求精确，接口间隙尽量小。间隙稍大就容

易烧穿或形成焊瘤。

③ 必须采用精确的工装夹具，要求夹紧力平衡均匀。

综上所述，焊接不锈钢薄板时，关键要注意的问题是：严格控制焊接接头的焊接热输入，力求在能完成焊接的前提下尽量减小焊接热输入，从而减小热影响区，以避免缺陷的产生。

14.6.2 不锈钢薄板的钨极氩弧焊技术要领

（1）钨极氩弧焊（简称 TIG 焊）的主要特性

TIG 焊应用了脉冲电弧，它具有焊接热输入低、热量集中、热影响区小、焊接变形小、焊点的热输入均匀，能较好地控制焊接热输入量；保护气流具有冷却作用，可降低熔池表面温度，提高熔池表面张力；便于操作，容易观察熔池状态，焊缝致密性及力学性能好，表面成形美观等优点。

（2）TIG 的工艺技术要领

① 焊机及电源极性的选用　焊接 1mm 以下的不锈钢薄板有如下选择：当厚度大于 0.5mm 时，选用 NSA4-300 型焊机；厚度小于 0.5mm 时，可在焊接回路中接入脉冲断续器（也可以用直流弧焊电源改装）。

GTAW 焊可分为直流脉冲和交流脉冲两种：直流脉冲 GTAW 焊主要用于焊接碳钢、耐热钢等；交流脉冲 GTAW 焊主要用于焊接铝、镁、铜及其合金等轻金属。交、直流脉冲焊都采用陡降特性电源。GTAW 焊接不锈钢薄板通常采用直流正接法。

② 主要技术参数　GTAW 焊接不锈钢薄板工艺参数见表 14-8。

表 14-8　GTAW 焊接不锈钢薄板工艺参数

板厚/mm	钨极直径/mm	焊接电流/A	电弧电压/V	焊丝直径/mm	钨极伸长/mm	氩气流量/$L \cdot min^{-1}$	喷嘴直径/mm
0.3	1	10～15	10～15	1.2	3～4	6～8	12
0.6	1	20～25	15～20	1.2	3～4	6～8	12
0.8	1.6	40～50	20～25	1.6	3～4	6～8	12
1.0	2.0	50～60	25～30	1.6	3～4	6～8	12

③ 引弧、定位焊　引弧形式有非接触式和接触式的短路引弧两种：前者电极不与工件接触，既适于直流也适于交流；后者仅适用于交流焊接。采用短路方法引弧时，不应在焊件上直接起弧，因易产生夹钨或与工件粘接，电弧也不可能立即稳定，容易击穿母材，所以应采用引弧板，即在引弧点旁放一块纯铜板，先在纯铜板上引弧，待钨极头加热至一定温度后，再移至待焊部位。

在实际生产中，TIG焊常采用引弧器来引弧，在高频电流或高压脉冲电流作用下，使氩气电离而引燃电弧。定位焊时，焊丝应比正常焊接时的焊丝细些。因点固焊时温度低、冷却快，电弧停留时间较长，故容易烧穿。进行点固焊时，应把焊丝放在点固焊部位，电弧稳定后再移动到焊丝处，待焊丝熔化并与两侧母材熔合后再迅速停弧。

（3）正常焊接

在一般情况下，用普通TIG焊进行薄板焊接时，通常电流均取较小值，当电流小于20A时，易产生电弧飘移，阴极斑点温度很高，会使焊接区域产生发热烧损和发射电子条件变差，致使阴极斑点不断跳动，很难维持正常焊接。而采用脉冲TIG焊后，峰值电流可使电弧稳定，指向性好，容易使母材熔化成形，并循环交替，确保焊接过程的顺利进行；同时能得到力学性能良好、外形美观、熔池相互搭接良好的焊缝。

① 正常焊接时可采用ϕ1.6mm焊丝，先在定位焊点起弧，待焊点熔化并与工件两侧熔合后再送入焊丝，焊丝始终跟随熔池，焊枪的喷嘴与工件表面构成80°左右夹角，焊丝与焊件表面夹角以10°左右为宜，在不妨碍视线情况下，尽量采用短弧焊接，以增强氩气保护效果。另外，还应注意观察熔池的大小，焊速应先稍慢后快，焊枪通常不摆动；焊速和焊丝应根据具体情况密切配合，尽量减少接头；焊缝一次不宜焊得过长，否则会因过热而形成塌陷或烧穿。如果烧穿

后就算补焊完整，Cr、Ni等合金元素也大量烧损，对材料的耐蚀性非常不利。

若中途停顿后再继续焊接时，要用电弧把原熔池的焊道重新熔化，形成新的熔池后再加焊丝并与前焊道重叠3～5mm，在重叠处要少加焊丝，使接头处圆滑过渡；氩气的纯度应在99.6%以上，流量保持为6～8L/min，氩气流量过大时，保护层会产生不规则的流动，容易使空气卷入，反而降低了保护效果，所以气体流量也要选择适当。

不锈钢的焊缝颜色与保护效果如表14-9所示。

表14-9 不锈钢的焊缝颜色与保护效果

焊缝颜色	银白、金黄色	蓝色	红灰色	灰色	黑色
保护效果	最好	良好	尚可	不良	最坏

② 焊接结束时，如果收弧方法不正确，在收弧时易产生弧坑、裂纹、气孔等缺陷，因此最好采用引出板（熄弧板），焊后将引出板切除掉。如果没有引出板或电流自动衰减装置时，收弧时要多向熔池送丝，填满弧坑后再缓慢收弧。

③ 焊后变形是精密焊件的一个重要指标，其变形程度与所选择的工艺参数、夹具、散热装置有很大关系。因此，条件允许必须采用精确的夹具工装，保证焊缝两侧受力均匀，避免焊缝面开裂、变形；同时尽量减小热输入量，减小焊接热影响区，必要时可采取跳跃式焊接和远距离降温法等方式。

焊后可用耐高温的塑料锤（或木锤）进行现场适当敲击，以达到变形最小、焊缝外形美观的目的。

14.6.3 结论

综上所述，TIG焊的热量集中、热影响区小、变形小，最适宜焊接不锈钢薄板材料，焊接时如能选用合适的焊接工艺、设备，便可得到外形美观、高质量的焊缝。

14.7 纯镍蒸发器的 GTAW 焊

某单位为碱厂制造 20000t/h 离子膜烧碱工程的主体设备：三效逆流强制循环蒸发器。

由于该设备的腐蚀介质和工况条件，主体材料选用了耐高温浓碱腐蚀性良好的工业纯镍和镍/钢复合板制造。下面就介绍这台蒸发器的焊接工艺过程，以供参考。

14.7.1 蒸发器的材料及结构

三效逆流强制循环蒸发器的结构如图 14-8 所示。

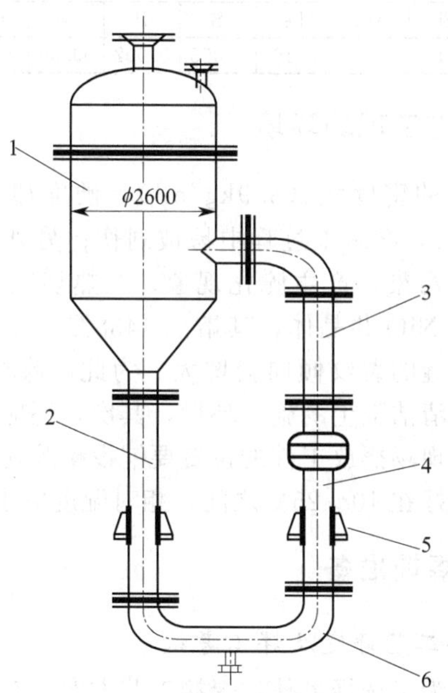

图 14-8 三效逆流强制循环蒸发器结构示意

1—蒸发室；2—循环管；3—连接管；4—加热室；5—支座；6—U 形管

蒸发器主要由蒸发室和加热室两大部分组成，通过循环管2、连接管3和U形管6连成一体，形成一个强制循环蒸发系统。其工况条件为：介质NaOH，浓度50%；温度在110～169℃之间；工作压力0.3～0.37MPa。

蒸发器所用材料：主体蒸发室为镍/钢复合板，基层为16MnR，$\delta=10mm$；复层Ni6板，$\delta=3mm$；加热室的换热管规格为$\phi 50mm\times 2mm$的Ni6管材。其余各部分均采用$\delta=5mm$、$\delta=8mm$的Ni6板材。Ni6板材的化学成分及力学性能见表14-10。

表14-10 Ni6板材化学成分及力学性能

材料	化学成分/%							力学性能	
	C	Si	Mn	Fe	S	P	Ni	σ_b/MPa	δ_5/%
Ni6	0.10	0.15	0.05	0.10	0.005	0.002	99.59	470～490	43

14.7.2 施工现场环境

工业纯镍的密度大（$8.9kg/m^3$），硬度却相对较低（为110～127HV_5），在施工过程中易被划伤；另外，镍还容易被铅、硫等杂质污染，产主脆化现象，在热切割和焊接时易氧化，形成Ni+NiO共晶体，其熔点1438℃。随着焊缝中氧化物的增加，焊缝的裂纹倾向会增大。为此，镍材设备的制造，应首先有一个清洁卫生的施工环境，其次，还应设置一个专用的施工场地，现场摆放工件的位置要铺设橡胶地板，防止硬物划伤。温度最好在10～25℃之间，相对湿度应小于60%。

14.7.3 焊前准备

（1）焊接工艺评定及焊工考试

焊接前，为了选择最佳的焊接工艺方案，对镍材应做焊接工艺评定。由于目前国内尚无设计、制造、焊接等可遵循的标准，所以焊接时只能参照JB/T 4708—2000《钢制压力容器焊接工艺评定》进行工艺评定。评定的内容应包括拉伸、弯曲、冲击韧度、金相组织、硬度及耐蚀性能等。

焊接工艺评定合格后，根据工艺评定的过程和结果，对参加焊接的焊工进行专业培训，经培训合格后，再上岗参加本工程的施焊。

（2）焊接坡口

纯镍及镍/钢复合板的焊接坡口，均应采用机械方法制备。由于镍材焊接时熔池的铁水发黏，流动性较差，熔池较浅。焊接时容易产生夹杂、未熔合及成形不良等缺陷。所以制备坡口时要适当加大坡口的角度和减小钝边。对于镍/钢复合板，还应考虑给过渡层的焊缝金属留有一定空间位置，即在复层侧开槽，将基层多刨掉1mm左右，以保证复层的化学成分。纯镍、镍/钢复合板采用的焊接坡口形状及尺寸如图14-9～图14-12所示。

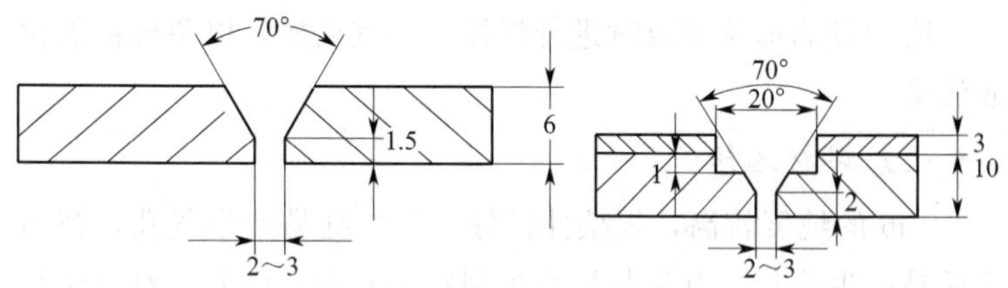

图14-9　纯镍板材对接坡口形式示意

图14-10　镍/钢复合板坡口形式示意

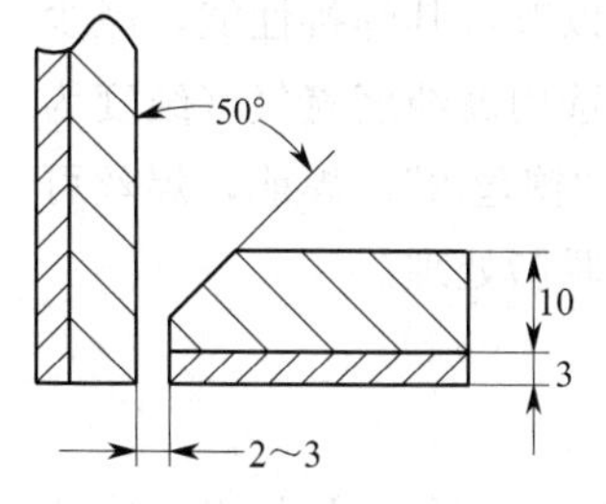

图14-11　复合板角接坡口形式示意

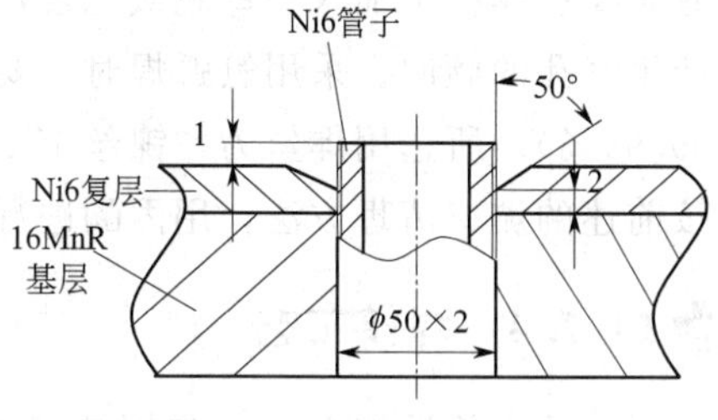

图14-12　管与管板焊缝坡口形式示意

（3）镍材料的切割下料

当在罐体上开孔或不能采用机械法加工的异形零件下料时，要采用热切割法下料。但是，因纯镍的熔点（1455℃）高，应采用热量集中的等离子弧切割法下料或开孔。此时，要注意适当增加等离子弧的工作电压，减小切割速度。一般用切割不锈钢时速度的1/2即可，这样就能获得较满意的切割质量。

（4）焊前清理

焊前应对坡口及两侧各20mm范围内进行脱脂清理，彻底清除表面的润滑剂、灰尘、油污及含硫、铅物质。清理方法是先用丙酮擦洗，然后再用不锈钢丝轮打磨掉被氧化的黑色表皮，露出银白色的镍金属本色。

清理过的部位要及时进行焊接，不宜久放，以免再被氧化或污染。

（5）焊材选择

Ni6的纯度较高，焊接性良好，但焊缝易产生气孔，被污染后易产生脆化，有沿晶界产生裂纹的倾向，因此，对焊接材料要合理选择。

一般焊缝金属的化学成分，不一定要求与母材完全相同，有时要在焊材中加入一些脱氧元素，以改善其焊接性能，减少产生气孔的倾向。采用氩弧焊时，要选用高纯度氩气（纯度为99.99%）。所选用焊丝为“镍丝1”、“镍丝2”。焊前，焊丝可按前述的坡口清理方法，用丙酮进行脱脂处理。

14.7.4　焊接工艺

镍的导热性能差，焊接时宜选用弱规范、小电流、快速焊，焊条（焊炬）不做横向摆动。厚板要采用多层多道焊，层间要认真清理，用不锈钢丝轮打磨，使焊道呈银白色，不留有黄色氧化膜，然后再焊下一层。层间温度应控制在60℃。

对接接头焊缝，背面清根时不宜采用碳弧气刨，要用机械方法或砂轮打磨。如果采用氩弧焊单面焊双面成形时，背面要通氩气保护，否则，易产生氧化和成形不良等缺陷。

对于镍/钢复合板焊缝，首先要焊接基层，焊至复层侧开槽部位时停止，做工艺性无损探伤，检查焊缝有无缺陷。确认无缺陷后，再焊接过渡层和复层。这样可避免焊缝返修时破坏复层，以保证复层的耐蚀性能。

镍板手工钨极氩弧焊的工艺参数见表14-11。

表 14-11　镍板手工钨极氩弧焊工艺参数

焊丝直径/mm	焊接电流/A	电弧电压/V	焊接速度/$cm \cdot min^{-1}$	喷嘴直径/mm	氩气流量/$m^3 \cdot min^{-1}$	
					正面	背面
3	140～160	14～18	100～140	16～20	25～30	8～15

14.7.5　焊后检验

按上述焊接工艺焊接的焊缝，表面质量优良，无任何超标缺陷。对所有对接焊接接头按JB/T 4730.2—2005标准，做X射线无损探伤检验。纵、环缝全部达到Ⅱ级以上；角焊缝达到JB/T 4730.5—2005渗透探伤标准的Ⅰ级。

对产品试板做力学性能试验，其结果如下：抗拉强度σ_b=425MPa；冷弯，压头直径为2倍板厚，弯曲角为100°。

焊接接头金相检验：焊缝组织为柱状粗大奥氏体，晶粒度2～3级；热影响区组织为孪晶奥氏体，晶粒度4级；母材组织为孪晶奥氏体，晶粒度6级。

焊接接头硬度：焊缝，128HV；熔合线，122HV；母材，134HV。

试板做耐蚀试验：介质NaOH，温度153℃，腐蚀时间200h，腐蚀结果为，腐蚀速率0.046mm/a，相对腐蚀率为0.15‰。

最后，对设备进行耐压试验，按图纸技术要求规定，做

0.9MPa 水压试验，结果无泄漏。

14.7.6 结论

通过对钝镍焊缝的各项检验结果，证明制定的 Ni6 材料焊接工艺是切实可行的。焊后满足了所制造的蒸发器使用技术条件，同时也为今后制造镍材焊接压力容器，提供了可靠的依据。

14.8 Q235 钢与 TA2 钛复合板的氩弧焊

生产淀粉设备反应釜，设备的外形尺寸：直径 ϕ2600mm；壁厚（12＋3)mm；总长度 5000mm，工作压力 32MPa，容器内物料为淀粉浆料，具有强酸碱腐蚀性。为保证食用产品卫生和耐物料的腐蚀，且从降低设备制造成本出发，设备的主体材料选用低碳钢加钛复合层的复合板制造。复合板基层为 12mm 厚的 Q235 低碳钢；复层采用 3mm 厚的 TA2 工业纯钛板材。其复合板的化学成分及力学性能见表 14-12。

表 14-12 Q235/TA2 复合板化学成分及力学性能

材料	化学成分/%								力学性能		
	C	Si	Mn	P	S	Ni	Cu	Ti	σ_b/MPa	δ_5/%	冷弯($D=3s$)
Q235	0.14	0.19	0.75	0.034	0.025	0.01	0.01	—	410	31	180°
TA2	0.02	9.04	0.13	0.02	0.14	—	—	余量	450	26	90°

注：D 为冷弯压头的直径；s 为板厚度。

14.8.1 钢/钛复合板的焊接性能分析

钢/钛复合板的复层材料为工业纯钛，钛与其他金属比较，具有不同的物理特性和焊接性能。为此，在焊接过程中，所发生的问题是不一样的。

(1) 钛的化学活泼性大

钛不仅在熔化状态，即使在 400℃以上的固相状态时，也极易被空气、水分、油脂及氧化物等污染。特别是吸收氧、氮、碳等，能使焊接接头塑性和韧性下降，并产生气孔。因此，在焊接过程中，对熔池、焊缝及温度超过 400℃的热影响区，都必须采取措施妥善保护。

（2）钛的熔点高、热容量大、导热性差

工业纯钛的熔点为 1668℃，再结晶温度区在 550～650℃之间。特别是在 700℃的温度区间，钛吸收氮形成过热组织 TiN；当焊接接头冷却速度快时，则又会产生不稳定的 δ 相。因此，焊接时要控制焊接热输入，宜用小电流、快焊速的软规范进行焊接。

（3）钛吸收氧

钛在 300℃时开始吸收氧，在焊接残余应力作用下，将会导致产生裂纹。

（4）钛的弹性模量小

钛的弹性模量约为钢的 1/2，焊接过程中，残余变形较大，由于钛有记忆金属之称，焊后变形校正很困难。

根据以上分析，钛在焊接全过程中，都必须加以严格控制。

14.8.2 钢/钛复合板的焊接接头设计

钢/钛复合板接头焊接时，由于钛金属的焊接特性，使钢、钛不可能采用电弧焊熔为一体，为了避免基层钢熔化时，碳、铁等元素对钛的污染，一般常把焊接接头设计成钢、钛不同时熔化的形式，如图 14-13 所示。

图 14-13 中的坡口结构是为焊接基层碳钢时，不熔化复层的钛金属层，而在钛复层侧刨掉钛金属层，先焊接基层。焊完基层碳钢，再用钛垫板填充平刨掉部分，并焊好接缝，上面再盖上钛板焊好。这种接头在焊接时，只需考虑钛的焊接保护，避免了钛、钢难熔的焊接难题。

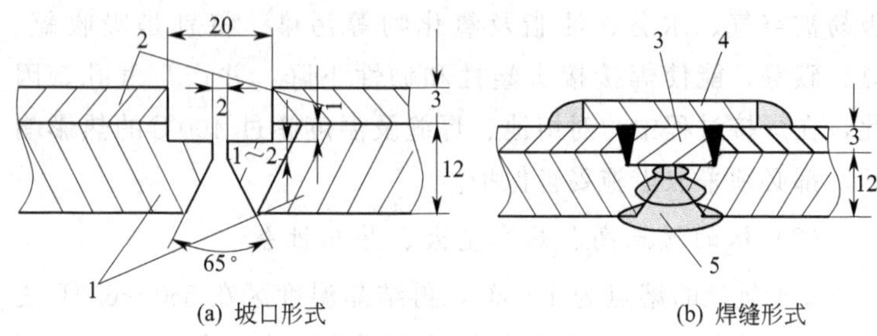

(a) 坡口形式　　(b) 焊缝形式

图 14-13　复合板接头的坡口及焊缝形式示意

1—基体金属；2—复层；3—垫板；4—盖板；5—焊缝

14.8.3　焊接材料选择

（1）焊丝

碳钢基层焊丝选用 H10MnSi。钛复层为工业纯钛，一般可用材质相同的焊丝，但应是真空退火状态供货，其纯度要在 99.9%以上，也可以用相同牌号的钛板材剪切成条状使用。如果焊丝未经退火，应按以下规范进行真空退火处理：真空度 17.33～1.733Pa，退火温度 900～950℃，保温时间 4～5h。

（2）氩气

钛层焊接要选用一级工业纯氩作为保护气体，纯度为 99.99%，露点在－40℃以下，杂质总含量小于等于 0.02%；相对湿度 5%，水分含量小于等于 0.001ml/L。

14.8.4　焊前准备

（1）坡口制备

由于所设计的坡口几何形状特殊，机械加工时较难，影响钛材焊接：尺寸太小时钛垫板无法装入；太大又会造成钛焊接困难。钛层刨制完成后，按常规刨制基层的 65°坡口。

（2）焊前清理

焊前，焊丝和坡口两侧边缘要用不锈钢丝轮打磨，清除表面氧化皮，然后用丙酮或乙醇溶剂清洗焊丝及坡口两侧各50mm范围内的污物。

14.8.5 焊接

（1）基层

复合板的焊接可先按常规焊接基层。首先，采用手工钨极氩弧焊打底，底层要求单面焊双面成形，且无焊接缺陷。其余各层用焊条电弧焊焊接。碳钢基层焊接规范见表14-13。

表 14-13 碳钢基层焊接规范

焊接层次	焊材规格 /mm	焊接电流 /A	电弧电压 /V	焊接速度 /cm·min^{-1}	氩气流量 /L·min^{-1}
1	2.5	120～130	14～16	11～14	10～12
2	4.0	140～170	20～22	15～17	—
3	5.0	200～240	22～24	16～18	—

（2）复层

复层的焊接全部采用钨极氩弧焊，主要是垫板和盖板的四条焊缝。为保护好熔池及在300℃以上的热影响区，要选用较大喷嘴，并且要在焊枪上加装一个保护拖罩。拖罩结构如图14-14所示。

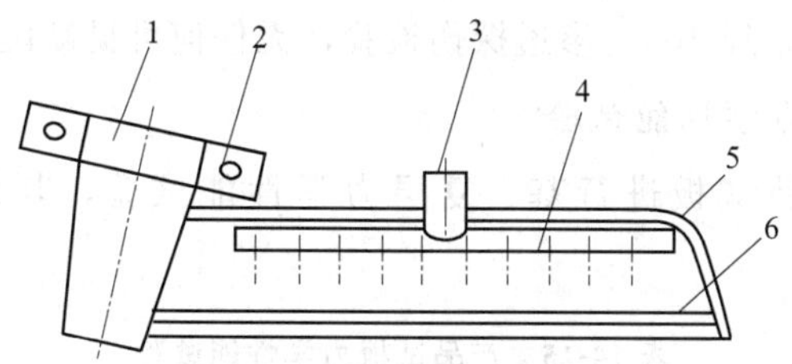

图14-14 拖罩结构

1—喷嘴；2—卡子；3—进气管；4—气流分布管；5—外罩；6—铜丝网

拖罩是用厚度为1mm左右的紫铜板制成外罩5，由进气管3通入氩气，经设有一排均气小孔的气流分布管4喷出，再通过几层铜丝网 6，使气体呈均匀的层流状保护熔池和过热区。

要求制作拖罩时尽可能让罩内的转角处圆滑过渡。拖罩固定在焊枪的喷嘴上部，随焊枪移动，以便可靠地保护焊接热影响区。

钛复层的氩弧焊规范见表 14-14。

表 14-14 钛复层的氩弧焊规范

焊材	焊丝直径 /mm	焊接电流 /A	电弧电压 /V	焊接速度 /cm·min^{-1}	氩气流量 /L·min^{-1}	
					喷嘴	拖罩
ERTA2	2	120～130	13～14	11～13	11～12	19～20

14.8.6 焊后检验

(1) 外观

按上述氩弧焊规范焊接的钛焊缝，外观整齐美观，钛表面呈银白色，无污染变质现象。质量优良。

(2) 无损探伤

焊缝基层按 JB/T 4730.2—2005 标准，进行 100% 射线探伤检验，焊缝全部达到 Ⅰ 级片。钛层表面按 JB/T 4730.5—2005 标准，经 100%渗透探伤检验，无任何可见缺陷。

(3) 力学性能试验

对产品试板进行基、复层力学性能试验，其结果列于表 14-15。

表 14-15 产品试板力学性能试验

材料	抗拉强度 /N·mm^{-2}	断口位置	冷弯 ($\alpha=90°, D=3s$)	常温冲击韧性(V形缺口)/J		
				焊缝	热影响区	熔合线
Q235 钢	75	热影响区	合格	72	70	70
TA2 钛	340	热影响区	合格	—	—	—

注：α 为冷弯角度；D 为冷弯压头直径；s 为板厚度。

14.8.7 结论

根据对产品试板的各项检验，证明了钛/钢复合板材料采用手工钨极氩弧焊工艺进行焊接的可行性和合理性。这是值得广泛推广和应用的焊接技术。

14.9 000Cr26Mo1高纯铁素体不锈钢的GTAW焊

14.9.1 材料的性能分析

000Cr26Mo1钢的化学成分见表14-16。

表14-16 000Cr26Mo1钢的化学成分 %

C	N	Cr	Mo	Mn	Si	S	P	Cu	Ni	Nb
0.003	0.014	26.77	1.22	0.04	0.18	0.009	0.016	0.03	0.023	0.12

由于C、N的含量控制到极低，提高了耐蚀性能，在醋酸、乳酸等有机酸、苛性碱液体中耐晶间腐蚀尤为显著，且具有较强的耐卤离子应力腐蚀、点腐蚀能力。比如，在次氯酸碱液中，000Cr26Mo1钢的年腐蚀率只有0.009～0.020g/a，这是WEL3161等耐酸不锈钢所望尘莫及的。因此，000Cr26Mol可称得上是氯碱工业最理想的耐蚀材料。

000Cr26Mo1钢的物理性能和力学性能分别见表14-17和表14-18。

表14-17 000Cr26Mo1钢常温力学性能

生产单位	规格	σ_b	$\sigma_{s0.2}$	δ_5	α_k	冲击缺口
	δ/mm	MPa		/%	/MPa·m·cm^{-2}	
长城钢厂	5	63.0	44.0	33	<21.8	V形
抚顺钢厂	5	56.0	46.0	36	35～37	U形
抚顺钢厂	3	60.0	55.0	35	22.5～23.5	U形

表 14-18 000Cr26Mo1 钢的物理性能

密度 /g·cm^{-3}	热导率(300℃) /cal·cm^{-1}·s^{-1}·$℃^{-1}$	比热容(300℃) /cal·g^{-1}·$℃^{-1}$	弹性模量/×10^4 kgf·mm^{-2}		磁导率 (20℃)
			E	G	
7.66	0.044	0.11	2.1～2.2	7.9～8.6	强磁性

由表可知，这种钢屈强比接近于1，却有比一般铁素体钢好的韧性和伸长率。它具有一般低碳钢的密度，表面可形成致密的氧化膜，具有较好的抗氧化性。进行 375～540℃的加热试验，加热后有硬度增高、韧性下降现象，说明具有 475℃脆性。热处理能使 000Cr26Mo1 钢软化，但热处理温度不当时，会发生韧性突变。进行 704～954℃重复加热，仍存在脆性，在低温时，特别是在－20℃时，冲击性能很差，有冲击值急转直下现象。

14.9.2 焊接试验

根据以上分析，000Cr26Mo1 钢焊接的主要问题是热影响区脆化（熔合区和近热区的晶粒粗化引起韧性下降，475℃脆化）导致焊接裂纹倾向以及常温冲击韧性下降。为了取得可靠的焊接工艺，首先进行了各种接头的焊接试验以及异种材料的焊接试验。

试验采用手工钨极氩弧焊，并对焊缝采取 400℃以上高温区的全保护、背面保护和背面不保护三种保护形式，同时观察焊缝冷却后的表面颜色变化情况。凡是保护好的焊缝，表面呈银白色或淡黄色；不加保护或由于操作技能引起的保护欠佳时，焊缝则是蓝色或黑色，其主要原因是焊缝金属处于高温时，能与空气中的氧、氮、氢强烈反应，这也是高温时强度增高、塑性下降的主要因素。为了避免这种倾向的产生，焊接时采取对高温区的全保护是非常必要的。

焊缝全保护时，正面的保护装置，是把一个附加的通气保护拖罩固定在氩弧焊枪上，拖罩在焊接过程中，随着焊枪同时移动。这样，就把近 400℃的焊接高温区全部保护在氩气拖罩范围内，使焊缝在保护气体中冷却。焊缝的背面保护，则应根据工件的结构形式和尺寸而制作。

按上述方法保护、焊接的焊缝，经试验，均能得到较满意的焊接接头。

14.9.3 焊接工艺

（1）焊前准备

① 焊丝　采用与母材匹配的专用焊丝或直接从母材板料上切下细条使用。其专用焊丝的化学成分见表14-19。

表14-19　000Cr26Mol钢专用焊丝的化学成分　%

C	N	O	Cr	Mo	Mn	Si	S	P	Cu	Ni
0.0005	0.011	0.0037	26.5	1.08	0.005	0.20	0.0009	0.018	0.03	0.023

② 氩气　对氩气要求：Ar＞99.99%；氮≤0.001%；氧≤0.0015；氢≤0.005；相对湿度小于5%。

③ 坡口制备及清理　焊接坡口要求采用机械加工制备。焊前对坡口及焊丝进行认真清理，并用不锈钢丝轮打磨，然后用丙酮擦洗，去除金属粉末和油污。

（2）焊接

将清理好的工件置于有保护装置的平台上，通入保护气体后即可进行焊接。焊接采用硬规范，小电流、快焊速。拖罩离工件的距离要保持在0.5～1mm之间，焊嘴与焊缝呈110°夹角，焊丝与焊嘴呈90°夹角，填丝时注意焊丝不要拉动过长，高温端应始终置于氩气保护区以内，以免送焊丝时带入空气，影响保护效果。

在施焊过程中，还应注意观察焊缝冷却后的颜色变化，如发现有保护不良现象，应立即停止焊接，检查保护装置。

各种焊接接头的施焊工艺参数见表14-20。

表 14-20 000Cr26Mol 钢焊接规范

接头形式	母材		焊丝直径/mm	焊接方法	焊接电流/A	电弧电压/V	焊接速度/mm·min^{-1}	氩气流量/L·min^{-1}		
	板厚 δ/mm	材料						喷嘴	正面	背面
图(a)	6	000Cr26Mol	2.5	TIG	130～170	16～18	80～120	20	60	60
图(b)	3	000Cr26Mol	2.0	TIG	100～150	16	80～120	20	60	60
图(c)	6	000Cr26Mol	2.5	TIG	160～180	18	80～120	20	60	60
图(d)	3	000Cr26Mol	2.5	TIG	150～160	18	80～120	20	60	60
图(e)	6	000Cr26Mol	2.5	TIG	130～170	18	200～220	35	60	60
	6	000Cr26Mol	Ni6(条)	TIG	130～170	18	180～200	35	60	60

注：1. Ni 板条为采用工业纯镍板料剪切的 3mm×3mm 板条。

2. 接头形式对应图形如下：

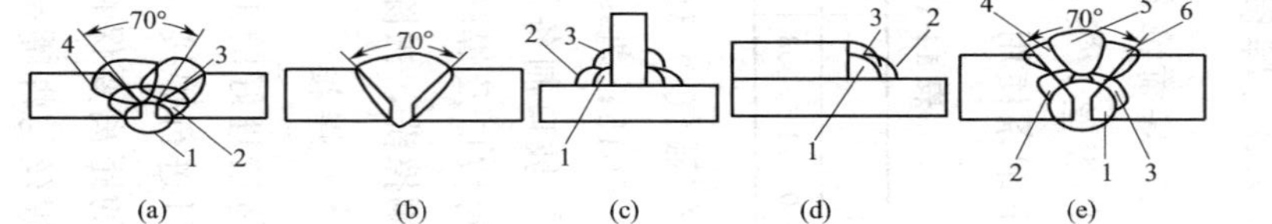

(a) (b) (c) (d) (e)

14.9.4 焊缝质量检验要求

（1）外观

焊缝外观不允许有咬边、未焊透、未熔合、弧坑、焊瘤等缺陷。焊缝表面应呈银白色或淡黄色，且有金属光泽。

（2）无损检验

焊缝表面应按 JB/T 4730.5—2005 标准进行 100%着色探伤，不允许存在 0.4mm 以上的缺陷以及细小裂纹；然后按 JB/T 4730.2—2005 标准进行 X 射线探伤，底片等级不低于Ⅱ级为合格。

（3）产品试板力学性能及金相试验

抗拉强度不小于 560MPa；母材组织为铁素体，晶粒上分布有碳化物，晶粒度 3～4 级，硬度为 162HV；焊缝组织为铁素体加少量碳化物，晶粒度 1～2 级。熔合线硬度为 175HV。

（4）腐蚀

接头做腐蚀试验，用氢氧化钠 42.62%～44.15%，加热至 153℃，200h，其年腐蚀率为 0.0195～0.01g/a，相对腐蚀率 3%。

14.9.5 结论

通过对 000Cr26Mo1 铁素体不锈钢的焊接研究发现，采用手工钨极氩弧焊方法焊接能获得良好的焊接质量，在工业生产中可以推广应用。

14.10 在 42CrMo 钢轴上氩弧堆焊铝青铜

某厂制作一件 42CrMo 钢轴，并要求在轴表面堆焊一层铝青铜。堆焊面经机械加工后的厚度为 5mm，其形状及尺寸如图 14-15 所示。

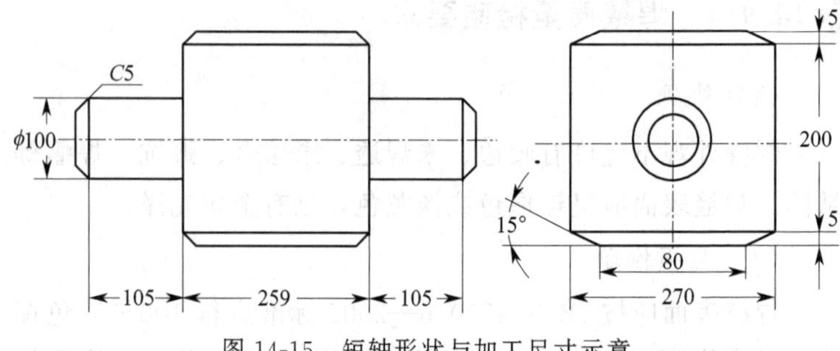

图 14-15 短轴形状与加工尺寸示意

堆焊后表面硬度要求为 156～196HB，堆焊层不得有裂纹、剥落等缺陷。

14.10.1 焊接性分析

① 42CrMo 属于低碳调质钢，其碳当量为 $C_{eq}=0.78\%$，钢的焊接性较差，焊接时主要问题是产生裂纹及热影响区脆化等。

② 在轴上堆焊铝青铜有一定的困难。由于 42CrMo 和铝青铜在熔点、热导率、线胀系数等方面有很大的差异：在常温下，铝青铜的热导率约为钢的 7 倍，高温时则会更大些，焊接时，热量迅速从加热区传导出去，使母材与填充金属难以熔合；铝青铜线胀系数比钢大 15%左右，而收缩率也比钢约大 1 倍多，加之铝青铜的导热能力强，所以焊接的热影响区宽，容易产生较大的焊接应力；铝青铜的表面张力系数是钢的 70%，焊接时会导致铜液下淌，根部成形不良。

③ 铜和钢焊接时主要问题是热裂纹、铁的稀释侵入裂纹和渗透裂纹，而气孔倾向较小。热裂纹主要由于焊缝中的低熔点共晶体、组织状态及焊接应力造成。铁的稀释侵入裂纹是由于钢中铁侵入焊缝，偏析于晶界，和铁同时熔入焊缝的碳浓缩于铁中，形成含碳量较高的脆性化合物 Fe_3C，这是 Fe 的析出

相，硬而脆，降低了焊缝的韧性及抗裂能力。近缝区产生渗透裂纹的主要是在钢的表面堆焊铜及铜合金，铜处于液态时，液态铜对钢的渗透和拉应力共同作用所形成。

14.10.2 堆焊工艺

(1) 堆焊方法及堆焊材料

根据铝青铜的焊接性，一般可采用 TIG 焊、手工钨极氩弧焊、带极埋弧堆焊和等离子弧焊等方法。其中，手工钨极氩弧焊是首选焊接方法。这是因为手工钨极氩弧焊操作方便、灵活，应用广泛；其电弧的热量集中、对熔池保护效果好。钨极氩弧焊的焊缝及近缝区，一般不容易过热，能防止热裂纹和渗透裂纹。

手工 GTAW 所用钨极的直径常为 ϕ2～4mm；以工业纯氩为保护气体；焊材可选用 CuAlC 牌号的铝青铜堆焊用焊丝，直径为 ϕ5mm。其焊丝的化学成分见表 14-21。

表 14-21 铝青铜焊丝主要化学成分 %

成分	Al	Mn	Fe	Ni	Cu
含量	10.25～11.75	≤2.0	3～4.25	0.5～2.0	余量

(2) 焊前准备

① 彻底清除待堆焊表面的水分、铁锈、油污、氧化膜及一切影响焊接质量的因素。

② 检查焊丝是否有异物，并用酸洗方法进行处理。

③ 焊前，将轴放入炉中进行预热，温度约为 350℃。

(3) 操作要点

① 使待堆焊面处于平焊位置，以较长边为焊道的堆焊方向，如图 14-16 所示。

② 焊接时，应采用较小的电流，防止熔合区在高温下停留时间过长，以免引起基体母材出现渗透裂纹或液化裂纹；焊接速度应快些，以减小熔池体积，防止过热，避免产生气孔。

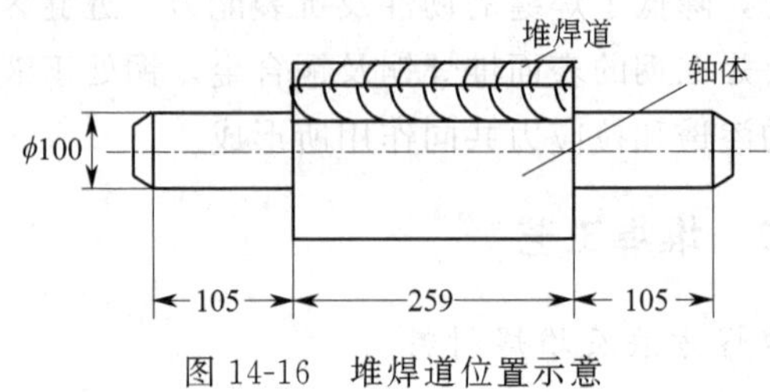

图 14-16 堆焊道位置示意

氩气的流量要适中，太小时电弧保护不好；太大时会造成层状气体保护破坏，电弧不稳定。

堆焊工艺参数如表 14-22 所示。

表 14-22 堆焊工艺参数

焊丝直径/mm	焊接电流/A	电弧电压/V	气体流量/L·min^{-1}	电源极性
5.0	210～250	16～18	12～15	直流正接

③ 焊接采用左焊法，为便于观察熔池及焊丝填加情况，焊枪与焊件之间夹角为 70°～80°，焊丝与焊件夹角为10°～20°。

操作时，焊枪要均匀平稳地向前做直线运动，并保持电弧长度。电弧长度一般控制在 4～7mm 之间。焊枪移动时，要作间断的停留，当达到一定的熔化深度后，再填充焊丝，向前移动。

④ 堆焊层应为直焊道，要严格控制层间温度。

⑤ 如果堆焊过程中发生钨极与工件粘连，应立即停止堆焊，将夹钨金属打磨掉再进行焊接。

⑥ 为控制工件变形，应采用分段焊、左右对称焊等方法，以减小变形量。

14.10.3 结论

按以上工艺堆焊后，工件经机械加工后，未发现存在缺陷，说明在 42CrMo 钢上堆焊铝青铜的堆焊工艺正确合理，能够满足工件的使用要求。

CHAPTER 15

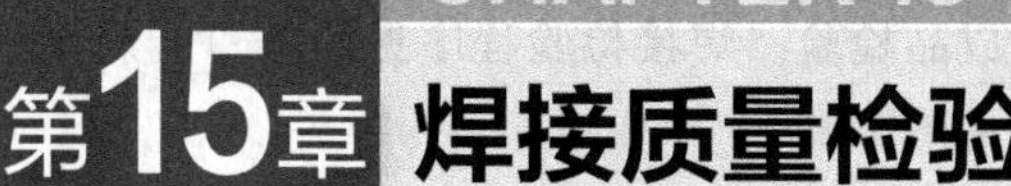

第15章 焊接质量检验

焊接质量检验是保证产品质量的重要措施。在焊接结构生产过程中，每道工序都要进行质量检验，及时发现可能产生的焊接缺陷，是消除焊接缺陷的重要手段。这样做能节约时间、材料和劳动力，就能既保证质量又降低了成本。所以，焊接质量检验是焊接结构制造过程中不可缺少的重要环节。

焊接质量的好坏直接影响着焊接构件的使用安全和寿命。基于焊接工艺的特殊性，它的质量问题往往不容易被直接发现。除了通过各种检测手段，发现焊接接头表面和内部缺陷，确保焊件的安全性和可靠性外，更重要的是应以预防为主。让焊接工人熟练掌握工件的焊接知识和技术要求，了解产生焊接缺陷的原因和预防措施，强调焊接工作的重要性，提高焊接技术水平，从而有效地提高焊接产品质量。

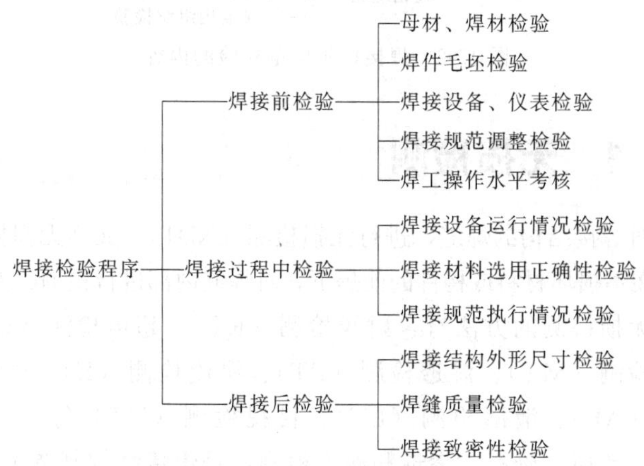

图 15-1　焊接检验程序示意

焊接质量检验应贯穿于焊接产品生产的全过程。按生产过程特点，焊接质量检验可分为三个阶段，即焊接前检验、焊接过程中检验和焊后成品检验。焊接检验程序见图 15-1。焊接接头质量检验的内容见图 15-2。

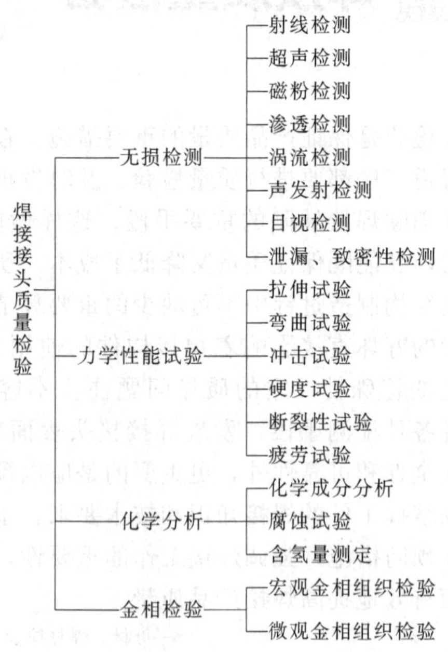

图 15-2 焊接接头质量检验的内容

15.1 无损检测

对焊接结构的焊缝，进行无损检测（NDT），又称无损探伤。它是在不损坏材料或构件的前提下，对焊缝内部进行检测的方法。

无损检测的方法有：射线检测（RT）、超声检测（UT）、磁粉检测（MT）、渗透检测（PT）、涡流检测（E）、声发射检测（AE）、泄漏检测（LT）、目视检测（VT）等。其中，射线、超声、磁粉、渗透和涡流检测，是焊接结构制造中最常使用的方法。射线和超声检测以检测内部缺陷为主，磁粉检测则是检测表面或近表面缺陷，渗透检测仅能检测表面缺陷，涡流检测常用于管材的检测。

15.1.1 射线检测

射线检测是用 X 射线或 γ 射线透照工件，用胶片记录缺陷信息的检测方法。射线能穿过普通光不能穿透的物质，其传播具有一定的衰减规律，并对某些物质发生光学作用。若透照有缺陷的物体（焊件），其缺陷部位（如有气孔、夹渣等），对射线的吸收不同于完好物体材料，透照强度不同，底片相应部位出现黑度差异，从而显示缺陷影像。

射线照相检测法可得到直观的图像，底片可长期保存，并且能准确地判断缺陷的性质、数量、尺寸和位置。射线检测容易检出气孔、夹杂等缺陷，但对于裂纹、未熔合等面状缺陷的检测，会受到透照角度的影响。

射线检测法广泛用于几乎所有材料，如碳钢、合金钢、不锈钢、有色金属等。适宜的对象是各种熔化焊对接接头，也适用于检查铸钢件，特殊条件下也可检测角焊缝或其他特殊构件。

射线检测在厚度上受穿透能力的影响。例如 420kV 的 X 射线机，穿透能力约为 100mm；钴 60 的 γ 射线穿透能力约为 200mm。更厚的构件需要采用特殊的设备，如加速器（最大穿透厚度可达到 500mm）。

X 射线和 γ 射线两种方法各有其特点。

X 射线的特点是：

① X 射线机能量可改变，对特定厚度可选择最佳能量；

② 透照灵敏度较高，曝光时间短，一般只需几分钟；

③ 设备体积大，费用较高。

γ 射线的特点是：

① 探测厚度大，穿透能力强；

② 体积小，效率高，重量轻；不用电源，适合野外作业；

③ 能量固定，不能根据试件厚度进行调节；

④ 透照灵敏度不如 X 射线，曝光时间长，需几十分钟甚至几小时，安全防护要求高。

射线检测焊缝时，透照的方式有很多种，单壁透照法最为常用；双壁透照是用于胶片无法进入的小型容器或管道；中心透照周向曝光法为最佳，其透照均匀，横裂纹检出角为 0°，底片黑度、灵敏度等检出率高，效率高，可一次透照整条环焊缝。

15.1.2 超声检测

超声检测是利用超声波频率高（高于 20000Hz）、波长短、能量高、穿透能力强、能定向传送并在界面上产生反射和折射及波形转换等特性，而进行材料内部缺陷检测的方法。检测时，超声波由探头传入工件并向一定方向传播，如果遇有缺陷，超声波就会产生反射。反射波被探头接收后，会在荧光屏上形成脉冲波形。根据脉冲波形即可判断缺陷及其位置和大小。

超声检测常用于钢板、锻件、复合钢板、无缝钢管、高压螺栓、奥氏体钢锻件等结构的部件；也可用于结构的焊缝、不锈钢堆焊层、铝制压力容器焊缝；还能测定板材、封头和接管的厚度。

超声波探伤仪的作用是产生振荡，激励探头发射超声波，并将探头反馈的信号放大、显示，从而确定构件内部有无缺陷以及缺陷的位置和尺寸。探头是实现电信号和声信号相互转换的主要器件，超声波的反射和接收是通过探头实现的。

超声波检测根据 JB 4730 标准规定，按缺陷的当量和指示长度，将焊缝缺陷分为Ⅰ、Ⅱ、Ⅲ 三个等级，一般要求在Ⅱ

级缺陷区域为合格。最大射波幅位区域的缺陷分级，Ⅱ级缺陷区域，按表15-1规定。

表15-1 Ⅱ级缺陷区域的等级评定 mm

等级	板厚 T	单个缺陷指示长度 L	多个缺陷累积指示长度 L'
Ⅰ	8～120	$L=T/3$,最小为10,最大不超过30	在任意 $9T$ 焊缝长度范围内 L' 不超过 T
	>120～300	$L=T/3$,最大不超过50	
Ⅱ	8～120	$L=2T/3$,最小为12,最大不超过40	在任意 $4.5T$ 焊缝长度范围内 L' 不超过 T
	>120～300	最大不超过75	
Ⅲ	超过Ⅱ级者		

注：1. 板厚不等的焊缝，以薄板为准。

2. 当焊缝长度不足 $9T$（Ⅰ级）或 $4.5T$（Ⅱ级）时，按比例折算。

超声波与射线相比，具有灵敏度高、周期短、成本低、操作灵活方便、探测的厚度大以及对人体无害等优点。特别是探测面状缺陷（裂纹、未熔合等）的灵敏度较高，但由于波形显示和识别不直观，性质较难判断，对操作者的技术水平、操作经验和责任心要求高。

15.1.3 磁粉检测

磁粉探伤是利用缺陷处漏磁场与磁粉作用的原理，检测铁磁性材料表面及近表面缺陷。铁磁性材料被磁化后，当表面或近表面和磁场方向成一定角度时，因缺陷处磁导率的变化，使磁力线逸出工件表面，产生漏磁场，吸附磁粉，从而产生磁痕显示，探测出缺陷形貌及位置分布。

磁粉检测最大的特点是设备简单，能检测铁磁性材料表面、近表面缺陷，且灵敏度高、速度快、操作容易、缺陷显示直观。

磁粉检测可用于坡口检测、焊接过程中检测、焊后及机械损伤部位的检测。

（1）**坡口检测** 坡口可能出现的缺陷有分层和裂纹。平行于钢板表面的分层是轧制缺陷；裂纹有平行板面沿分层端部开裂，也有火焰切割裂纹。

（2）焊接过程及焊后检测

① 层间磁粉检测　某些焊接性能差的钢材或厚板，规定层间要进行检测。

② 碳弧气刨面检测　某些淬硬倾向大的钢材，碳弧气刨后所造成的增碳可能导致裂纹，因此，也要求检测。

③ 焊接接头检测　包括焊缝金属及母材热影响区，观察焊接接头是否有焊接裂纹。

（3）机械损伤检测

设备装配时，往往要焊接临时性吊耳和卡具，施工完毕用气割除掉后，应做探伤检测，特别是高强钢和铬-钼钢。

（4）焊接接头表面裂纹的鉴别

焊接接头表面裂纹可根据磁痕显示的位置和特征进行鉴别。一般，磁痕浓密清晰，呈直线状，有时也会有弯曲，还有的呈树枝状或网状。

裂纹在焊缝金属表面时，常见为纵向裂纹、横向裂纹和树枝状裂纹；在母材热影响区时，多数向母材方向扩展；在焊缝与母材交界处，即熔合线裂纹；在焊接开始和焊接终止未填满的弧坑中，常为星状裂纹。

15.1.4 渗透检测

渗透检测是利用毛细管作用原理，检查表面开口缺陷的方法。工件表面施涂渗透液后，渗透液可渗入表面开口缺陷，经干燥并去除表面多余的渗透液后，再施以吸引缺陷中渗透的显像剂，可显示缺陷痕迹，从而查出缺陷的形貌及分布。渗透检测的特点是：可检测除多孔性材料外的各种材料；容易检查形状复杂、各种方向的缺陷；操作方便，设备简单；缺陷显示直观，容易判断。

渗透检测不受材质限制，可用于磁性、非磁性材料，黑色、有色金属，非金属等；不受构件结构限制，可检查焊接件、铸件、压延件、锻件和机械加工件；不受缺陷形状、尺寸和方向限制，只需一次检测，即可查出各种方向和形状的所有缺陷。但它不能用于检查表面吸收性的材料或外来因素造成开口被阻塞的缺陷。

渗透检测分着色法、荧光法和荧光着色法三类。着色法为渗透液内含有色染料，缺陷图像在白光下显示，适合无电源场合。荧光法为渗透液内含有荧光物质，缺陷图像在紫外线下激发荧光，需要电源和暗室。荧光着色法兼备荧光和着色的特点。渗透检测与磁粉检测的应用比较见表15-2。

表15-2 渗透检测与磁粉检测的应用比较

内容	渗透检测法	磁粉检测法
对工件材质要求	金属材料、不吸收探伤剂的非金属材料	铁磁性材料
能检测出的缺陷	表面开口且内部有空隙的缺陷	表面开口或近表面缺陷
表面粗糙度	表面粗糙则检出性能下降	也受影响，但比渗透法小
缺陷方向	各种方向的缺陷可一次检测	若不用旋转磁场法，则缺陷检出率受磁场方向限制
作业上要求	携带性好，不需水源和电源	需要电源
缺陷的评定	缺陷显示的形状、大小、色深随时间变化	磁痕显示不变，容易评定
检测记录	不能转印	一定程度上可以转印

15.1.5 涡流检测

涡流检测是根据电磁感应原理，使导电的试件内发生涡电流，通过测量涡电流的变化量，检验试件有无缺陷。这种方法适用于具有导电性的铁磁性和非铁磁性材料，例如钢铁、有色金属以及石墨等。但不适用于塑料及各种合成树脂等。涡流检测技术主要用于：

① 检测工件表面及近表面缺陷。例如裂纹、折叠、气孔和夹渣；

② 测量电导率、磁导率、晶粒大小、热处理状况、硬度；

③ 检测工件各种尺寸、涂膜厚度、腐蚀和变形状况；

④ 分选金属材料、检测成分和其他物理性能的差异。

涡流检测的特点是：

① 检测时，线圈不需接触工件，对工件表面状态没有特殊要求，无耦合剂，检测速度快；

② 对表面、近表面缺陷检测灵敏度较高，可自动记录并长期保存；

③ 可在高温状态对管、棒、线材探伤；也能对矩形、三角形、带筋的异形或薄壁管材，以及钻孔内壁等进行探伤，这是其他方法所不及的。

15.1.6 声发射检测

受固体内部缺陷或微观结构不均匀，导致局部应力集中，这种不稳定的高能状态必然要过渡到稳定的低能状态。这个过程是以塑性流变、裂纹的产生、扩展直至断裂而完成的。这是应变能的释放过程，其中一部分是以应力波快速释放的弹性能，这种弹性能就是声发射。如果加载的物体进行声发射接收检测，称为声发射检测技术。

声发射检测技术适用于以下几方面。

① 在压力容器进行水压试验时，利用声发射监测有无裂纹、是否扩展。

② 焊接时，焊缝金属结晶过程或冷却后的焊接应力，可能导致裂纹。利用声发射监控焊接过程，及时检测缺陷，有利于改进焊接工艺。

③ 用声发射技术研究和解释金属的破坏机理。

声发射技术的特点是：在检测过程中，只需将探头布置在固定位置，操作简单，劳动强度低；声发射技术是一种动态检测，无法检测静态缺陷。一般来说必须与常规无损检测方法配合使用。

15.2 焊接接头的拉伸试验

15.2.1 焊接接头的拉伸试验（GB 2651）

拉伸试验的目的是测定焊接接头的抗拉强度。如果拉伸断裂的位置在焊缝上，则表示母材金属强度大于焊缝。

（1）对接接头拉伸试样形式

对接接头拉伸试样如图15-3所示，其尺寸见表15-3。

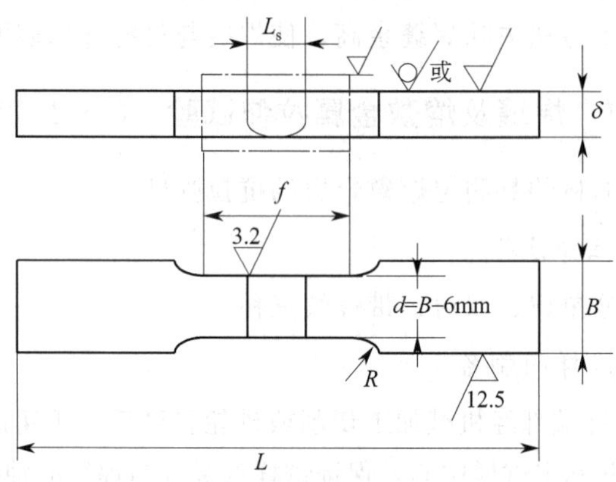

图15-3 对接接头拉伸试样示意

表15-3 对接接头拉伸试样尺寸

总长	L	根据试验机定
夹持部分宽度	B	$b+12$
平行部分宽度	b	≥25
平行部分长度	f	$>L_s+60$ 或 L_s+12
过渡圆弧	R	25

注：L_s 为加工后焊缝的最大宽度。

通常，试样的厚度δ应为焊接接头试件厚度。如果试件厚度超过30mm时，则可以从接头的不同厚度区，取若干试样，以取代接头的整个厚度的单个试样。但每个试样的厚度不小于30mm，且所取试样应覆盖接头的整个厚度。在这种情况下，应当标明试样在接头中的位置。

(2) 拉伸试样的制备

① 每个试样都应打有标记，以识别它在被截取试件中的准确位置。

② 试样应采用机械法加工或磨削法制备，要注意防止表面应变硬化或材料过热，在受试长度范围内，表面不得有横向刀痕或划痕。

③ 若相关标准或产品技术要求无规定时，则试件表面应用机械加工方法去除焊缝余高，使焊缝与母材金属表面齐平。

15.2.2 焊缝及熔敷金属拉伸试验（GB 2652）

试验的目的是测定熔敷金属的抗拉强度。

(1) 拉伸试样

试样分单肩、双肩、带螺纹三种。

(2) 试样的制备

① 试样端部经机械加工切削或砂轮打磨后，用腐蚀剂显示焊缝位置并标定试样中心，保证试样的纵轴与焊缝的轴线重合。

② 试样受试部位，必须是焊缝或熔敷金属，试样夹持部位允许有未经加工的焊缝表面或母材金属。

③ 试样表面有焊接缺陷时，该试样不能进行试验。

15.3 焊接接头的弯曲试验（GB 2653）

弯曲试验的目的是检验焊接接头拉伸面上的塑性，并同时反映出各区域的塑性差别，暴露焊接缺陷和考核熔合线的质量。

15.3.1 弯曲试验的种类

① 根据焊缝轴线和试样纵轴的相对位置，弯曲试验可分为横弯和纵弯两种。

a. 横弯　焊缝轴线与试样纵轴垂直时的弯曲。

b. 纵弯　焊缝轴线与试样纵轴平行时的弯曲。

② 根据试样弯曲后，受拉面的位置，弯曲试验可分为面弯、背弯和侧弯三种。

a. 面弯和背弯　试样弯曲后，其正面成为弯曲的拉伸面，叫作面弯；反面为弯曲的拉伸面，叫作背弯。面弯和背弯可考核焊缝的塑性、焊缝和母材交界处熔合线质量。

b. 侧弯　试样弯曲后，其中一个侧面成为弯曲的拉伸面，叫做侧弯。侧弯能考核焊层与母材金属之间的结合强度，堆焊衬里的过渡层、双金属焊接接头的过渡层及异种钢接头的脆性、多层焊时的层间缺陷（如层间夹渣、裂纹、气孔）等。

15.3.2 弯曲试验的试样尺寸

弯曲试验的试样，分横弯、纵弯和侧弯三种。其中，横弯和纵弯试样，适用于面弯和背弯，试样形状如图15-4～图15-6所示。

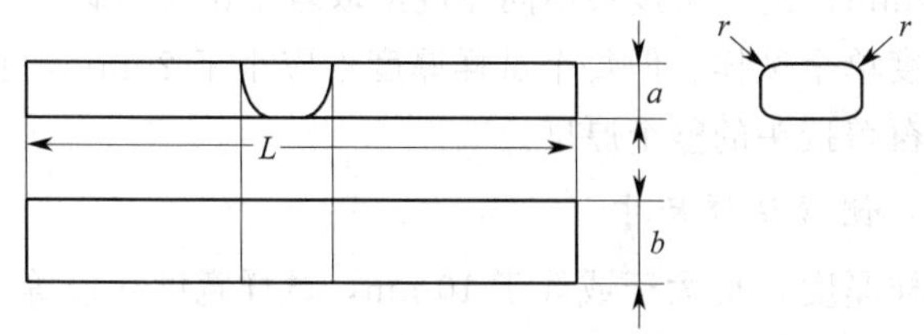

图15-4　横弯的弯曲试样示意

δ—试样厚度；b—试样宽度；L—试样长度；r—圆角半径

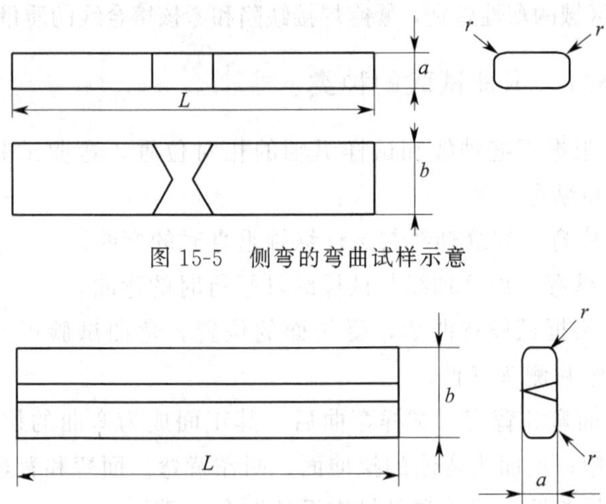

图 15-5　侧弯的弯曲试样示意

图 15-6　纵弯的弯曲试样示意

（1）横弯试样尺寸

① 板材试样的尺寸　试样宽度 b 应不小于试验厚度 a 的 1.5 倍，至少为 20mm。

② 管材试样的尺寸　试样宽度 b 应为：管直径小于或等于 50mm 时，$b=\delta+0.1D$，最小为 10mm；管直径大于 50mm 时，$b=\delta+0.05D$，最小为 10mm，最大为 40mm。其中，δ 为管子壁厚；D 为管子外径。

通常，试样厚度 a 应为焊接接头试件厚度。如果试件厚度超过 20mm，则可从接头不同厚度区取若干试样，以取代接头的全厚度单个试样。但每个试样厚度不应小于 20mm，且所取试样应覆盖接头的整个厚度。

（2）侧弯试样尺寸

试样厚度 a 应大于或等于 10mm，试样宽度 b 应等于靠近焊接接头的母材厚度。

当试件厚度超过 40mm 时，则可从接头的不同厚度区取若干试样，但每个试样厚度 b 在 20～40mm 范围内，这些试样应覆盖接头的全厚度。

(3) 纵弯试样的尺寸

纵弯试样尺寸见表15-4。

表15-4 纵弯试样尺寸 mm

a	b	L	r
≤6	20	180	0.2a
6<a≤10	30	200	0.2a
10<a≤20	50	250	0.2a

如果接头厚度超过20mm或试验机功率不够时，可在试样受压面一侧加工至20mm。

15.3.3 试验方法

(1) 圆形压头弯曲（三点弯曲）试验

圆形压头弯曲（三点弯曲）试验过程如图15-7所示。

① 将试样放在两个平行的辊子支承上，在跨距中间，垂直于试件表面施加集中载荷（三点弯曲）使试样缓慢连续弯曲。

② 当弯曲角α达到使用标准中规定的数值时，试验便告完成。

③ 试验结束后，检查试样拉伸面上出现的裂纹或焊接缺陷尺寸的位置。

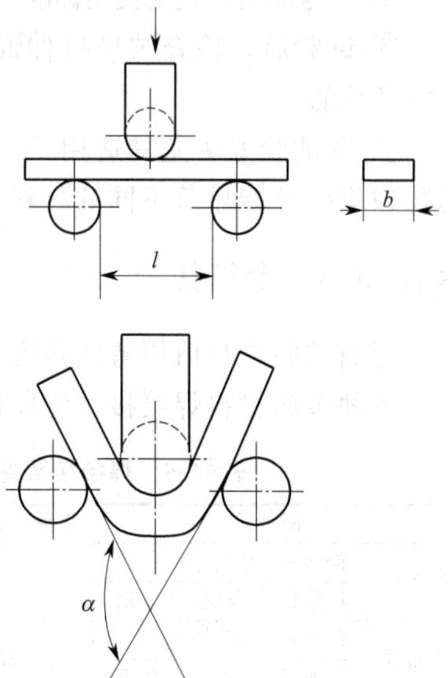

图15-7 圆形压头弯曲试验过程示意

(2) 辊筒弯曲（缠绕式导向弯曲）试验

辊筒弯曲（缠绕式导向弯曲）试验过程如图15-8所示。

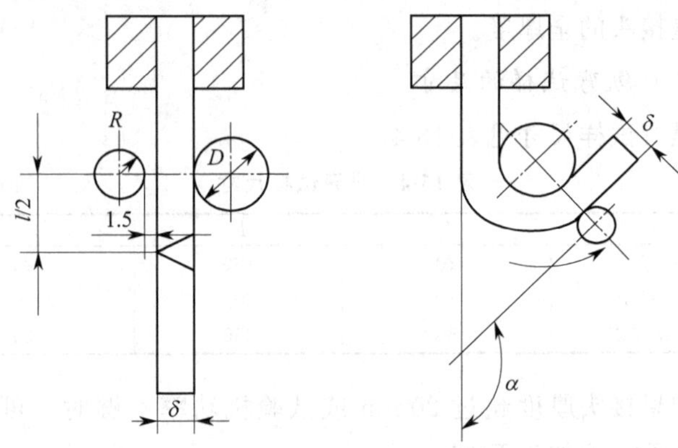

图 15-8 辊筒弯曲试验过程示意

① 将试样的一端牢固地夹紧在具有两个平行辊筒的试验装置内，通过半径为 R 的外辊，沿以内辊轴线为中心的圆弧转动，向试样施加集中载荷，使试样缓慢连续地弯曲。

② 当弯曲角 α 达到使用标准所规定的数值时，试验便告完成。

③ 试验后，检查试样拉伸面上出现的裂纹或焊接缺陷的尺寸及位置。

④ 本试验方法尤其适用于当两种母材或焊缝和母材之间的物理弯曲性能显著不同的材料组成的横向弯曲试验。

15.3.4 合格指标

弯曲试验的数值用弯曲角度来度量。

各种金属材料焊接接头弯曲试验合格指标见表 15-5。

表 15-5 焊接接头弯曲试验合格指标

钢种		弯轴直径/mm	支座间距/mm	弯曲角度/(°)
双面焊	碳素钢、奥氏体钢	3δ	5.2δ	180
	其他低合金钢、合金钢			100
单面焊	碳素钢、奥氏体钢	3δ	5.2δ	50
	其他低合金钢、合金钢			50
复合板或堆焊层		4δ	5.2δ	180

注：δ 为试样厚度。

15. 4 焊接接头的冲击试验（GB 2650）

冲击试验的目的，是用来规定焊接接头韧性和缺口敏感性，作为判定材料断裂韧度和应变时效敏感性的一个指标。

15. 4. 1 冲击试验的试样

标准规定，以 10mm×10mm×55mm，带有 V 形缺口的试样，为标准试样。其尺寸偏差及形状如图 15-9 所示。

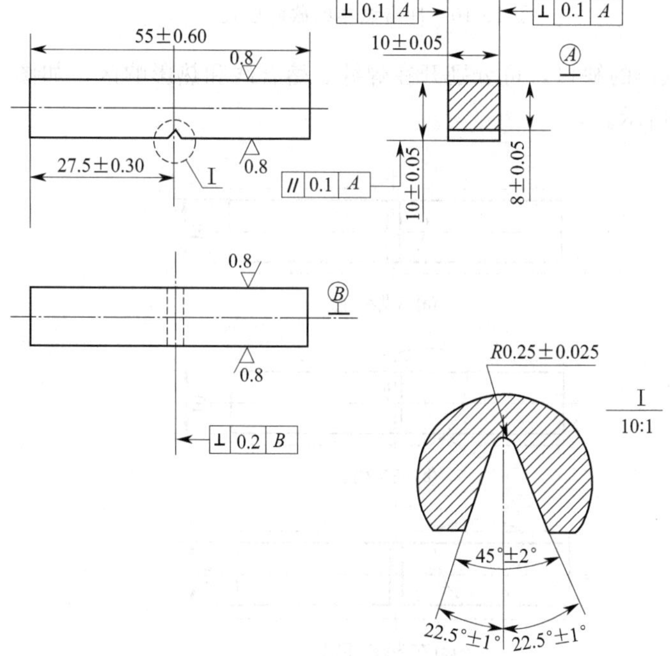

图 15-9 冲击试样尺寸偏差及形状

15.4.2 冲击试样的截取

根据试验要求，试样的缺口轴线应垂直于焊缝表面，冲击试样的截取位置如图 15-10 所示。

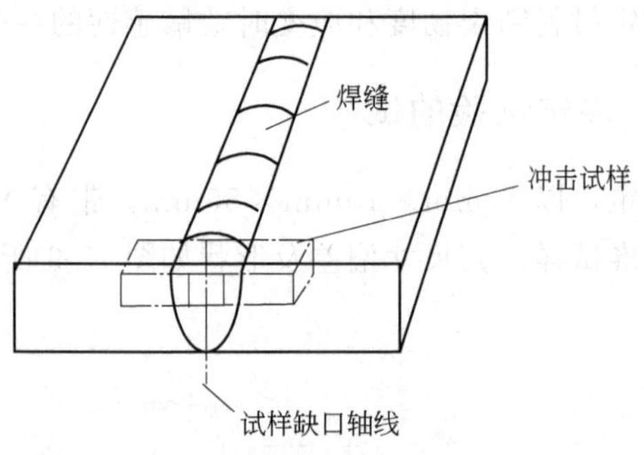

图 15-10 冲击试样的截取位置

试样的缺口，可分别开在焊缝、熔合线和热影响区，如图 15-11 所示。

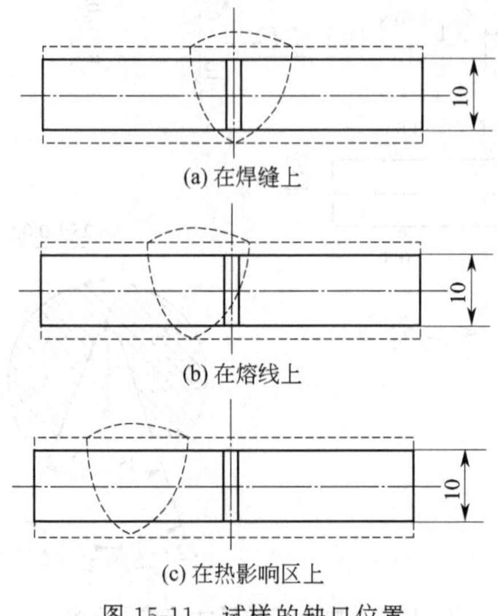

图 15-11 试样的缺口位置

15.4.3 试样的制备

① 试样应采用机械法制备，并防止加工面的应变硬化或材料过热。

② 试样缺口应光滑，不得有与缺口轴线平行的划痕。

③ 试样标记不影响支座对试样的支承，也不得使缺口附近产生硬化。一般，应标记试样端面、侧面或缺口背面，距端面 15mm 以内，但不得标在支承面上。

④ 试样缺口处，若发现有肉眼可见气孔、夹渣、裂纹等缺陷时，则不能用于试验。

15.5 焊接接头的硬度试验（GB 2654）

硬度试验的目的是，测定焊缝和热影响区金属材料的硬度，并可间接判定材料的焊接性。焊接接头及堆焊金属的硬度试验，应在横断面上进行。在横断面上，划上标线及测定点的位置进行检测，如图 15-12 所示。

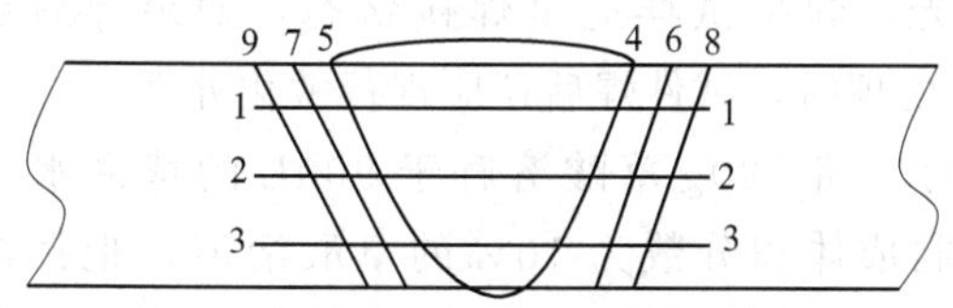

图 15-12 对接接头焊缝硬度测定点示意

厚度小于 3mm 的焊接接头，允许在其表面上测定硬度。硬度分布氏（HB）、洛氏（HRB\HRC）和维氏（HV）硬度等几种。三种硬度值之间，可以通过查表进行换算。

布氏硬度试验时，其压痕中心与试样边缘的距离应不小于压痕直径的 2.5 倍，而与相邻压痕中心的距离，应不小于压痕直径的 4 倍。

洛氏硬度试验时，其两相邻压痕中心及任一压痕中心至试样边缘的距离应大于 3mm。在特殊情况下，可缩小此距离，但此时必须保证所测结果不受影响。

维氏硬度试验时，其两相邻压痕边缘以及压痕中心与试样边缘的距离，均应小于压痕对角线的 2.5 倍。进行硬度试验时，如果在测点处出现焊接缺陷，则测试结果无效。

15.6 焊接接头的耐晶间腐蚀试验

奥氏体不锈钢工作时，破坏的一种主要形式是晶间腐蚀。为使焊接接头具有良好的耐晶间腐蚀性能，对钢材、焊丝、焊剂等均应进行晶间腐蚀检验。晶间腐蚀检验的方法有以下几种。

14.6.1 不锈钢 10%（体积分数）草酸浸蚀试验方法（GB 4334.1）

焊接接头试样从产品的焊接试板上截取，所检验的试样面为使用表面。试样的制取，原则上用机械方法，并应对被检验面进行抛光。焊接试样应是焊接状态，如果焊后还要进行350℃以上处理时，试件焊后还应进行敏化处理。

试验时，将 100g 草酸溶解于 900L 的蒸馏水或去离子水中，配制成体积分数为 10％的草酸溶液。把浸蚀试样作为阳极，放入钢制的杯中，并与其隔离，倒入体积分数为 10％的草酸溶液。以杯和钢片作为阴极接通电源，进行电解浸蚀，电流密度为 $1A/cm^2$，溶液温度为 20～50℃，浸蚀时间 90s。

试样浸蚀后，用清水洗净、干燥，在金相显微镜下，观察试样金相浸蚀表面，放大倍数为 200～500 倍。

这种试验方法是一种筛选试验的方法，通过试验可以判定是否需要进行其他方法的腐蚀试验，具体见表 15-6。

表 15-6 筛选试验与其他腐蚀试验方法的关系

试验方法	硫酸-硫酸铜	65%硝酸	硫酸-硫酸铁	硝酸-氢氟酸
一	—	—	—	—
二	—	—	—	—
三	—	—	—	—
四	×	×	×	×
五	○	○	○	○
六	×	×	×	×
七	○	×	×	×

注：1. 65%为质量分数。

2. ×表示不必做其他方法试验；○表示要做其他方法试验。

15.6.2 硫酸-硫酸铜腐蚀试验方法

这是一种弯曲试验的方法。

试样的尺寸和数量见表 15-7 所示。

表 15-7 硫酸-硫酸铜腐蚀试验的试样尺寸和数量

类别	试验方法	试样尺寸/mm			试样数量
		长	宽	厚	
对接接头	硫酸-硫酸铜	80～100	20		4
	65%硝酸 硫酸-硫酸铜	30	20		4
	硝酸-氢氟酸	30	20		4
堆焊层	硫酸-硫酸铜	80～100	10	3～4	2/4
	65%硝酸 硫酸-硫酸铜	30	10	3～4	2/4
	硝酸-氢氟酸	30	110	3～4	4/8

注：65%为质量分数。

试验时，将 100mL 硫酸铜溶解于 700mL 的蒸馏水或去离子水中，再加入 100mL 硫酸，用蒸馏水或去离子水稀释至 1000mL，制成硫酸-硫酸铜溶液，然后在试验前加入铜屑。

在烧瓶底部铺上一层铜屑，放入试样，试样之间不要接触，溶液高出试样 20mm 以上，连续煮沸 16h。然后取出试样洗净，干燥后在焊接接头处弯曲 180°。弯曲后放在 10 倍放大镜下，观察弯曲表面有无裂纹。

15.6.3 硫酸-硫酸铁腐蚀试验方法

这是失重试验方法。试验时，将硫酸铜用蒸馏水或去离子水配制成体积分数为 50%±0.3%的硫酸溶液。然后取溶液 600L，加入 25g 硫酸铁，加热溶解。试样放在带回流冷凝器的磨口烧瓶中，用玻璃支架将试样保持在溶液中间位置。每一容器内只放一只试样，连续煮沸 120h，取出试样后，用水去掉腐蚀产物，洗净、干燥后称重评定结果。

15.6.4 65%硝酸腐蚀试验方法

这也是失重试验方法。试验时，将硝酸用蒸馏水或去离子水配制成体积分数为65%±0.2%的硝酸溶液。试样放在带回流冷凝器的磨口烧瓶中，用玻璃支架将试样保持在溶液中间位置。每一容器内只放一只试样，连续煮沸 48h，共试验 5 个周期。每周期要换新液。取出试样后，在水中刷掉腐蚀产物，洗净、干燥，称重。按以下公式评定结果。

$$腐蚀率=\frac{M_1-M_2}{AT}$$

式中 M_1——试验前试样质量，g；

M_2——试验后试样质量，g；

A——试样截面积，mm^2；

T——试验时间，h。

计算结果取两位小数，然后取每个周期的平均值。

15.6.5 硝酸-氢氟酸腐蚀试验方法

试验时，将硝酸-氢氟酸试剂用蒸馏水或去离子水制成体积分数为 10%±3%的试剂。把装有试剂的容器放入恒温水槽中，溶液加热至（70±5)℃，再将试样放在支架上，使试样保持在溶液中间部位。每一个试样，周期为2h，试验2个周期，每周期更换新溶液。然后按上述公式计算腐蚀率，评定试验结果。

15.7 耐压试验

焊接容器的耐压试验是将水、油等液体或气体充入容器内，徐徐加压，检查其泄漏、耐压破坏的试验。通过耐压试验，或对受压元件、焊接接头的穿透性缺陷和结构强度进行评定，并可降低和消除焊接应力。

15.7.1 水压试验

用水作为介质的耐压试验，称为水压试验。它是焊接压力容器应用最多的一种试验方法。

（1）水压试验的压力

根据《压力容器安全技术监察规程》和GB 150《钢制压力容器》的规定，水压试验时的压力应为：

$$p_T=1.25p$$

式中 p_T——水压试验的压力，MPa；

p——容器的工作压力，MPa。

（2）水压试验工艺流程

将水缓缓升压至工作压力时，暂停升压，进行初步检查，若无泄漏，再升压至试验压力，保压一段时间后，然后降压至工作压力，保压10min，无泄漏为合格。

15.7.2 气压试验

采用压缩空气作为介质的压力试验，称为气压试验。对于钢及有色金属的低、中压容器，气压试验的压力为：

$$p_T = 1.15p$$

式中 p_T——水压试验的压力，MPa；

p——容器的工作压力，MPa。

气压试验时，会有一定的危险性，所以应注意以下几点。

① 受压容器的主要焊缝，需经100%射线探伤。

② 试验时，缓慢升压至规定压力的10%，合格后继续升压至试验压力的50%。其后，按每级为规定压力的10%缓慢升至试验压力，保压力10～30min。最后降至设计压力，保压至少30min。

③ 气压试验所用的气体，应是干燥的压缩空气、氮气或其他惰性气体，气体的温度不应低于15℃。

高压容器和超高压容器，不能采用气压试验。

第16章 焊工安全技术

16.1 一般规定

在焊接生产过程中，必须贯彻“安全第一、预防为主”的方针，保护生产设施不受损失，保护人身安全和健康。本章分析 GTAW 焊割过程中可能存在的危害因素，介绍应采用的安全防护技术和劳动保护措施。

16.1.1 影响焊接生产安全的危险因素

① 电弧焊都容易引起触电、爆炸、火灾和灼伤，这是焊接生产中存在的主要危险因素，也是安全防护的重点。

② 气焊和气割都容易引起爆炸、火灾和灼伤等。

③ 高空焊割作业时要注意防止坠落。

④ 容器内焊割作业时，特别要注意防止触电、爆炸、火灾及中毒。

16.1.2 影响人体健康的有害因素

① 物理有害因素　主要有电弧焊的弧光、高频电磁波、热辐射、噪声、放射线等。

② 化学有害因素　主要有焊接烟尘和有毒气体。

在焊割作业中，烟尘是影响人体健康的有害因素之一。长期吸入烟尘的焊工，会发生尘肺（肺尘埃沉着病）。据有关部门调查，从事焊接工作在 30 年左右的焊工，有 4%患有肺尘埃沉着病，北方地区发病率要较南方高。

16.1.3 焊割作业是一种特种作业

GB 5306《特种作业人员安全技术考核管理规定》中规定，金属焊接（气割）作业为特种作业，即对作业者本人、他人和周围设施的安全有重大危害因素的作业。从事特种作业的人员必须进行安全教育和安全技术培训。因此，焊工必须经考试并取得合格证书后，才能上岗操作，以确保焊割操作人员的安全和健康，实现文明生产的目标。

16.1.4 焊割作业环境卫生标准

作业环境卫生标准是保证职工健康而提出的卫生要求，是评价作业环境质量的依据。

(1) 焊割作业环境空气中，有害物质的最高允许浓度

TJ 36《工业企业设计卫生标准》中，将电焊烟尘的最高允许浓度规定为6mg/m^3，具体见表16-1。

表 16-1 车间空气中有害物质的最高浓度

序号	有害物质名称	最高浓度/mg·m^{-3}
1	电弧焊烟尘	6
2	含10%以上游离二氧化硅粉尘	2
3	含10%以下游离二氧化硅粉尘	10
4	氧化铁粉尘	10
5	铝、氧化铝、铝合金粉尘	4
6	氧化锌	5
7	铅烟	0.03
8	铅金属、含铅涂料，铅尘	0.05
9	氧化镉	0.1
10	锰及其化合物(换算成 MnO_2)	0.2
11	铅及其化合物	0.001
12	三氧化铬、铬酸盐、重铬酸盐(换算成 Cr_2O_3)	0.05
13	金属汞	0.01
14	氟化氢及氟化物	1
15	臭氧	0.3
16	氧化氮	5
17	一氧化碳(CO)	30

(2) 焊割作业中物理因素卫生标准

① 作业场所温度　温度过高或过低都能影响操作人员身体健康和妨碍正常的操作，从而降低生产效率。夏季温度不宜超过35℃，冬季则不应低于0℃。

② 噪声　标准规定不宜超过90dB，最高不能超过115dB。

③ 高频电磁波　标准为20～30V/m。

④ 放射线　《放射防护规定》标准中规定了人体每年受放射性照射的最大允许剂量当量。

16.1.5 焊割作业中的一般安全技术

① 安全生产，人人有责。焊工必须认真执行国家有关安全生产的方针、政策和法规；严格遵守安全技术操作规程和各项安全生产制度。遇有严重危及生命安全的情况，焊工有权停止操作并及时报告有关部门处理。

② 凡进行焊割作业的车间和场所，工厂安全卫生部门要采取必要的措施，改善焊工劳动条件，如加强通风和排除有害气体、烟尘和烟雾等。车间内有害物质的最高浓度应符合表16-1的规定。

③ 焊割作业的场所，必须有防火设备，如消防栓、砂箱、灭火器以及装满水的水桶等。

④ 凡从事焊割作业的人员，未经三级安全教育或考试不合格者，不准单独操作。

⑤ 进入焊割作业场所，均需穿戴好劳动防护用品，3m以上登高作业时，必须使用安全带。

⑥ 凡带有压力、带电以及密封的设备和容器，禁止进行焊割。

⑦ 禁止在储存易燃、易爆物品的场所焊接；在可燃物品附近进行焊割时，必须有一定的安全距离，一般应在5m以外。

⑧ 在有易燃、易爆物品的车间进行焊割时，必须取得消防部门的同意和配合。露天作业时，还必须搭设挡风措施，防止火星飞溅引起火灾。

16.2 焊接安全用电

16.2.1 电流对人体的危害

电流对人体的伤害主要是电击。电击时，电流通过人体，破坏心脏、肺及神经系统的正常工作，严重时导致死亡。

电流对人体的伤害严重程度与电流强度、作用时间、电流通过人体的途径、电流的频率、人体的电阻和健康状态等因素有关。

电流的大小不同，引起人的感觉也不同。当人体流过1mA的工频交流电或5mA的直流电时，会有针刺发麻的感觉，自己能够脱离电源；当人体流过25mA的工频交流电或80mA的直流电时，人感到麻痹或剧痛，呼吸困难，自己不能脱离电源，有生命危险。一般说来，10mA以下的工频交流电或50mA以下的直流电流，可看成是安全电流。

流经人体的电流与电压成正比，与人体的总电阻值成反比。人体电阻不是固定的，而且变化范围很大。人体电阻值决定于皮肤状态、接触表面大小、电流大小、通过时间及所加的电压值。人体表面电阻较大，当皮肤潮湿、多汗、有损伤时，会使电阻急剧下降至600Ω。

在比较干燥的条件下，人体电阻可按1000～1500Ω计算；通过人体的电流以不引起心室颤动的最大电流30mA考虑，则安全电压是30～45V。我国规定36V为安全操作电压。对于潮湿而危险性较大的环境，人体电阻按650Ω计，电流仍按30mA计，则安全操作电压为18.5V，我国规定为12.7V。凡在潮湿而危险的地方以及在金属容器内照明的手提灯，安全电压为12V。

16.2.2 发生焊接触电事故的原因

焊接操作中的触电事故，往往不是发生在引弧焊接中，而是发生在焊接设备空载期间，因为空载时电压较高。所以通常在下列情况下容易发生触电事故。

① 手或身体某部位在更换焊条、电极、焊接工件时，接触焊钳、焊条、焊炬等带电部分，而脚或身体的其他部位对地或金属之间绝缘不好，尤其是在容器内、阴雨潮湿的地方或人体大量出汗的情况下进行焊接，容易发生触电事故。

② 手或身体某部碰到裸露而带电的接线头、接线柱、导线、极板及破皮或绝缘失效的电缆线而触电。

③ 电焊设备漏电，人体触及带电的机壳发生触电。

④ 误将相线接到设备机壳上，使机壳带电。

⑤ 焊机一次绕组与二次绕组之间绝缘损坏，将变压器输出端当作输入端接到电网上，或者将输入电压为220V的焊机错接到了380V的电网上，人体触及焊接回路裸导线而触电。

⑥ 触及绝缘损坏的电缆、破损的开关等而触电。

⑦ 由于利用厂房的金属结构、轨道、管线或其他金属物作为焊接回路而触电。

⑧ 在靠近高压电网的地方进行焊接而引起触电。

16.2.3 预防焊接触电的安全措施

触电是焊接操作的最大危险，焊工在工作中必须注意预防。

① 电焊操作工人必须穿工作服、戴手套、穿绝缘鞋，劳动保护用品必须干燥，绝缘性良好。

② 在潮湿的地方或容器内焊接时，人体可能触及的部位

应加绝缘垫。

③ 焊机、电闸、焊钳、焊炬等必须有良好的绝缘，不得在漏电的情况下进行焊接。

④ 焊机外壳必须有可靠的接地或接零保护。为防止机壳漏电，焊机应有防雨、雪棚，搬动时不得碰撞，机壳内应清洁，不得有小金属物。焊接时防止过载，烧坏绝缘。

⑤ 弧焊机的初级接线、修理和检查，应由专业电工进行，焊工不能随意拆修。次级接线由焊工进行连接。

⑥ 在触电可能性大的场合进行焊接时，交流焊机应加装空载自动断电保护装置。

⑦ 推拉电源开关时，应戴好干燥的手套，面部不应对着闸门。电焊机启动时，尽量采用磁力启动器。

⑧ 在光线较暗的地方工作时，使用工作照明灯的电压应不大于 36V，在潮湿或容器内工作时，照明灯的电压应不大于 12V。

⑨ 更换焊条时，不仅要戴好手套，且应避免身体与焊件接触。

⑩ 遇到焊工触电时，不可用裸手直接去拉触电者。应先迅速切断电源。如果触电者呈昏迷状态，要立即实行人工呼吸，直至送达医院。

16.3 氩弧焊安全技术

氩弧焊除了与焊条电弧焊有相同的触电、烧伤、火灾等不安全因素外，还有高频电磁场、电极放射线和弧光伤害、焊接烟尘和有毒气体等。其中主要是高频电和臭氧。

16.3.1 预防高频电磁场伤害

（1）高频电磁场的产生及危害

在钨极氩弧焊和等离子弧焊时，常用高频振荡器来激发引弧，有的交流氩弧焊机还用高频振荡器来稳定电弧。焊接通常用的高频振荡器的频率为200～500kHz，电压2500～3500V，高频电流强度3～7mA，电场强度约140～190V/m。焊工长期接触高频电磁场，能引起植物神经功能紊乱和神经衰弱，表现为全身不适、头晕、多梦、头痛、记忆力减退、疲乏无力、食欲不振、失眠及血压偏低等症状。

高频电磁场的卫生标准规定8h接触辐射强度为20V/m。据测定，手工钨极氩弧焊时，焊工各部位受到的高频电磁强度均超过标准值，其中手部强度最大，约超过5倍。如果只用高频振荡器引弧，时间较短，影响很小，但长期接触必须加强保护措施。

（2）对高频电磁场的防护措施

① 氩弧焊时，尽量只采用高频引弧，不用高频稳弧，电弧引燃后立即切断高频电源。

② 降低高频振荡频率，改变电容器及电感参数，将振荡频率降至30kHz，以减少对人体的影响。

③ 屏蔽电缆和导线，采用细金属丝编制成屏蔽网，套在电缆胶管外边（包括焊炬）并接地。

16.3.2 预防放射线伤害

（1）放射线的来源及危害

氩弧焊和等离子弧焊割使用的钍电极，含有1%～1.2%的氧化钍，钍是一种放射性元素，焊工在焊接过程中及与钍钨极接触过程中，都会受到放射线的影响。

放射线以两种形式危害人体：一是体外放射；二是通过呼吸和消化系统进入人体内放射。但因为氩弧焊和等离子弧焊、割工作时，每天消耗的钍钨极仅为100～200mg，剂量极微，对人体的影响不大。当在容器内焊接或者是磨削钨极尖头时，粉尘、烟尘中的放射物质会被吸入人体，造成体内放射，所以必须引以焊工注意。

（2）预防放射线的措施

① 钍钨极应有专用的储存设备，大量存放时应有铅箱并设有排气管。

② 应备有专用砂轮机磨削电极，砂轮上安装除尘设备，磨削的粉尘要湿式清扫，集中处理。

③ 焊工磨削钨极时，应戴防尘口罩。接触钨极后应用流动的清水和肥皂洗手。

④ 选择合理的焊接规范，避免钨极过烧蒸发。

16.3.3 预防弧光伤害

（1）弧光辐射

焊接弧光辐射主要是可见光、红外线和紫外线。它们作用在人体上，被人体组织吸收，引起组织的热作用、光化学作用或电离作用，使人体组织受到损伤。

① 紫外线　紫外线的波长在 0.4～0.0076μm 之间，波长越短，对生物的损伤越大。人的皮肤和眼睛对紫外线的过度照射较敏感。皮肤在强紫外线作用下，可引起皮炎，出现红斑，像太阳晒过一样，甚至出现小水泡、渗出液和浮肿，有灼热发痒的感觉，触痛，以后变黑，脱皮。眼睛对紫外线最敏感，短时间照射就会引起急性角膜炎，称为电光性眼炎。其症状是疼痛、有砂粒感，多泪、畏光，怕风吹、视物不清等，一般不会有后遗症。

焊接电弧的紫外线对纤维的破坏能力很强，其中以棉织品损伤最为严重。白色织物由于反射能力强，耐紫外线的能力较大。氩弧焊的紫外线比焊条电弧焊要高出 5～10 倍，损伤也更为严重。

② 红外线　红外线的波长在 343～0.76μm 之间，它对人体的危害主要是引起组织的热作用。长波红外线可被人体吸

收，使血液和深部组织发热，产生灼伤。在焊接过程中，眼睛受到强烈的红外线辐射，立即会感到强烈的灼痛，发生闪光幻觉，长期接触还可能造成红外线白内障，视力减退，严重时导致失明，还会造成视网膜灼伤。

③ 可见光　焊接电弧的可见光线的光度，比肉眼正常承受的光度要大10000倍以上。受到照射时眼睛有疼痛感，一时看不清东西，通常叫做电弧“晃眼”，在短时间内失去劳动能力，但不久即可恢复。

(2) 焊接弧光的防护

为了防护弧光对眼睛的伤害，焊工在焊接时，必须佩戴镶有特制滤光镜片的面罩。面罩用暗色的钢纸制成，轻便、耐热、不导电、不漏光。面罩上所镶的滤光镜片，俗称为黑玻璃，常用的是吸收式过滤镜片，它的黑度选择应按照焊接电流的强度来决定，具体见表16-2。

表16-2　滤光镜片的选择

滤光镜片的色号	颜色	适用电流/A
8、9	较浅	<100
10	中等	100～350
11	较深	>350

选择时，也应考虑焊工的视力情况和焊接环境的亮度。年轻焊工视力较好，宜用色号大和颜色深的滤光镜片。在夜间或光线较暗的环境焊接，也要选择较暗的滤光镜片。

有一种反射式防护镜片，能将强烈的弧光反射出去，使弧光减弱。另外，还有一种光电式镜片，能自动调光，在未引弧时透明度较好，能清晰地看见镜外景物，当引燃电弧后，护目镜黑度立即加深，能很好地进行滤光。这样，在换焊条时可不用抬起面罩。

为了预防焊工皮肤受电弧伤害，焊工的防护服应采用浅色或者白色的帆布制成，以增加对弧光的反射能力。工作时袖口应束紧，手套要套在袖口外面，领口应扣好，裤管不能打折挽起，皮肤不得外露。

为防止辅助工及附近其他工作人员受弧光伤害，要注意相互配合，焊接引弧前要先打招呼，在固定位置焊接时，应使用遮光屏。

16.3.4 预防金属飞溅灼伤

在电弧焊接过程中，由于熔化金属和熔渣的飞溅及灼热的焊件，都可能使焊工灼伤，被灼伤的皮肤会引起感染而溃烂。因此，焊工操作时，必须穿帆布工作服，戴工作帽和长袖手套，必要时脖子上要围毛巾，长时间坐在一处焊接时，要系围裙。

在高空或多层焊接时，焊件下方应设置挡板，防止液态金属下落时溅起引起烧伤。

16.3.5 预防焊接粉尘及有害气体中毒

（1）金属粉尘的危害

焊接过程中，会产生大量的金属粉尘，称为焊接粉尘。金属粉尘首先来源于焊接过程中金属元素的蒸发。焊接电弧的温度，往往高于金属的沸点，许多金属元素被蒸发时，呈金属蒸气状态飘浮起来，并随即发生冷凝和氧化，形成不同粒度的金属粉尘。焊接生产的金属粉尘，通常直径在 1μm 以下，较容易吸入肺部导致肺部发生病变。

根据现场测定，焊接金属粉尘的成分，主要取决于焊接方法、焊接材料及焊接规范。焊条电弧焊采用铁粉药皮焊接时，发尘量最大。焊接电流越大，粉尘浓度越高。

焊接粉尘的成分不同，造成人体的危险期也有所不同。黑色金属涂料焊条产生的粉尘主要元素有铁、硅、锰等，其中锰的毒性最大。在焊接粉尘浓度较大的情况下，又没有相应的排尘措施时，长期接触粉尘能引起尘肺（肺尘埃沉着病）、锰中毒和金属热等职业性疾病。

① 尘肺（肺尘埃沉着病） 由于长期吸入过量的粉尘，引起肺组织弥漫性纤维病变。在焊接区域周围的空气中，除存在大量的焊接金属烟尘外，尚有多种有刺激性和促使肺组织产生纤维化的有害物质。如硅、硅酸盐、锰、铬、氟化物及其他金属氧化物等。此外，还有臭氧、氮氧化物等混合烟尘和有毒气体，均有可能促使尘肺（肺尘埃沉着病）的形成。

尘肺（肺尘埃沉着病）的发病一般比较缓慢，多在接触烟尘后10年以上才有所察觉。主要症状是气短、咳嗽咳痰、胸闷和胸痛等，有的在X射线底片中有纤维状阴影，同时对肺功能有所影响。

② 锰中毒 主要由锰的化合物引起。锰蒸气在空气中能很快地氧化成灰白色的一氧化锰和棕红色的四氧化三锰烟雾。锰的氧化物通过呼吸道和消化道进入人体，可引起神经衰弱及神经功能紊乱。锰中毒过程较缓慢，有的在从事焊接工作20年后才渐渐发病。

③ 焊工金属热 焊接金属烟尘中的氧化铁、氧化锰微粒和氟化物，均可引起焊工金属热反应。焊条电弧焊时，碱性焊条比酸性焊条容易产生金属热。其典型症状是工作后寒战，继之发烧、倦怠、口感有金属味、喉痒、呼吸困难、胸痛、食欲不振、恶心等。在密闭的容器中焊接时，金属热发病率较高。

(2) 有毒气体的危害

在焊接电弧的高温和强烈紫外线作用下，在电弧周围形成多种有害气体，其中主要是臭氧、氮氧化物、一氧化碳和氟化氰等。

① 臭氧 空气中的氧在短波紫外线照射下，发生光化学反应而生成臭氧（O_3）。

臭氧是一种淡蓝色的气体，具有刺激性气味，浓度较高时，在腥臭味中略带酸味。它对人体的危害主要是对呼吸道和肺有强烈刺激作用。臭氧浓度超过一定限度时，往往引起咳嗽、咽干、舌燥、胸闷、食欲不振、疲乏无力、头晕、恶心、全身疼痛等。严重时，特别是在密闭容器内焊接而又通风不良时，还可能引起支气管炎。

焊接环境中臭氧浓度与焊接方法、焊接材料、保护气体及焊接规范等因素有关。不同焊接方法在离电弧 150mm 处的臭氧平均浓度见表 16-3。

表 16-3 不同焊接方法及工艺条件对臭氧浓度的影响

焊接方法	保护气体	母材	电流/A	臭氧浓度/mg·m^{-3}
焊条电弧焊	—	碳钢	259	0.22
	—	碳钢	400	0.16
药芯焊丝电弧焊	—	碳钢	930	0.24
	CO_2	碳钢	1100	0.23
钨极氩弧焊	Ar	碳钢	150	0.27
	Ar	不锈钢	150	0.17
	Ar	铝	150	0.16
	Ar+2% O_2	碳钢	300	2.1
	Ar+2% O_2	不锈钢	300	1.7
熔化极氩弧焊	Ar	铝	300	8.4
	Ar+2% O_2	铝	300	6.1
	Ar	Al-5Mg	300	3.1
	Ar+2% O_2	Al-5Mg	300	2.3
	Ar	Al-5Si	300	14.2
	Ar+2% O_2	Al-5Si	300	14.2

我国卫生标准对现场生产环境规定，臭氧的最高允许浓度为 0.3mg/m^3。

② 氮氧化物 焊接过程中的氮氧化物是由于电弧高温作用，引起空气中氮、氧分子离解、重新组合而形成的。氮氧化物也属于具有刺激性的有毒气体，但它比臭氧的毒性小。氮氧化物主要是对肺有刺激作用。

影响产生氮氧化物的因素，与臭氧类同。在 GTAW 和等离子弧焊时，如果不采取通风措施，氮氧化物的浓度往往超过卫生标准十几倍，甚至几十倍。

在焊接过程中，氮氧化物单一存在的可能性很小，通常是臭氧和氮氧化物同时存在，因此毒性很大，比单一存在时的毒性要高出 15～20 倍。

③ 一氧化碳　一氧化碳是由二氧化碳气体在电弧高温作用下发生分解而形成的。所以各种电弧焊接方法都会产生一氧化碳气体。其中，二氧化碳气体保护焊所产生的浓度最高。据测定，在焊工面罩附近的一氧化碳浓度可高达 $300mg/m^3$，超过卫生标准十几倍。等离子弧焊接时产生的一氧化碳也相当高，所以，在通风不良环境中操作要引起注意。

焊条电弧焊烟气中约有 1%的一氧化碳，在通风不良环境或密闭容器中，浓度可达 $15mg/m^3$。我国卫生标准规定的一氧化碳的最高允许浓度为 $30mg/m^3$。

一氧化碳是一种窒息性气体，它对人体的毒性作用是，使氧在体内的输送或组织吸收氧的功能发生障碍，造成组织缺氧。一氧化碳急性中毒时表现为头痛、眩晕、恶心、呕吐、全身无力、两腿发软，以致有昏厥感。如立即离开现场，吸入新鲜空气，症状可迅速消失。较严重时，除上述症状加重外，脉搏增快、不能行动，进入昏迷状态，甚至并发脑水肿、肺水肿、心肌损坏、心律失常等症状。焊接条件下一氧化碳主要表现为对人体的慢性影响，长期吸入，可出现头痛、头晕、面色苍白、四肢无力、体重下降、全身不适等神经衰弱症。

④ 氟化氢　在焊条涂料中，通常含有萤石（CaF_2）和石英石（SiO_2），在电弧高温作用下形成氟化氢气体。在碱性焊条中萤石含量较高，一般为 10%～18%。经测定，酸性 J422 型焊条粉尘中氟化物总量达 10%左右，而碱性 J507 型焊条粉尘中的氟化物总量达 25%左右。

氟及其化合物均具有刺激作用，氟化氢作用更为明显。氟化氢为无色气体，极易溶于水，形成氢氟酸，二者的腐蚀性均较强，毒性剧烈。氟化氢能迅速由呼吸道黏膜吸收，也可由皮肤吸收而对全身产生毒性作用。吸入较高浓度的氟及氟化物气体，可立即产生眼鼻及呼吸道黏膜的刺激性症状，可引起鼻腔和黏膜充血、干燥及鼻腔溃疡，严重时可发生支气管炎及肺炎，长期接触氟化氢（5～7 年）可发生骨质病变，表现为骨质增厚（即骨硬化），也可能向四肢长骨发展。

我国卫生标准规定氟化氢气体的最高允许浓度为 $1mg/m^3$。

(3) 焊接烟尘和有害气体的防止措施

① 局部通风技术措施　局部通风是当前普遍采用的通风措施，结构简单、方便灵活，结构费用较低。采用局部通风时，应注意控制电弧附近的风速，风速过大会破坏气体的保护效果，一般为 30m/min 左右。

② 个人防护措施　主要是对人身各部位要有完善的防护用品，其中手套、绝缘鞋、眼镜、口罩、头盔等属于一般防护用品，比较常用。

③ 焊接工艺　通过改革焊接工艺和焊接材料来改善焊接卫生条件，是防止焊接烟尘和有毒气体的主要措施。采用低尘低毒焊接材料，是预防焊接烟尘中毒的有效措施。

④ 采用 GTAW 焊接时，有毒气体的危害更大，通风措施更要完善。等离子弧焊接和切割时，宜用地下抽风装置。

16.3.6　预防火灾和爆炸

焊接时，由于电弧及气体火焰的温度较高，而且有大量的金属火花和飞溅物，如稍有疏忽，就会引起火灾甚至爆炸。因此，必须采取如下措施。

① 焊接前，认真检查工作场地周围是否有易燃、易爆物品（如棉纱、油漆、汽油等），如有易燃、易爆物品，应将其

搬运至离焊接地点5m以外。

② 在高空作业时，更应注意防止金属火花飞溅而引起火灾。

③ 无安全可靠的措施和方案，严禁在有压力的容器和管道上焊接。

④ 焊接储存过易燃、易爆物品的容器时，焊前必须将容器内介质放净，并用碱水冲洗内壁，再用压缩空气吹干，并应将所有孔盖打开，确认可靠后方可进行焊接。

⑤ 在进入容器内工作时，焊炬应与焊工同时进出，严禁将焊炬放在容器内擅自离去。

⑥ 红热的焊丝及焊后的焊件，不能随意乱扔，更不能扔在易燃、易爆物品附近，防止发生火灾。

16.3.7 气瓶安全使用

（1）气瓶引起爆炸的原因

焊接用气瓶有氧气瓶、乙炔气瓶、氢气瓶、氩气瓶、CO_2气瓶和液化石油气瓶等，属于压力容器，使用不当时可引起爆炸，危险性很大。引起气瓶爆炸的主要原因有以下几方面。

① 气瓶的材质、结构或制造工艺不符合要求。

② 由于保管和使用不当，受阳光直接暴晒、明火以及其他热源的辐射加热作用，使气瓶中气体受热膨胀而引起爆炸。

③ 搬运装卸时，气瓶从高处坠落、倾倒或滚动，发生碰撞。

④ 放气候速度太快，气体迅速流经阀门时产生静电火花。

⑤ 氧气瓶口上沾有油脂，或者氧气瓶内混入其他易燃气体。

⑥ 乙炔瓶内多孔物质下沉产生净空间，使乙炔气体处于高压状态。

⑦ 乙炔瓶内的丙酮量太少。

⑧ 液化石油气冲灌过满，受热时瓶内压力过高。

(2) 防止气瓶爆炸的措施

① 防震　气瓶运输、存储和使用过程中，应避免剧烈震动和碰撞，气瓶阀口处应有安全帽，瓶身应有橡胶圈，搬运时轻拿轻放，严禁从高处滑下或在地面上滚动。氧气瓶储存和平时使用时，应尽可能直立放置，并要设有支架固定，以防止倾倒，发生碰撞。乙炔气瓶使用时，必须立放，以防止丙酮流出引起燃烧、爆炸。

② 防热　在运输、储存和使用气瓶时，都要预防气瓶直接受热。夏天用车辆运输或室外使用气瓶时，瓶身应加以覆盖，避免阳光暴晒。气瓶应当远离高温、明火、熔融金属飞溅和易燃易爆物质等，距离应当在 10m 以上。

③ 严格检查　使用气瓶时要检查气瓶试压日期是否过期，装上减压器后检查是否漏气。

④ 精心操作

a. 开启阀门时不要面对阀门接口，应站在气瓶接口的一侧或和垂直方向的位置上，以免气流或减压气射出伤人。

b. 未装减压器之前，应先缓慢地打开气瓶阀门，吹出污物，以免灰尘和水分进入减压器。

c. 开启阀门的动作要缓慢，以免气流过速产生静电火花，或减压器里气体绝热压缩而发生燃烧爆炸事故。

d. 冬季瓶阀或减压器可能有结冻现象。只能用热水或蒸气解冻，严禁使用火焰烘烤或用铁器猛击瓶阀，更不能猛拧调节器的调节螺钉，以防止气体大量流出，造成事故。

e. 氧气瓶阀和减压器不得沾染油脂。

f. 氧气瓶和乙炔瓶及其他可燃气瓶相互接触时，一旦发生漏气着火，容易引起燃烧爆炸，因此不得同车运输和在一起存放。

g. 禁止用起重设备直接吊运钢瓶及用氧气瓶代替压缩空气进行喷漆等。

h. 使用液化石油气瓶时，液体不能充装太满，必须按规定留出汽化空间。

i. 储存和使用液化石油气焊割时，应先点燃引火物，后打开瓶阀，气瓶内气体不能全部用完，瓶内保证正压，以防止空气进入气瓶。

⑤ 加强气瓶的安全技术检验 气瓶在使用过程中，应按国家《气瓶安全监察规程》要求，对充装无腐蚀性气体气瓶，每三年检验一次；充装有腐蚀性气体气瓶，每两年检验一次。在使用过程中，如发现有严重腐蚀、损伤和认为有怀疑时，可提前进行检验。

16.3.8 预防噪声伤害

(1) 噪声的来源及危害

等离子弧焊接过程中，由于气流高速喷射发生摩擦，产生了噪声，噪声强度高达 100dB 以上，对人体有不良影响。强烈的噪声可以引起听觉障碍、噪声性外伤、耳聋等症状。长期接触噪声还会引起中枢神经系统和血管系统的失调。例如，出现烦躁、血压升高、心跳过速等症状。

(2) 对噪声的防护

① 正确地调节焊接工艺参数。

② 焊炬喷出口部位装有小型消音器。

③ 加强个人防护，配备耳罩、防噪声耳塞等。

④ 操作房间不应过小，在房间结构、设备等部分采用吸声或隔声材料，以减少回声。

⑤ 尽可能实现机械化、自动化作业，以便进行远距离操作。

参 考 文 献

[1] 国家机械工业委员会技术工人教育研究中心编. 电焊工. 北京：机械工业出版社，1987.

[2] 刘展编. 压力管道焊接. 北京：学苑出版社，2002.

[3] 孙景荣主编. 钨极氩弧焊基础及工艺实践. 北京：化学工业出版社，2011.